# Vorwort

Seit mehr als hundert Jahren benutzt die Chemie das „Periodische System der chemischen Elemente", welches in faszinierender Weise immer neue Aspekte von praktischer Bedeutung gewinnt, je mehr sich — unter dem Einfluß moderner Theorien — seine Schreibweise wandelt.

Die „periodischen Eigenschaften der chemischen Elemente" und zugleich die damit zusammenhängenden bekanntesten chemischen Regeln sinnvoll zu beschreiben, verlangt eine ausführliche Interpretation der dazu verwendeten Übersichtstabellen. Wer es unternimmt, die sogenannte „Periodizität" am Charakter chemischer Elemente aufzuzeigen, wandelt oft zwischen Scilla und Charybdis, indem er — im Bestreben, keine der gängigen Chemieregeln auszulassen, die Dinge vielleicht etwas unzulässig verallgemeinert und gern diejenigen Fakten in den Vordergrund stellt, die in das Raster der eigenen Systematik zu passen scheinen.

Dem kritischen Leser bieten sich also zahlreiche Gelegenheiten, die hier gewählten Formulierungen zu wägen und unter den vorgeschlagenen didaktischen Modellen auszuwählen. Er sollte dabei neben den gegebenen Verweisungen auf Fachausdrücke und Texte achten, die in Anführungszeichen gesetzt sind. Diese kennzeichnen gelegentlich einen wichtigen Begriff, sind aber auch dazu benutzt worden, einschränkende Attribute wie „sogenannt", „sozusagen" „ungefähr" oder „gewissermaßen" zu vermeiden. Die ebenfalls in Anführungszeichen vorkommenden Zitate stimmen nicht immer wörtlich, aber doch sinngemäß mit den Originalfassungen überein. Das gleiche gilt für die Formulierung der chemischen Regeln.

Vielleicht kann das Taschenbuch seinen Lehrbuchcharakter nicht ganz verleugnen, und es ist mit Rücksicht auf einen noch offenen Leserkreis so elementar wie möglich gehalten worden. Im Vergleich dazu konnte jedoch vieles nur andeutungsweise behandelt werden. Was ausgelassen wurde, gehört aber ebenso zum Gesamtbild der chemischen Elemente, wie die Fehlstellen zu einem realen Kristall.

H. D. H.

# Inhalt

# Erster Teil

# Chemische Elemente

## A. Das System

## A. 1. Geschichte des Periodensystems

1817 Johann Wolfgang DÖBEREINER: Erste „Triade": Ca-Sr-Ba
„Ein chemisches System ist der Inbegriff aller chemischen Erfahrung." (1811)

1829 Johann Wolfgang DÖBEREINER: Weitere „Triaden": Os-Ir-Pt; Ni-Cu-Zn; F-Cl-Br; P-As-Sb; Li-Na-K; S-Se-Te (Atomgewicht des mittleren Elements $\approx$ arithmet. Mittel der Atomgewichte der anderen Glieder einer Triade).

1843 Leopold GMELIN: „Es gibt Gruppen von chemischen Elementen, welche ähnliche physikalische und chemische Verhältnisse zeigen. Ob eine solche Gruppe gerade aus **drei** Elementen bestehe, wie DÖBEREINER will, bleibe dahingestellt."

1850 Max von PETTENKOFER: Theorie der konstanten oder multiplen Differenzen zwischen den Atomgewichten chemisch verwandter Elemente, insbesondere der sogen. „natürlichen Gruppe" N-P-As-Sb.

1857 LENSSEN: Je drei „Triaden" werden zu „Eneaden" zusammengefaßt.

1858 Jean Baptiste DUMAS: "Natürliche Familien" von chemischen Elementen, z. B. Cr-Mo-W.

1862 A. E. BEGUYER DE CHANCOURTOIS: „Les propriétés des corps sont les propriétés des nombres!"
„Vis tellurique", classement naturel des corps simples ou radicaux, obtenu au moyen d'un système de classification hélicoidal et numérique."

1864 John Alexander NEWLANDS: Einführung einer Ordnungszahl (ordinal number) für die chemischen Elemente.

1864 William ODLING: Unterscheidung von Haupt- und Nebengruppenelementen. Das System von Odling enthält bereits 57 der damals bekannten 60 chemischen Elemente, geordnet nach dem Atomgewicht.
Lothar MEYER: Klassifizierung der chemischen Elemente in sieben Gruppen. „Je mehr die systematische Ordnung der Chemie sich befestigt, desto mehr wird es erlaubt sein, die Spekulation dem Empirismus gleichberechtigt an die Seite zu stellen."

1865   John Alexander NEWLANDS: **„Gesetz der Oktaven"** (Wiederholung der chemischen Eigenschaften nach einer Folge von je sieben Elementen).

1868   Lothar MEYER: Im Entwurf zur zweiten Auflage des Lehrbuchs "Die modernen Theorien der Chemie" (1862): Einteilung von 52 chemischen Elementen in 15 Gruppen, jedoch erst 1872 veröffentlicht.

1869   Dmitri Iwanowitsch MENDELEJEFF[1]: „Ich bezeichne als **‚periodisches Gesetz'** die weiter zu entwickelnden gegenseitigen Verhältnisse der Eigenschaften der Elemente zu deren Atomgewichten, welche auf alle Elemente anwendbar sind; diese Verhältnisse besitzen die Form einer **‚periodischen Funktion'"**.

1870   Lothar MEYER: Periodisches System mit 55 Elementen in neun Gruppen. „Die nachstehende Tabelle ist im wesentlichen identisch mit der von Mendelejeff gegebenen . . ."

1871   Dmitri Iwanowitsch MENDELEJEFF: Zweites und drittes Periodensystem: Leere Plätze für noch zu entdeckende Elemente, Unterteilung in Haupt- und Nebengruppen, Korrektur einiger Atomgewichte. „Kurzform": Chemische Familien erstmals vertikal, statt horizontal angeschrieben.

1871   Dmitri Iwanowitsch MENDELEJEFF: Voraussagen über Eigenschaften der noch zu entdeckenden chemischen Elemente, z. B.:

„Eka-Aluminium"   = Gallium, Entdecker: Lecoq de BOISBAUDRAN, 1875

„Eka-Bor"   = Scandium, Entdecker: NILSON, 1879

„Eka-Silicium"   = Germanium, Entdecker: Clemens WINKLER, 1886

„Dvi-Tellur"   = Polonium, Entdecker: Marie SKLODOWSKA-CURIE 1898

„Eka-Tantal"   = Protactinium, Entdecker: Otto HAHN u. Lise MEITNER, 1917

„Eka-Cäsium"   = Francium, Entdecker: Marguerite PEREY, 1939

„Eka-Mangan"   = Technecium, Entdecker: PERIER-SEGRÉ 1937

1880   Lothar MEYER ordnet die z. Z. bekannten Metalle der „Seltenen Erden" in die III. Gruppe des Periodensystems ein.

1908   BRAUNER benutzt für die „Seltenen Erden" eine periodische Schreibweise, wonach z. B. La, Gd und Lu eine homologe Vertikale bilden.

---

[1] D. I. Mendelejeff, J. russ. Khim. Obschestwo **1** (1869), 60; Z. Chemie **12** (1869), 405.

Wenn statt der Schreibweise MENDELEJEFF auch vielfach "MENDELEJEW", „MENDELEYEV, MENDELEEV u. ähnl. anzutreffen ist, so erklärt sich dies durch unterschiedliche Transkriptionen des kyrillisch geschriebenen Namens МЕНΔΕΛ ЕЕВ, worin der Buchstabe „E" als palatisierter Vokal „jä" zu sprechen ist und „B" (=W) wie ein weiches F klingt.

1913  Niels BOHR: Atommodell mit dem Postulat der strahlungslos auf diskreten („erlaubten") Bahnen um den Atomkern kreisenden Elektronen.

1922  Fächerförmiges Periodensystem nach Niels BOHR, in Anlehnung an frühere Entwürfe von BAYLEY, (1882) und Jörgen THOMSEN, (1895). Aus dem *Bohrschen Atommodell* entwickelt sich, zusammen mit der Elektronenspin-Hypothese (GOUDSMIT, UHLENBECK 1923) und dem Ausschließlichkeitsprinzip (PAULI, 1925) das **„Atom-Aufbauprinzip"** als eine vollständige Bestätigung des „periodischen Gesetzes" von MENDELEJEFF.

1949  Einordnung der Transuranmetalle (Actinoide) als Homologe der Lanthanoiden (SEABORG u. a.).

# A. 2.  Schreibweise

— Das periodische System der chemischen Elemente spiegelt, eine sinnvolle Anordnung vorausgesetzt, wichtige *Naturgesetze* wieder, wie z. B. eine gewisse „Periodizität" von physikalischen und chemischen Eigenschaften der Elemente.

— Man muß jedoch die Bedeutung der Tabelle verstehen und die darin enthaltenen Informationen herauslesen können.

— Dazu ist die genaue Schreibweise des Systems von entscheidender Bedeutung, wobei sich gleichzeitig die Frage nach der geeigneten Form stellt.

Selbstverständlich muß diese Frage unbeantwortet bleiben. Seit MENDELEJEFF hat sich eine Vielzahl Chemiker und Physiker bemüht, ein geeignetes Periodensystem zu entwerfen. Neben den orthogonalen Tabellen mit den Symbolen der chemischen Familien in anfangs horizontaler, dann vertikaler Anordnung sind immer wieder spiralförmige Entwürfe nach Art der „vis telluriqe" von BEGUYER de CHANCOURTOIS aufgetaucht; in manchen Vorschlägen finden sich die Elementsymbole auf hypodromförmigen Ellipsen (z. B. ROMANOFF, 1934; CLARK, 1921 u. 1950) oder auf brezelförmigen Kurven (SODDY, 1911 u. CROOKES, 1887: „vis generatrix")[2].

Wesentlich sinnvoller erscheint die fächerförmige Anordnung, wie sie zuerst von BAYLEY (1882) und Hans Peter Jörgen THOMSEN (1895) benutzt und endlich von Niels BOHR (1923) zu einem Spiegel des „Atomaufbau-Prinzips" ausgebaut worden ist (s. Abb. 1).

---

[2] J. W. van Spronsen, *„The Periodic System . . ."* Elsevier, Publ. Co., Amsterdam 1969.

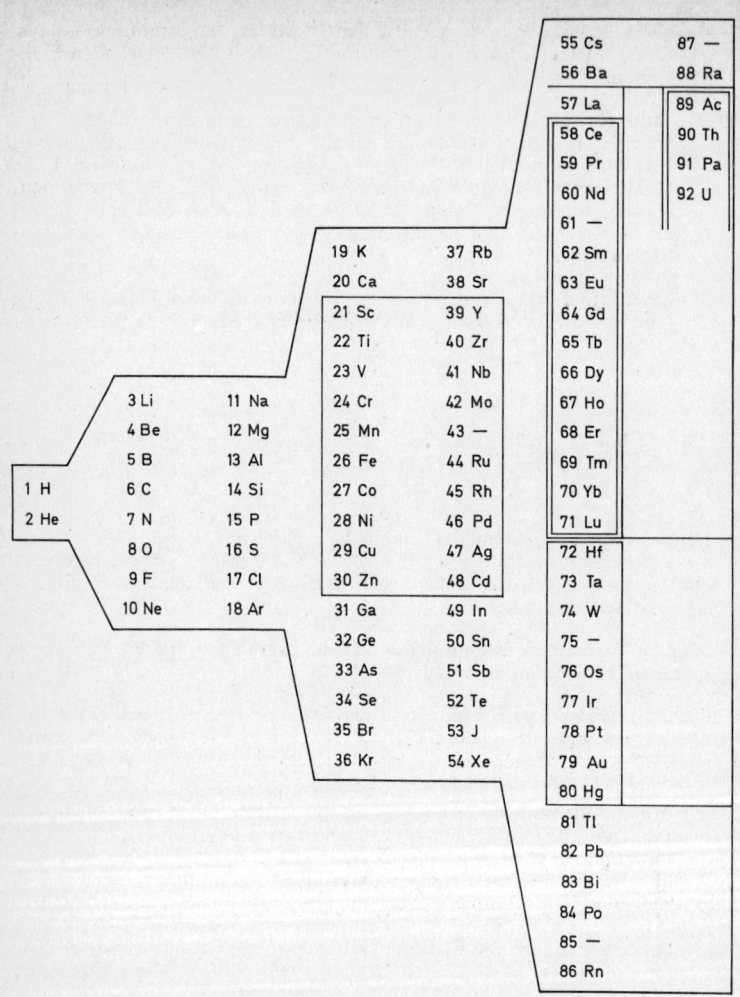

**Abb. 1   Periodensystem nach Thomsen (1895) und Bohr (1923). Ziffern =
Ordnungszahlen = Kernladungszahlen. Nebengruppen einfach, Lanthanoiden doppelt umrahmt.**

Gegenüber der Einordnung von Haupt- und Nebengruppenelementen in
8 Vertikalspalten („Kurzperiodensystem") hat sich seit den dreißiger Jahren zumeist eine 18spaltige Tabelle des periodischen Systems eingebürgert
(„Langperiodensystem"), ähnlich dem Entwurf von Alfred Werner (1905),
jedoch unter Ausklammerung der Lanthaniden und Actiniden.

|     |     |     |     |     |     |     |     |     |     |     |     |     |     |     |     | H   | He  |
|-----|-----|-----|-----|-----|-----|-----|-----|-----|-----|-----|-----|-----|-----|-----|-----|-----|-----|
| Li  | Be  |     |     |     |     |     |     |     |     |     |     | B   | C   | N   | O   | F   | Ne  |
| Na  | Mg  | Al  |     |     |     |     |     |     |     |     |     | Si  | P   | S   | Cl  | Ar  |
| K   | Ca  | Sc  | Ti  | V   | Cr  | Mn  | Fe  | Co  | Ni  | Cu  | Zn  | Ga  | Ge  | As  | Se  | Br  | Kr  |
| Rb  | Sr  | Y   | Zr  | Nb  | Mo  | Tc  | Ru  | Rh  | Pd  | Ag  | Cd  | In  | Sn  | Sb  | Te  | J   | Xe  |
| Cs  | Ba  | La[3] | Hf | Ta | W   | Re  | Os  | Ir  | Pt  | Au  | Hg  | Tl  | Pb  | Bi  | Po  | At  | Rn  |
| Fr  | Ra  | Ac[3] |   |     |     |     |     |     |     |     |     |     |     |     |     |     |     |

Während die Reihenfolge der chemischen Elemente früher nach steigendem Atomgewicht gegeben war (abgesehen von den „Inversionen" wie z. B. Ar-K, Co-Ni, Te-J), ist sie seit Entdeckung des *Moseleyschen Gesetzes* (1913) (s. S. 11) durch die **Ordnungszahl** festgelegt.

### Die „Inversionen"

Folgende Elemente sind nicht nach steigendem Atomgewicht in das Periodensystem eingeordnet:

1. Element Nr. 18 (Argon)  vor Element Nr. 19 (Kalium)
   Atomgewicht: 39,948       Atomgewicht: 39,102

2. Element Nr. 27 (Kobalt)  vor Element Nr. 28 (Nickel)
   Atomgewicht: 58,933       Atomgewicht: 58,71

3. Element Nr. 52 (Tellur)  vor Element Nr. 53 (Jod)
   Atomgewicht: 127,60       Atomgewicht: 126,904

Versuche, das Periodensystem entsprechend dem Atom-Aufbauprinzip (S. 53) nach steigenden Elektronenenergien aufzubauen und diese „von unten nach oben" anzuschreiben, haben ebenfalls wenig Resonanz gefunden.

Die meisten Chemiker, insbesondere solche mit didaktischer Erfahrung, stellen an ein „vernünftiges" Periodensystem etwa folgende Forderungen:

— Die Elementsymbole sollen in der Reihenfolge der Kernladungszahlen zeilenweise *von oben nach unten* angeschrieben werden,

— die Tabelle soll bei größter *Übersichtlichkeit* möglichst wenig Hilfslinien und fremde Symbole enthalten und *alle* chemischen Elemente umfassen,

— sie soll, soweit es geht, chemisch verwandte Elemente in räumlicher *Nachbarschaft* enthalten und bevorzugt den *chemischen* Charakter der einzelnen Elemente erkennen lassen.

---

[3] Lanthoide bzw. Actinoide Ce-Lu und Th-Lr.

— Nachdem sich die Transurane, zumindest vom Americium an, als echte Homologe der Lanthanoiden[4] erwiesen haben, erscheint eine Aufnahme der „f-Elemente" wünschenswert. Abb. 2 erfüllt weitgehend diese Forderungen[5] und wird im folgenden als Periodensystem bezeichnet.

Die Unterschiede zwischen dieser Form und den vielfach benutzten „Langperiodensystemen" sollen im folgenden kurz zusammengestellt werden:

1. Für die Nomenklatur der einzelnen chemischen Familien werden besondere Symbole verwendet.

Es sind darin die Gruppen

| $A_0$ | $A_1$ | $A_2$ | $B_3$ | $B_4$ | $B_5$ | $B_6$ | $B_7$ |
|-------|-------|-------|-------|-------|-------|-------|-------|
| $O_a$ | $I_a$ | $II_a$ | $III_a$ | $IV_a$ | $V_a$ | $VI_a$ | $VII_a$ |

als **„Hauptgruppen"** des Periodensystems und **alle** übrigen Elemente der der Gruppen

| $A_3$ | $A_4$ | $A_5$ | $A_6$ | $A_7$ | $B_0$ | $B_1$ | $B_2$ |
|-------|-------|-------|-------|-------|-------|-------|-------|
| $III_b$ | $IV_b$ | $V_b$ | $VI_b$ | $VII_b$ | $VIII_b$ | $I_b$ | $II_b$ |

als **„Nebengruppen"**-Elemente bezeichnet.

2. Diese Nomenklatur verzichtet darauf, Elemente der Haupt- und Nebengruppen mit den Indices a oder b zu kennzeichnen und reiht statt dessen Elemente mit *relativ hoher Elektronegativität* (S. 111) unter die *„B-Gruppen"* und die Metalle mit *relativ geringer Elektronegativität* unter die *„A-Gruppen"* ein (vgl. auch Abb. 3).

3. Dabei ist die Bezeichnung der Eisengruppe und der Gruppe der Platinmetalle mit $B_0$ ebenso willkürlich, wie der Begriff einer „achten Nebengruppe". Andererseits besagt der Index in $A_0$ seit der Entdeckung der Edelgasverbindungen auch nicht mehr, daß die Mitglieder der Edelgasfamilie stets „nullwertig" sind.

4. Wenn für die Stellung eines Elementsymbols im System unter anderem auch die **Elektronegativität** berücksichtigt werden soll, darf das Symbol H keinesfalls mehr über dem Lithium erscheinen. Entsprechend seiner Elektronegativität wäre der Wasserstoff etwa

---

[4] Lanthaniden: Lanthan + Lanthanoide

[5] H. RÖMPP, *Chemisches Wörterbuch*, Franckh'sche Verlagshandlung, S. 645, Stuttgart 1969.

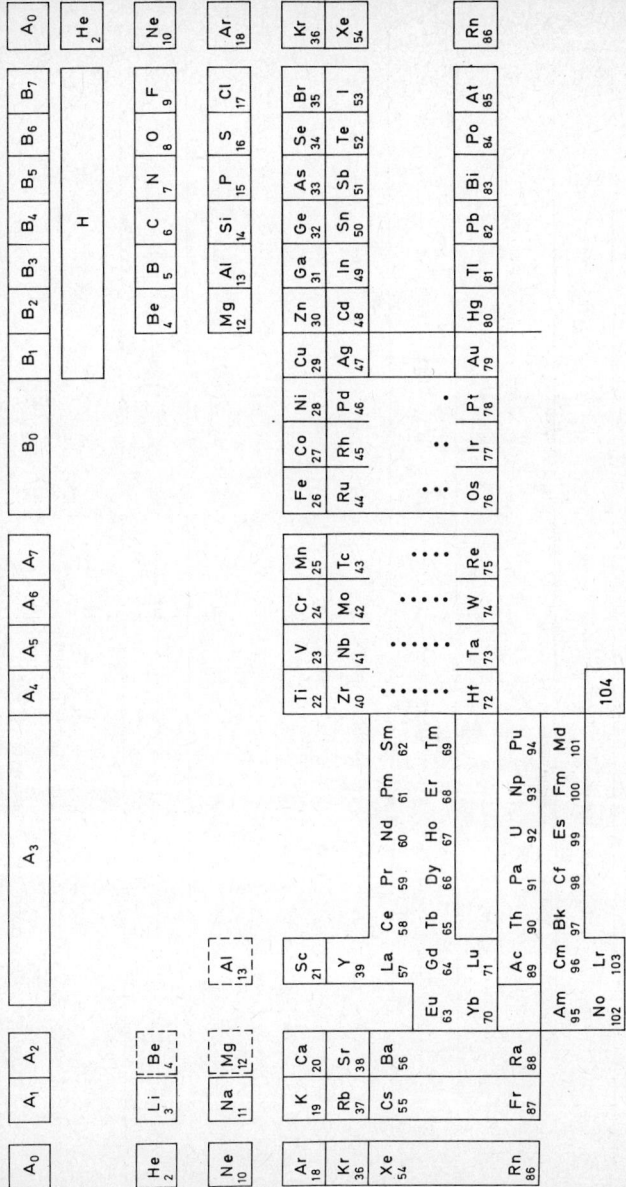

Abb. 2   Periodensystem der Elemente (einschließlich der Lanthaniden und Actiniden)
Indices links unten = Ordnungszahlen, zugleich Kernladungszahlen bzw. Zahl der Protonen im Atomkern.

Verbindend oben: **H**

| 0 | Ia | IIa | IIIa | IVa | Va | VIa | VIIa | VIII | VIII | VIII | Ib | IIb | IIIb | IVb | Vb | VIb | VIIb | VIIIb |
|---|---|---|---|---|---|---|---|---|---|---|---|---|---|---|---|---|---|---|
| He |  |  |  |  |  |  |  |  |  |  |  |  |  |  |  |  |  |  |
| He | Li | Be |  |  |  |  |  |  |  |  |  |  | B | C | N | O | F | Ne |
| Ne | Na | Mg |  |  |  |  |  |  |  |  |  |  | Al | Si | P | S | Cl | Ar |
| Ar | K | Ca | Sc | Ti | V | Cr | Mn | Fe | Co | Ni | Cu | Zn | Ga | Ge | As | Se | Br | Kr |
| Kr | Rb | Sr | Y | Zr | Nb | Mo | Ma[a] | Ru | Rh | Pd | Ag | Cd | In | Sn | Sb | Te | J | X[a] |
| X[a] | Cs | Ba | La | Hf | Ta | W | Re | Os | Ir | Pt | Au | Hg | Tl | Pb | Bi | Po | — | Em[a] |
| Em[a] | — | Ra | Ac | Pa | U |  |  |  |  |  |  |  |  |  |  |  |  |  |

Lanthaniden:

| 0 | Ia | IIa | IIIa | IVa | Va | VIa | VIIa | VIII | VIII | VIII | Ib | IIb | IIIb | IVb | Vb | VIb | VIIb | VIIIb |
|---|---|---|---|---|---|---|---|---|---|---|---|---|---|---|---|---|---|---|
|  |  |  | Nd | Ce | Pr |  | — | Sm | Eu | Gd | Tb | Dy | Ho | Er | Tu[a] | Yb | Cp[a] |  |

a) heute: X = Xe; Em = Rn; Ma = Tc; Tu = Tm; Cp = Lu;

Abb. 3   Periodensystem nach von ANTROPOFF (1926).

zwischen Bor- und Kohlenstoff einzuordnen, wobei man ihn durchaus formal über die $B_4$-Gruppe setzen könnte, weil das Wasserstoffatom, ähnlich dem C-Atom, eine halbgefüllte Edelgasschale (S. 49) darstellt.

5. Es ist vielfach üblich, eine Periode mit dem Edelgas zu eröffnen, welches die voranstehende Periode abschließt. In ähnlicher Weise sollte es erlaubt sein, die Symbole Be, Mg und evtl. auch Al im System *doppelt* (nicht nur zur Überbrückung der großen Lücke in in den beiden Kurzperioden) anzuschreiben.[6]

6. Die *periodische Schreibweise der Lanthaniden* und der Actiniden begründet sich mit zahlreichen Argumenten bezüglich des chemischen Verhaltens der Elektronenkonfigurationen (S. 56), der Elektronegativität und der Struktur (S. 201) der betreffenden Elemente. Alle Metalle der $A_3$-Gruppe, die im Grundzustand *ein d-Elektron* besitzen, sind in einer Vertikalen mit La-Gd-Lu-Ac-Cm-Lr zusammengefaßt. Dabei zählt man oft 15 statt bisher 14 Metalle zu den Lanthaniden (vgl. Abb. 2). Wer jedoch mit der Chemie der Lanthaniden etwas vertraut ist, rechnet, ungeachtet der Elektronenkonfiguration, sogar das Yttrium (Y) zu den „Lanthaniden im erweiterten Sinne" (S. 202).

7. Wegen der chemischen Ähnlichkeit des Yttriums mit einzelnen Gliedern der Lanthanidenreihe (etwa Dy-Ho-Er) wird die Trennungslinie zwischen Y und den Lanthaniden weggelassen. Eine solche Trennungslinie ist andererseits durchaus sinnvoll zwischen den Metallen der Ordnungszahlen 89 bis 94 (Ac bis Pu) und den schweren Actiniden Am bis Lr, weil hier beträchtliche Unterschiede im chemischen Verhalten vorliegen.

8. Der Grundsatz, daß nach Möglichkeit die chemisch verwandten Elemente auch im Periodensystem räumlich benachbart angeordnet bleiben, wird insbesondere durch die periodische Anordnung der Lanthaniden erfüllt, z. B. im Hinblick auf die Erdalkali-Verwandtschaft von Europium und Ytterbium. Wegen der periodischen Schachtelung der Lanthaniden geraten jedoch gerade solche Metalle räumlich auseinander, die sich chemisch am *ähnlichsten* sind, wie z. B. Zirkon und Hafnium. Hier muß ausnahmsweise mit Hilfslinien operiert werden, und es soll durch die punktierten Verbindungslinien in den Gruppen $A_4$ bis $B_0$ auf die Konsequenzen der „Lanthanidenkontraktion" (S. 202 ff.) aufmerksam gemacht werden. Die systematische Verkürzung der punktierten Verbindungslinien von links nach rechts soll andeuten, daß die Folgen der Lan-

---

[6] Auch Alfred WERNER, dessen „Langperiodensystem" (1905) heute überwiegend benutzt wird, hatte die Symbole Be, Mg und Al auf die *rechte* Seite seiner Tabelle gestellt.

thanidenkontraktion keineswegs für alle Metalle der 4d- und 5d-Reihe gleichmäßig weiterbestehen. Spätestens in der $B_2$-Gruppe kann von einer besonderen chemischen Ähnlichkeit zwischen den Elementen der 5p- und der 6p-Reihe keine Rede mehr sein.

9. Wenn durch Weglassen der Trennungslinien oder durch gesonderte Verbindungslinien auf eine bemerkenswerte chemische Verwandtschaft hingewiesen wird, sollte man andererseits eine *chemische Unähnlichkeit durch Trennungslinien* kennzeichnen. Darüber hinaus gelten Elemente, welche von den übrigen Mitgliedern einer chemischen Familie deutlich abgetrennt sind, mehr oder minder als „Außenseiter" der betreffenden Gruppe (S. 180 ff.).

# A. 3.  Das Ordnungsprinzip

Chemische Vorgänge spielen sich stets an der Peripherie der Atome, das heißt, am „Rande der Atomhülle" ab, so daß die Struktur dieser Atomhüllen („Elektronenhüllen") maßgebend die chemischen Eigenschaften eines Elements bestimmen, während quasi die Atomkerne diese Eigenschaften nicht beeinflussen. Eine Ausnahme bilden lediglich die leichtesten chemischen Elemente, wo die Atomkerne aufgrund von Isotopeneffekten auf die chemischen Eigenschaften einwirken.

Das Kernstück aller Betrachtungen über die **„periodischen Eigenschaften"** der chemischen Elemente ist die Frage einer sinnvollen Ordnung dieser Elemente nach einer prinzipiell *nicht periodischen* Eigenschaft. Hierzu gehören beispielsweise

1. das **Atomgewicht,** nach dem seit de CHANCOURTOIS (1865) und MENDELEJEFF (1869) die Einteilung der chemischen Elemente vorgenommen wurde.

2. die Wellenlänge einer charakteristischen **„Eigenstrahlung"** von Metallen, die als Antikathode in einer Röntgenröhre verwendet werden (z. B. die Lage der $K_\alpha$-Linie im Röntgenspektrum). Diese Eigenstrahlung führte zur Entdeckung der **Kernladungszahl** (Moseleysches Gesetz, 1913).

3. andere physikalische Eigenschaften der Elemente, die mehr oder minder direkt von Masse und Kernladung der Atomkerne abhängen, wie z. B. der Massenabsorptions-Koeffizient für Röntgenstrahlung (eine Funktion der dritten Potenz von Wellenlänge und Kernladungszahl) oder die Lage der „Absorptionskante im Röntgenspektrum für ein Filtermetall der Ordnungszahl (Z-1) in einer Strahlung aus einer Antikathode der Ordnungszahl Z. (So liegt z. B. die Absorptionskante eines Röntgenstrahlen-Filters aus dün-

Die Elektronen prallen auf die „Antikathode" (Anode) ⟶

Glühkathode emittiert Elektronen, die zur Antikathode beschleunigt werden ⟶

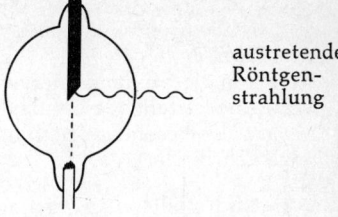

austretende Röntgenstrahlung

Charakteristisches Röntgenspektrum, wenn die Antikathode der Röhre aus einem reinen Metall besteht.
Untergrund: polychromatische Strahlung (sog. „Bremsstrahlung")

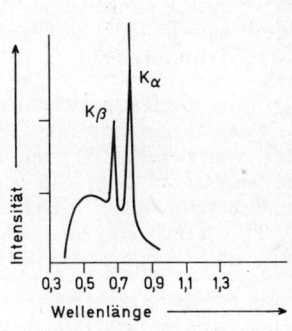

Charakteristische Röntgenstrahlung (sog. „Eigenstrahlung") mit der besonders intensiven $K_\alpha$-Strahlung. (Elektronensprung von L-Schale auf K-Schale) und der weniger intensiven $K_\beta$-Strahlung. Elektronensprung von M-Schale auf K-Schale)

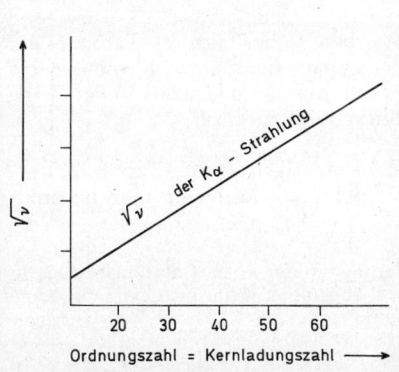

Die Wellenzahl einer $K_\alpha$-Linie eines Röntgenspektrums ist proportional dem Quadrat der Ordnungszahl (= Kernladungszahl) des verwendeten Antikathodenmetalls.

**Oder:** Die Quadratwurzel der Wellenzahl ist proportional der Ordnungszahl

*Moseleysches Gesetz* für die $K_\alpha$-Linie:
Wellenzahl $\nu = {}^3/_4\,R\,(Z-1)^2$
($R$ = Rydberg-Konstante)

Abb. 4  Übersicht zum Moseleyschen Gesetz.

ner Nickelfolie genau zwischen der Wellenlänge der Kupfer $K_\alpha$ und der Kupfer-$K_\beta$-Strahlung (S. 11).

4. Unperiodisch entwickelt sich auch als Funktion der Kernladungen der **„Massendefekt"** der Nuklide, dessen Energie-Äquivalent ein Maß für die Bindungsenergie der Atomkerne darstellt, wobei jedoch eine auffallende Unstetigkeit der gegen Z aufgetragenen Kurve auf die besondere Stabilität des Helium-Atomkerns hinweist (vgl. Lehrbücher).

5. Schließlich sollte man, analog zum Atomgewicht auch erwarten, daß das **spezifische Gewicht** der Elemente im festen Zustand eine unperiodische Funktion der Atomkernmassen darstellt. Es tritt hier jedoch eine periodische Überlagerung durch den Einfluß der Festkörper-Strukturen auf (S. 118).

6. Auch die **spezifische Wärme** der Elemente im *festen Zustand* kann als eine Art unperiodische Eigenschaft angesehen werden. Sie sinkt von relativ hohen Werten bei den leichten Metallen (z. B. Li: 0,8 cal/g · Grad; Mg: 0,25 cal/g · Grad) auf sehr niedrige Werte bei den Schwermetallen (z. B. W: 0,033, Pb: 0,031 cal/g · Grad). Dabei hat in den meisten Fällen das Produkt aus der spezifischen Wärme und dem Atomgewicht einen konstanten Wert:

---

„Regel von DULONG und PETIT" (1819)

Spez. Wärme $\times$ Atomgewicht $\approx$ 6,1 bis 6,4 [cal/Mol · Grad]

---

die man auch aus der Tatsache ableiten darf, daß jeder der drei Schwingungsfreiheitsgrade eines Atoms im Gitter etwa 2 Kalorien zur Molwärme beiträgt.[7]

Genauere Werte der Atomwärmen finden sich in Tab. 64—66. Die *Dulong-Petitsche* Regel ist danach bei einigen Elementen bis zur Ordnungszahl 9 *scheinbar* ungültig, beispielsweise in der Reihe Beryllium, Bor, Kohlenstoff, Stickstoff, Sauerstoff.

Die bei tiefen Temperaturen viel zu niedrigen Werte (Tab. S. 13) erscheinen jedoch vielleicht weniger überraschend, wenn man bedenkt,

---

[7] Jeder Freiheitsgrad einer Translations- (oder einer Rotationsbewegung bei mehratomigen Molekülen) ist mit etwa *einer* Kalorie an der Molwärme beteiligt. Im Kristallgitter eines Festkörpers haben die um ihre Gleichgewichtslage schwingenden Atome drei Schwingungs-Freiheitsgrade, wobei bei jeder elastischen Schwingung ein Austausch zwischen kinetischer und potentieller Energie stattfindet, so daß eine Gesamtenergie von 6 cal/Mol · Grad resultiert.

daß die Atome im Molekülgitter der Nichtmetalle ($O_2$, $N_2$, $H_2$) nicht die gleichen Möglichkeiten einer Schwingung in den drei Raumrichtungen haben, wie etwa die Atome in einem hochsymmetrischen Metallgitter.

Daher erreichen Stickstoff, Sauerstoff und Fluor knapp unterhalb ihrer im Bereich um −218° liegenden Schmelzpunkte nur eine Molwärme von höchstens 5,45. Die spezifische Wärme dieser Elemente im *flüssigen* Zustand ist im Sinne der Dulong-Petitschen Regel unbrauchbar, weil die mehratomigen Nichtmetall-Moleküle in der Flüssigkeit die Möglichkeit haben, auch Rotations- und Translationsbewegungen auszuführen.

Die geringe Atomwärme der übrigen leichten Metalle liegt darin begründet, daß die Atomschwingungen oftmals bei Raumtemperatur noch lange nicht voll angeregt sein können, vor allem nicht bei Festkörpern mit extrem starken Bindungen wegen der besonders kleinen Atomabstände bei den leichtesten Elementen.

Die Atomwärmen der „Außenseiter" Beryllium, Bor und Kohlenstoff steigen jedoch stark an, wenn die spezifischen Wärmen bei möglichst hohen Temperaturen unterhalb des Schmelzpunktes gemessen werden.

| | Temp. [°C] | spez. Wärme [cal/g · Grad] | Atomgewicht | Molwärme [cal/Mol · Grad] |
|---|---|---|---|---|
| Beryllium | ∼20 | 0,45 | 9,0122 | 4,05 |
| (Fp: 1277°) | 300 | 0,505 | | 4,54 |
| Bor | ∼20 | 0,309 | 10,811 | 3,34 |
| (Fp: 2030°) | 500 | 0,472 | | 5,1 |
| | 900 | 0,510 | | 5,51 |
| Graphit | ∼20 | 0,165 | 12,0111 | 1,98 |
| („Fp": 3737°) | 140 | 0,254 | | 3,04 |
| | 650 | 0,445 | | 5,34 |
| | 900 | 0,454 | | 5,45 |

Die *Dulong-Petitsche Regel* hat vor der Entdeckung des *Moseleyschen Gesetzes* (S. 11) eine hervorragende Rolle in der Unterscheidung zwischen Äquivalentgewicht und Atomgewicht gespielt. Bei Kenntnis der spezifischen Wärme eines Metalls kann man leicht entscheiden, ob das ermittelte Äquivalentgewicht dem Atomgewicht entspricht oder mit einer ganzen Zahl n (= Wertigkeit) multipliziert werden muß.

# A. 4.  Das Atomgewicht

Für die Einordnung der Elemente in das periodische System ist bis zur Entdeckung der Atomkernladungen (MOSELEY, 1913) das Atomgewicht maßgebend gewesen. Allerdings hatte dieser Begriff, etwa bis zur Mitte des 19. Jahrhunderts noch keine völlig willkürfreie Grundlage. Über die Entwicklung bis zur heutigen Atomgewichtstabelle orientiert die nachfolgende Zeittafel:

1793   Jeremias Benjamin RICHTER: „Anfangsgründe der Stöchiometrie oder Meßkunst chymischer Elemente." Bestimmung von Verbindungsgewichten und Versuche, numerische Zusammenhänge aufzufinden.

1802   Ernst Gottfried FISCHER: Tabelle der Verbindungsgewichte verschiedener chemischer Elemente. Basis: $H_2SO_4 = 1000$.

1803 — 1810   Die „Atomgewichte" von John DALTON waren in Wirklichkeit meist **Äquivalentgewichte**; daher z. B. die *Daltonsche* Formel HO für Wasser; NH für Ammoniak.

1811   Amadeo AVOGADRO, Conte di Quaregna: Hypothese von der gleichen Zahl der Teilchen in gleichen Gasvolumina. GAY-LUSSAC: „Gasförmige Elemente verbinden sich im konstanten Verhältnis der Volumina."

1815   Jöns Jakob BERZELIUS: Atomgewichtstabellen unter Verwendung der von ihm vorgeschlagenen neuen Elementsymbole. Basis: $O = 100$, später $H = 1$.

1830 — 1850   Jan VAN STAS und Jean Charles GALISARD DE MARIGNAC bestimmen viele Atomgewichte durch chemische Untersuchungen. Die VAN STASsche Tabelle wählt als Bezugspunkt $O = 16.00$ unter der Annahme, Sauerstoff entspricht dem sechzehnfachen Atomgewicht des Wasserstoffs.

1858   Stanislao CANIZZARO: Endgültige Unterscheidung zwischen den Begriffen „Atomgewicht" und „Äquivalentgewicht". Teilweise Bestätigung der schon von Berzelius gefundenen Werte.

1860   Atomgewichtstabelle von Stanislao CANIZZARO. „Sunto di un corso di filosofia chimica"/Chemikerkongreß in Karlsruhe.

1900   Gründung der „Internationalen Atomgewichtskommission".

1905   Diese legt fest: Das relative Atomgewichtsverhältnis H/O ist nicht 1 : 16, sondern genauer 1,0078 : 16,000.

1920   Es existieren zwei Atomgewichtstabellen (bis 1962):
a) Atomgewichte der Chemiker. Basis: Natursauerstoff $\equiv 16,000$.
b) Atomgewichte der Physiker. Basis: Sauerstoffisotop $^{16}O \equiv 16,000$. Differenz zwischen beiden etwa 0,003 Prozent.

Entwicklung der Massenspektrographie. Unterscheidung zwischen Atomen des gleichen Elements mit verschiedener Masse („Isotope") (ASTON, MATTAUCH, HERZOG u. a.).

Sehr genaue Bestimmung eines Atomgewichts z. B. aus dem Massenspektrum von natürlichem Nickel: 67,9% $^{58}$Ni; 26,3% $^{60}$Ni; 1,2% $^{61}$Ni; 3,6% $^{62}$Ni und 1,0% $^{64}$Ni. Mittleres Atomgewicht daraus = 58,71.

1961 Einheitliche Atomgewichtstabelle laut Beschluß der IUPAC-Conference (International Union of Pure and Applied Chemistry)

*Bases:* $^{12}C \equiv 12,000$

Damit: Natursauerstoff     = 15,9994
      Wasserstoff     = 1,00797
      Natürl. Kohlenstoff     = 12,01115 (1,1% $^{13}$C)

Über die übrigen heute gültigen Atomgewichte informieren die Atomgewichtstabellen im Anhang, bei denen die Form eines Periodensystems gewählt wurde, damit der mit dem System Vertraute das gesuchte Element darin schneller auffindet als bei einer alphabetischen Reihenfolge.

Für die künstlichen Elemente und die in der Natur nur in unwägbaren Mengen vorkommenden Elemente können keine eigentlichen Atomgewichte angegeben werden. Man verwendet statt dessen in Klammern die **Massenzahl** des stabilsten oder des bekanntesten Isotops, z. B. Tc-99, At-210, Fr-223. Dabei sind manchmal für verschiedene Elemente die gleichen Massenzahlen, z. B. Po-210 und At-210; Cm-247 und Bk,247 eingetragen.

Die erhöhte Genauigkeit der Atomgewichte ermöglichte eine exaktere Bestimmung der mit dem Atomgewicht zusammenhängenden Naturkonstanten. Die gültigen Werte sind:

---

*Molvolumen* idealer Gase bei 1 atm, 0°: 22,4129 Liter

*universelle Gaskonstante:* R = 0,0820537 Literatmosphären

Loschmidtsche Zahl N = 6,02295 · 10$^{23}$ (*Avogadros number*).

---

# A. 5.  Die Ordnungszahl

1864 John Alexander NEWLANDS verwendet eine Ordnungszahl (ordinal number) für die Ordnung der chemischen Elemente in seinen Tabellen.

1869 Dimitri Iwanowitsch MENDELEJEFF ordnet die chemischen Elemente streng nach ihren (s. Zt. gültigen) Atomgewichten mit Ausnahme der Folge Co-Ni und Te-J. („Inversionen").

1900    Nach der Entdeckung der Edelgase (1894—1895) ergibt sich ein dritter Fall einer Inversion: Das etwas leichtere Kalium (39,102) muß im Periodensystem hinter dem Edelgas Argon (39,948) eingeordnet werden.

1911    Ernest RUTHERFORD beobachtet diskrete Ablenkungen eines $\alpha$-Strahls ($He^{++}$-Ionen) an den Atomen einer damit durchstrahlten dünnen Metallfolie, entsprechend der elektrostatischen Ablenkung von positiven Geschossen an positiven Zentren des Metalls. Aussage: Die Atome haben einen, zur Gesamtgröße unvergleichlich kleinen „Atom-Kern", der fast die ganze Masse des Atoms enthält.

1912    Max von LAUE zeigt, daß Röntgenstrahlen (seit 1896) den Charakter einer elektromagnetischen Schwingung haben und an Kristallen eine echte Beugung erfahren. Damit ist u. a. auch ein Mittel gegeben, die einzelnen Wellenlängen einer Röntgenstrahlung zu bestimmen.

1913    Henry MOSELEY findet bei der spektralen Untersuchung von Röntgenstrahlen eine unperiodische Eigenschaft der Atome. Die Wellenzahl der „Eigenstrahlung" (z. B. der $K_\alpha$-Strahlung) einer Röntgenröhre mit einem gegebenen Metall als Anode („Antikathode") ist proportional dem Quadrat einer ganzen Zahl Z (vgl. Abb. 4).

Z ist identisch mit der Kernladungszahl, d. h. der Zahl der positiven Ladungen (Protonen) im Atomkern.

Damit hat die von VAN DEN BROEK (1913) vorgeschlagene „Ordnungszahl" in Form einer „Kernladungszahl" ihre physikalische Bedeutung erhalten. Die Zahl der Elektronen in der Atomhülle muß wegen der Elektroneutralität des Atoms gleich der Kernladung sein.

Zugleich hat sich die alte Hypothese von William PROUT (1816) *scheinbar* bestätigt: Das Proton, der Kern des Wasserstoffatoms, ist stets Bestandteil der Kerne aller übrigen Elemente. Dennoch stellt das Atomgewicht der Elemente, entgegen der Proutschen Annahme, fast niemals ein ganzes Vielfaches des Protonengewichts dar.

---

*Definition „chemisches Element"*

1. Joachim JUNGIUS („Dexoscopiae Physicae Minores", 1630) und Robert BOYLE („The Sceptical Chymist", 1661): „Diejenigen Stoffe, die sich mit chemischen Mitteln nicht weiter zerlegen lassen, sind ‚chemische Elemente'."

2. Seit 1913 (Moseleysches Gesetz):
   *Alle Atome eines reinen chemischen Elements haben die gleiche Kernladung Z, d. h. die gleiche Zahl Protonen in ihren Kernen.*

3. Seit 1920 (Entdeckung der Isotopie):
   *Alle Atomkerne eines chemischen „Reinelements" haben die gleiche Protonen- und Neutronenzahl (d. h. die gleiche Protonen- und Massenzahl).*

---

# B. Atomkern

## B. 1. Isotopie

Schon John THOMSON hatte 1912 bei der Untersuchung von Kanalstrahlen (beschleunigte positive Gasionen) gefunden, daß es offenbar Ionen des Edelgases Neon mit verschiedener Masse gibt.

Von 1919 an fand man dann mit Hilfe der von William ASTON (sowie DEMPSTER, HERZOG, MATTAUCH u. a.) entwickelten „Massen-Spektrographie" zahlreiche weitere Beispiele für eine unterschiedliche Masse von Gasionen, die dem gleichen chemischen Element angehören (Abb. 5).

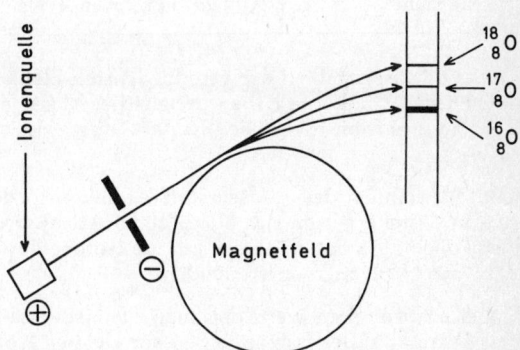

Abb. 5 Schema einer massenspektrographischen Trennung verschiedener Isotope des Sauerstoffs.

Die in der „Ionenquelle" erzeugten positiven Ionen von Sauerstoffatomen werden im elektrischen Feld beschleunigt, durchfliegen im Vakuum die negative Elektrode und erfahren eine je nach ihrer Masse verschiedene Ablenkung durch ein magnetisches (oder auch elektrostatisches) Feld bis zum Ziel (z. B. photographische Platte oder Zählrohr). Dort ist ggf. auch eine Analyse der relativen Häufigkeit der verschiedenen Isotope möglich.

---

Es besteht beispielsweise

1. natürliches Chlor zu     75% aus Atomen der Masse 35 und
                            25% aus Atomen der Masse 37

   „Atomgewicht":           35,453

2. natürlicher Kohlenstoff zu   98,9% aus Atomen der Masse 12 und
                                1,1% aus Atomen der Masse 13

   „Atomgewicht":           12,0111

---

Atomkerne der gleichen Ordnungszahl (Kernladungszahl) und verschiedener Massenzahl gehören zum gleichen chemischen Element und folglich an die gleiche Stelle des *Periodensystems*. Sie heißen **„Isotope"** (nach dem Griechischen isos = gleich und topos = Stelle.)

Die **Isotopie** erklärt sich seit der Entdeckung des „Neutrons" (1930, 1932) aus der inneren Struktur der Atomkerne, die sich aus Protonen und Neutronen zusammensetzen. Diese Elementarteilchen haben ungefähr die gleiche Masse, aber nur die Protonen tragen zur Kernladung bei.

---

Zahl der Protonen = (positive) Kernladung = Ordnungszahl Z

---

„Massenzahl" A   = Z + N = Zahl Protonen + Neutronen

---

Etwa 70 Massenzahlen der verschiedensten Elemente treten mehrfach auf. Diese Atomkerne haben bei gleicher Masse eine unterschiedliche Kernladung. Man nennt sie *„Isobare"* (grch. isos = gleich, barys = schwer).

Mit Ausnahme des Wasserstoff-Atomkerns, der nur aus einem Proton besteht, setzen sich alle übrigen Atomkerne aus Protonen und Neutronen zusammen, wobei sich die Isotope durch eine verschiedene Zahl von Neutronen unterscheiden.

Dabei ist bemerkenswert, daß man chemische Elemente in der Natur fast überall auf der Erde in genau der gleichen Isotopenmischung vorfindet. Es muß also eine gründliche Durchmischung der Atome stattgefunden haben, bevor sich die Materie der Erde aus der hochdispersen Solarmaterie kondensierte.

Nur etwa 23 chemische Elemente in der Natur haben *keine* Isotope. Ihre Atomkerne besitzen die gleiche Masse und folglich die gleiche Neutronenzahl. Man unterscheidet sie von allen übrigen Elementen als sog. „Reinelemente".

In Tabelle 1 sind die Symbole dieser „Reinelemente" ungefähr nach ihrer Stellung im Periodensysteme geordnet. Genau genommen, müßte man die Zahl 23 auf 19 solcher Fälle reduzieren, denn

1. neben Helium-4 ($^4_2$He) kann im *Kosmos* noch Helium-3 ($^3_2$He) auftreten und

2. ist das hier verzeichnete „Reinelement" Tantal im irdischen Vorkommen mit etwa 0,01% des Isotops Tantal-180 ($^{180}_{73}$Ta) „verunreinigt".

Tabelle 1    Die 23 Reinelemente (nach dem Periodensystem geordnet)

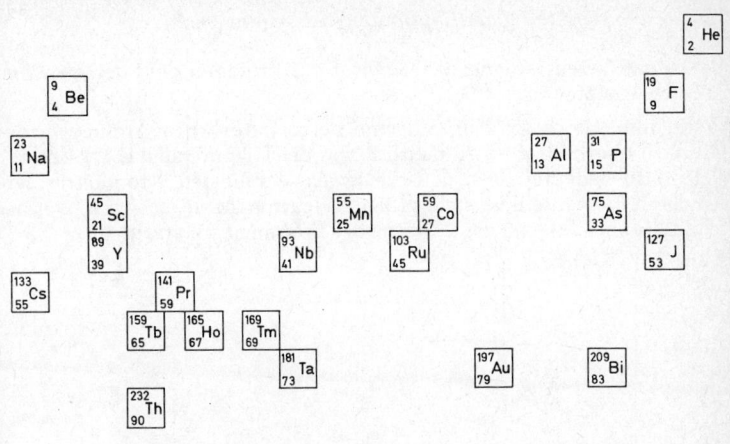

# B. 2.  Kernladung und Massenzahl

Vergleicht man die Atomgewichte („ATG") der ersten zwanzig Elemente des periodischen Systems mit ihren Ordnungs-(Kernladungs-)-Zahlen, so fällt auf, daß hier vielfach die Atomgewichte der jeweils verdoppelten Ordnungszahl entsprechen:

|        | H     | He    | C      | N      | O      |        |
|--------|-------|-------|--------|--------|--------|--------|
| $Z =$  | 1     | 2     | 6      | 7      | 8      |        |
| ATG =  | 1,007 | 4,002 | 12.011 | 14,006 | 15,999 |        |
|        | Ne     | Mg     | Si     | P      | S      | Ca     |
| $Z =$  | 10     | 12     | 14     | 15     | 16     | 20     |
| ATG =  | 20.183 | 24,312 | 28,086 | 30,973 | 32,064 | 40,080 |

Dies bestätigt die Modellvorstellung, daß die relativ häufigsten Isotope dieser Elemente (mit Ausnahme von Wasserstoff) in ihren

Atomkernen ebensoviele Neutronen wie Protonen enthalten. Es gilt daher in diesem Anfangsbereich des Systems die Regel

*Atomgewicht ≅ doppelte Ordnungszahl,*

wenn man vereinfachend das Gewicht der Protonen dem der Neutronen gleichsetzt.

Wenn nun jedoch die Kurve der mittleren natürlichen Atomgewichte (Abb. 6) oberhalb Z = 20 deutlich von der Diagonalen A = 2Z abweicht, so bedeutet dies, daß die jeweils häufigsten Atomkerne der schweren Elemente eine stets größere Neutronenzahl besitzen, welche schließlich bei Z = 80 das 2,5fache der Protonenzahl erreicht.

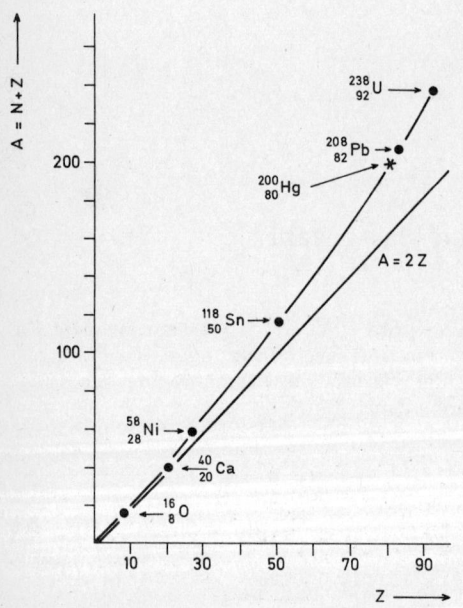

Abb. 6    Massenzahl A und Kernladungszahl Z der chemischen Elemente.

Wird der Quotient $Z^2/A > 32,33$ (vgl. Pb-208), so ist mit einem instabilen Atomkern und entsprechender Radioaktivität zu rechnen. Steigt $Z^2/A$ weiter an, so sinkt die Aktivierungsenergie für eine spontane Spaltung des betreffenden Atomkerns und erreicht bei $Z^2/A \approx 45$ den Nullwert. Dies hieße, daß chemische Elemente mit einer Kernladung von etwa 110 bis 120 vermutlich nicht mehr existieren könnten, weil ihre Kerne momentan (innerhalb von $10^{-12}$ sec.) zerfallen müßten (vgl. jedoch S. 59).

# B. 3. Kerngleichungen

Zur Beschreibung von Kernreaktionen werden Gleichungen nach Art einer chemischen Reaktionsgleichung benutzt, beispielsweise für den Zusammenstoß eines α-Teilchens (He-Kern) mit einem Stickstoffatom (von Ernest RUTHERFORD 1919 erstmals bewiesene Umwandlung eines chemischen Elements in ein anderes).

$$\mathrm{{}^{14}_{7}N} \quad + \quad \mathrm{{}^{4}_{2}He} \longrightarrow \mathrm{{}^{1}_{1}H} \quad + \quad \mathrm{{}^{17}_{8}O}$$

Es ist dabei zu beachten, daß die Summe der Massenzahlen (Indices links oben) und die Summe der Kernladungen (Indices links unten) auf beiden Seiten der Gleichung übereinstimmen müssen.

**Indices an chemischen Symbolen**

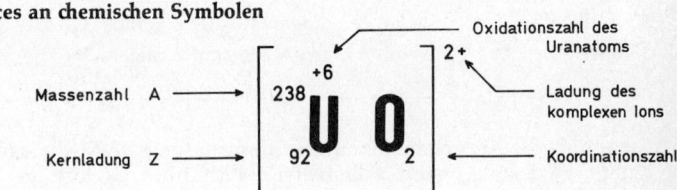

Die genannte Kerngleichung kann auch vereinfacht geschrieben werden:

$$\mathrm{{}^{14}_{7}N} \quad (\alpha,p) \quad \mathrm{{}^{17}_{8}O}$$

wobei α (= α-Teilchen) für einen Heliumkern steht und p ein Proton (= $\mathrm{{}^{1}_{1}H}$) bedeutet.

# B. 4. Kernspin

Zur Erklärung der „Hyperfeinstruktur" von Atomspektren nahm Wolfgang PAULI (1925) an, daß auch Atomkerne ein magnetisches Moment besitzen können.

Wenn ein Kernbaustein wie das Proton mit seiner elektrischen Ladung (+1) eine **Eigenrotation** ausführt[1], so muß dies den Aufbau eines entsprechenden Magnetfeldes zur Folge haben. Ähnliches gilt auch für das „neutrale" **Neutron,** welches man sich aus einem Proton mit einer Art „Mesonen-Umhüllung"[2] zusammengesetzt denken kann.

---

[1] Spin nach dem engl. to spin = drehen; vgl. dt. Drall
[2] vgl. Nukleonenreaktion: $n^{\circ} \longrightarrow p^{+} + e^{-} + \nu$ (Neutrino)

Protonen und Neutronen reagieren daher auf ein äußeres Magnetfeld, was auch für den Atomkern gilt, sofern sich die einzelnen magnetischen Momente nicht gegenseitig kompensieren; dies ist stets der Fall, wenn ein Atomkern eine

*gerade Protonenzahl und gerade Neutronenzahl*

hat, und es ergibt sich *kein* Kernspin.

In allen anderen Fällen resultiert ein Kernspin, der „ganzzahlig" (1, 2, 3 ... usw.) oder „halbzahlig" ($1/2$, $3/2$ ... usw.) sein kann.

---

Der Kernspin ist

- a) „ganzzahlig",    wenn A    gerade und Z ungerade,
- b) „halbzahlig",    wenn A    ungerade und Z gerade
     oder              wenn A    ungerade und Z ungerade

---

Für magnetische Kernresonanzuntersuchungen (engl.: NMR = nuclear magnetic resonance) sind selbstverständlich nur (gasförmige oder flüssige) Verbindungen geeignet, die Atomkerne mit Kernspin enthalten, insbesondere $^1_1$H („Protonenmagnetische Resonanz", $^1_1$H-KMR bzw. $^1_1$H-NMR), ferner

$$^{19}_{9}F, \quad ^{31}_{15}P, \quad ^{13}_{6}C, \quad ^{17}_{8}O \quad \text{und} \quad ^{35}_{16}S.$$

Atomkerne mit Kernspin sind außerdem insofern von Interesse, als sie mit Atomen gleicher Art „isomere Moleküle" bilden können.

Bei normaler Temperatur (etwa $300°$ K) besteht z. B. Wasserstoff aus $H_2$-Molekülen unterschiedlicher Struktur, nämlich aus $25^0/_0$ **para-Wasserstoff** (p-$H_2$) und $75^0/_0$ **ortho-Wasserstoff** (o-$H_2$), wobei das Gleichgewicht

$$\text{o-}H_2 \rightleftarrows \text{p-}H_2 + \text{Energie}$$

gilt, und der *ortho-Wasserstoff* die *energiereichere* Form darstellt. Während eine Reingewinnung von o-$H_2$ noch nicht gelungen ist, läßt sich reiner para-Wasserstoff durch Adsorption an Aktivkohle bei $< 20°$ K isolieren.[3]

Die beiden isomeren Moleküle o-$H_2$ und p-$H_2$ unterscheiden sich durch die Kernspinrichtungen ihrer Atome.

---

[3] BONHOEFFER u. HARTECK, 1929.

Es hat:

---

| | |
|---|---|
| o-$H_2$ einen parallelen Kernspin | ↑↑ |
| p-$H_2$ einen antiparallelen Kernspin | ↑↓ |

---

Auch beim Wasserstoff-Isotop Deuterium ($= {}^{2}_{1}\text{H}$ oder ${}^{2}_{1}\text{D}$) wird eine

solche **Molekül-Isomerie** mit dem Gleichgewicht

$$\text{p-D}_2 \rightleftarrows \text{o-D}_2 + \text{Energie}$$

beobachtet, worin sich die *ortho*-Form als die energieärmere erweist.

Solche Molekül-Isomerien können nur auftreten bei Molekülen, die

a) aus 2 gleichartigen Atomen bestehen

b) deren Atome keine durch 4 teilbare Massenzahl haben.

Es gibt also z. B. keine Molekül-Isomerie beim Sauerstoff:

$$^{16}_{8}\text{O} \xrightarrow[\cdots]{\cdots} {}^{16}_{8}\text{O}$$

und ebenfalls keine Molekül-Isomerie bei Molekeln aus Kernen verschiedener Masse, wie etwa bei

$$^{35}_{17}\text{Cl} - {}^{37}_{17}\text{Cl.}$$

# B. 5. Magische Zahlen

Ordnet man die chemischen Elemente nach der durch das Moseleysche Gesetz gegebenen Kernladung ihrer Atome, so spiegeln sich die „periodischen Eigenschaften" beispielsweise in der niedrigen Ionisationsenergie der einwertigen Alkalimetalle der Ordnungszahlen 3, 11, 19, 37, 55 und 87 wieder oder im reaktionsträgen Verhalten der Edelgase mit den Kernladungen 2, 10, 18, 36, 54 und 86.

Atome, denen ein Elektron an einer solchen „Edelgaskonfiguration" fehlt, haben eine hohe Tendenz, ihre Elektronenhülle zur „magischen Zahl" zu ergänzen (vgl. *Lewissche Oktettregel* (S. 64).

Ganz ähnliche Beobachtungen hat man bezüglich der Atomkerne gemacht: Atome mit einer „magischen" Protonen- oder Neutronenzahl nehmen eine mit den Edelgasen vergleichbare Sonderstellung ein.

*„Magische Zahlen"*

a) der Elektronenhüllen:

  2    8    18    36    54    86, entsprechend den Edelgasen:
  He   Ne   Ar    Kr    Xe    Rn

b) der Atomkerne:

  2    8    20    28    50    82    126    184

  Protonen und/oder Neutronen im Kern: besondere Stabilität

---

Atomkerne, deren Elementarteilchenzahl nur wenig von einer dieser „magischen" Zahlen abweicht, lassen eine hohe Tendenz erkennen, die magische Zahl zu realisieren. So besitzt das Nuklid $^{135}_{54}$Xe beispielsweise den extrem hohen Neutronen-Einfangsquerschnitt von $3{,}6 \cdot 10^6$ barn pro Atom, weil es durch den Einfang eines einzigen Neutrons die magische Zahl 82 erreichen kann.

Umgekehrt findet man bei Nukliden mit einer „magischen" Neutronenzahl vielfach einen *minimalen Neutroneneinfangquerschnitt*:

|          | A   | Z  | N   | Neutroneneinfang-querschnitt [barn/Atom] |
|----------|-----|----|-----|------------------------------------------|
| $^{37}_{17}$Cl | 37  | 17 | 20  | < 1,0 |
| $^{51}_{23}$V  | 51  | 23 | 28  | < 1,4 |
| $^{87}_{37}$Rb | 87  | 37 | 50  | < 1,1 |
| $^{136}_{54}$Xe| 136 | 54 | 82  | < 1,0 |
| $^{208}_{82}$Pb| 208 | 82 | 126 | < 1,3 |

---

Unter den Isotopen eines natürlichen Elements sind oftmals diejenigen mit einer „magischen" Zahl *besonders häufig*:

|     | A   | Z  | N   |   |                      |        |    |
|-----|-----|----|-----|---|----------------------|--------|----|
| Y   | 89  | 39 | 50  | = | Reinelement          | 100    | % |
| He  | 4   | 2  | 2   |   | *doppelt magisch:*   | 100    | % |
| O   | 16  | 8  | 8   |   | *doppelt magisch:*   | 99,76  | % |
| Ca  | 40  | 20 | 20  |   | *doppelt magisch:*   | 96,97  | % |
| V   | 51  | 23 | 28  |   | mag. Neutronenzahl   | 99,8   | % |
| K   | 39  | 19 | 20  |   | mag. Neutronenzahl   | 93,1   | % |
| Pb  | 208 | 82 | 126 |   | *doppelt magisch:*   | 52,3   | % |

Aufgrund von α-Streuversuchen konnte festgestellt werden, daß die doppelt-magischen Nuklide $^{4}_{2}$He, $^{16}_{8}$O und $^{40}_{20}$Ca eine kugelsymmetrische Form besitzen, während Atomkerne mit einer nicht magischen Protonen- und Neutronenzahl dagegen durchaus deformiert sein können.

Während man Nuklide mit einer magischen Neutronenzahl in den Minima der Neutroneneinfangsquerschnittskurve findet, sind Nuklide mit magischer Protonenzahl häufig im Maximum einer Häufigkeitskurve anzutreffen (s. Abb. 7).

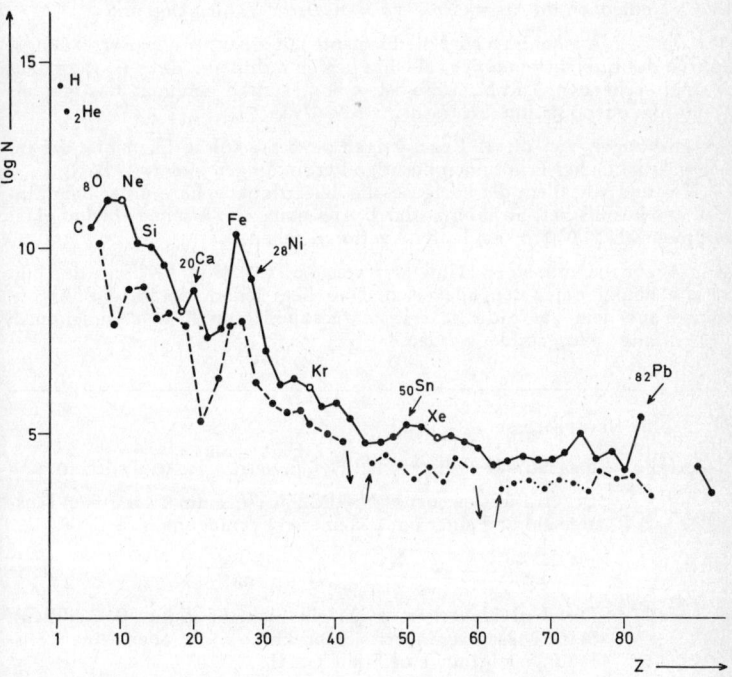

Abb. 7    Relative Häufigkeit der Elemente im Kosmos, bezogen auf $\log N_{Si} = 10{,}0$.

Man erkennt sofort, daß Nuklide mit gerader Protonenzahl (ausgezogene Kurve) stets häufiger sind als die mit einer ungeraden Kernladung; eine wichtige Ausnahme ist Wasserstoff, dem im Weltall bei weitem häufigsten Element.

Außer Helium (Z = 2) liegen Calcium (Z = 20), Nickel (Z = 28) und Blei (Z = 82), die eine „magische" Kernladung haben, auf Maxima der oberen Häufigkeitskurve.

Über die Häufigkeit der chemischen Elemente in der Erdkruste (bis 16 km Tiefe) geben die Tabellen 58—60 im Anhang Auskunft. Elemente mit einer „magischen" Kernladungszahl sind darin durch eine Umrahmung markiert.

Fast die Hälfte aller Materie der äußeren Erdkruste („Sialscholle" wegen der neben Sauerstoff dominierenden Metalle Silizium und Aluminium) besteht aus Sauerstoff mit 99,7% $^{16}_{8}$O. Dieser enthält — bei 8 Protonen und 8 Neutronen im Atomkern — *zwei magische Zahlen zugleich*.

Mit wenigen Ausnahmen sind die Elemente mit einer *geraden* Kernladungszahl in der Erdkruste *häufiger* als ihre beiden rechts und links im Periodensystem stehenden Nachbarn. So ist z. B. Cer rund zehnmal häufiger als Rubidium oder Yttrium (*„Harkinsche Regel"*, 1917).

Abweichungen von dieser Regel zeigen zunächst solche Elemente, die infolge vulkanischer Eruptionen flüchtige Verbindungen bilden (z. B. Hg, S, Se, Te) und vor allem die Edelgase, die der Erdatmosphäre unter dem Einfluß der kosmischen Strahlung (durch Anregung der Atomgeschwindigkeit auf mehr als 11 000 m/sec) laufend verloren gehen.

Nur Argon ist mit einer Häufigkeit von $3,6 \cdot 10^{-4}$ bzw. 0,9% in der Luft relativ häufig unter den Edelgasen. Dies liegt jedoch daran, daß Argonatome aus dem gar nicht so seltenen Kaliumisotop K-40 ständig durch „K-Einfang" nachgebildet werden.

---

*Natürliche Kernprozesse*

α-Zerfall:    Das Nuklid verliert einen Heliumkern, $^{4}_{2}$He (α-Teilchen), und
es resultiert ein neues Nuklid mit einer um 4 kleineren Massenzahl und einer um 2 kleineren Kernladung, z. B.:

$$^{232}_{90}Th \longrightarrow \ ^{4}_{2}He \ + \ ^{228}_{88}Ra$$

β-Zerfall:    Das Nuklid verliert quasi ein Elektron (hier: β⁻-Teilchen). Seine Masse verändert sich praktisch nicht, aber seine Kernladung steigt um eine Einheit, z. B.:

$$^{228}_{88}Ra \longrightarrow \ ^{228}_{89}Ac \ + \ \beta^{-}$$

K-Einfang    Der Atomkern fängt aus seiner Umgebung (hier: aus der K-Schale) ein Elektron ein und vermindert ohne Massenänderung seine Kernladung um eine Einheit, z. B.:

$$^{40}_{19}K \ \xrightarrow{\text{K-Einfang}} \ ^{40}_{18}Ar$$

Von den chemischen Elementen, deren Häufigkeit in den Tabellen 137—139 nicht angegeben ist, sind *Francium, Polonium* und *Actinium* noch in der Natur nachweisbar. Die Existenz von *Promethium*, sowie gegebenenfalls von *Neptunium* und *Plutonium* (Kerntechnik!), kann immerhin vermutet werden. Die übrigen höheren Actiniden haben kein natürliches Vorkommen auf der Erdoberfläche. Das gleiche gilt für Technecium, dessen langlebigstes Isotop, $^{97}_{43}$Tc, bei einer Halbwertszeit von „nur" 2,6 Millionen Jahren längst „ausgestorben" wäre, sollte es jemals auf unserem Planeten existiert haben.

Zudem besagt die

**Mattauchsche Isobaren-Regel:**

> Die Kernladung von zwei stabilen Isobaren muß sich um mehr als 1 unterscheiden.

Deshalb können die Elemente Nr. 43 (Technetium) und Nr. 61 (Promethium) keine stabilen (d. h. radio-inaktiven) Kerne besitzen, denn

1. alle Massenzahlen zwischen 94 und 102 sind bereits mit den stabilen Kernen der *Nachbarelemente* des Technetiums (Molybdän und Ruthenium) mit den Kernladungen 42 und 44 vertreten, so daß kein stabiler Kern mit der Kernladung 43 existieren kann.

2. Neodym (Z = 60) und Samarium (Z = 62) haben bereits stabile Isotope mit den Massenzahlen 142 bis 150, und ein zugehöriges Isobares kann nicht mehr stabil sein, wenn es die Kernladung 61 (Promethium) besitzt.

Nach H. Jensen (1939) ist die Mattauchsche Isobarenregel in Wirklichkeit ein streng gültiges Naturgesetz, welches aus einem „Aufbauprinzip der Atomkerne" (Schalenmodell) hervorgeht. In diesem Strukturmodell der Atomkerne spielt eine geradzahlige Nukleonenbesetzung für die Stabilität der Kerne eine wichtige Rolle.

Atomkerne sind

|  | sehr stabil | weniger stabil | | instabil, | wenn die |
|---|---|---|---|---|---|
| Protonenzahl | gerade | gerade | ungerade | ungerade | und die |
| Neutronenzahl | gerade | ungerade | gerade | ungerade | ist |
| Bezeichnung: | (g, g)- | (g, u)- | (u, g)- | (u, u)-Kerne | |

## B. 6.  Die Nuklidkarte

Atome mit einer magischen Kernladungszahl treten in besonders zahlreichen Isotopen auf. So kennt man z. B. allein zehn stabile Isotope des Zinns, $_{50}$Sn. Es ist nicht möglich, dies in einer Tabelle nach Art des Periodensystems zum Ausdruck zu bringen; noch weniger lassen sich in dieser Form die bisher bekannten stabilen und instabilen Nuklide aller Elemente darstellen.

Hierzu eignet sich vielmehr eine „Nuklidkarte", von der Abb. 8 einen Ausschnitt wiedergibt.

Die in einer Horizontalen der Nuklidkarte stehenden Symbole bezeichnen die **Isotope**, die man aus der übereinstimmenden Ordnungszahl Z und den entsprechenden gleichen Elementsymbolen ablesen kann.

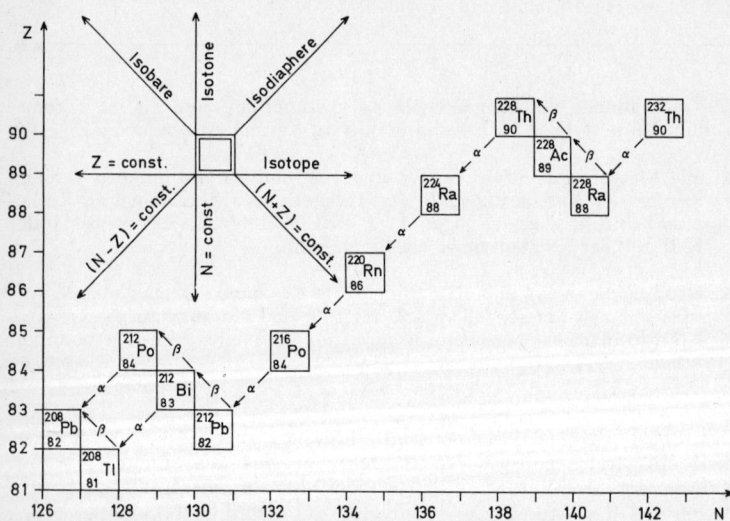

Abb. 8   Ausschnitt aus einer Nuklidkarte: Darstellung des natürlichen radioaktiven Zerfalls von Thorium-232 bis zum Endglied der Zerfallsreihe, Blei-208. Der α-Zerfall verläuft auf der Diagonalen der „Isodiapheren", (N—Z) = const., während sich die β-Strahler zu „Isobaren" (N+Z) = const., umwandeln. Alle in Abb. 8 auftretenden Nuklide sind Mitglieder der „Thoriumfamilie", (A = 4n).

Nuklide mit gleicher Neutronenzahl („**Isotone**") stehen in der Tabelle senkrecht untereinander. Die **„Isobaren"** findet man auf der von links oben nach rechts unten verlaufenden Diagonalen. Sie haben die gleiche

Massenzahl A, das heißt, die Summe der Protonen und Neutronenzahl $A = (N + Z)$ ist gleich groß.

Schließlich finden sich auf der Diagonalen von rechts oben nach links unten die **„Isodiapheren"**, welche durch die gleiche Differenz von Neutronen- und Protonenzahl gekennzeichnet sind.

Der Ausschnitt aus einer Nuklidkarte nach Abb. 8 beschränkt sich auf die Darstellung des radioaktiven Zerfalls von Thorium-232. Dieses Nuklid gehört, wie alle anderen Glieder der Zerfallsreihe, zur radioaktiven *„Thorium-Familie"*, welche charakterisiert ist durch Massenzahlen, die durch 4 teilbar sind.

Man könnte daher den Ausdruck $A = 4n$ (n = ganze Zahl) als „Familiennamen" der Thoriumreihe ansehen.

In der Natur hat man als Tochterprodukte des radioaktiven Zerfalls von Uran-238 und Uran-235 auch Nuklide gefunden, deren Massenzahlen nicht ohne Rest durch 4 teilbar sind. Dies sind Angehörige der „Uran-Familie" und der „Actinium-Familie". Die vierte Familie dieser Art wurde erst nach der Entdeckung der Transurane erkannt; sie leitet sich vom Neptunium-233 ab.

Tabelle 2  **Die vier radioaktiven Familien mit Beispielen:**

| „Familien- name" | Massenzahl aller zur radioaktiven Familie gehöri- gen Nuklide | Beispiele | | |
|---|---|---|---|---|
| Thorium- Familie | $A = 4\,n$ | $^{232}_{90}Th$ | $^{220}_{86}Rn$ | $^{208}_{82}Pb$ |
| Neptunium- Familie | $A = 4\,n + 1$ | $^{233}_{93}Np$ | $^{209}_{82}Pb$ | |
| Uran-Radium- Familie | $A = 4\,n + 2$ | $^{238}_{92}U$ | $^{226}_{88}Ra$ | $^{222}_{86}Rn$ $^{206}_{82}Pb$ |
| Actinium- Familie | $A = 4\,n + 3$ | $^{235}_{92}U$ | $^{219}_{86}Rn$ | $^{207}_{82}Pb$ |

Tochter-Nuklide mit *falschen Massenzahlen* können beim natürlichen radioaktiven Zerfall nicht auftreten, da sich die Kernreaktionen auf die Emission von Heliumkernen ($\alpha$-Strahlung) oder Elektronen ($\beta$-Strahlung) beschränken.

# C. Atomhülle

## C. 1.  Geschichtlicher Überblick

Isaac NEWTON (1643–1727) zerlegt Licht mittels gläserner Prismen in die „Regenbogenfarben".

Josef von FRAUNHOFER (1787–1826) findet im Spektrum des Sonnenlichts zahlreiche, offenbar charakteristische dunkle Linien.

1859  Julius PLÜCKER beginnt Untersuchungen in Gasentladungsröhren (*„Geißlersche Röhren"*) bei einem auf $\sim 1$ Torr verminderten Gasdruck.

1860  Gustav KIRCHHOFF und Robert BUNSEN erfinden die Methode der „Spektralanalyse" und es werden damit in der Folge entdeckt:

Cäsium (1860), Rubidium (1861), Thallium (1861) und Indium (1863)

1868  Das KIRCHHOFFsche Absorptionsgesetz besagt, daß ein Element nur Licht derjenigen Wellenlänge als Dampf absorbiert, die es im angeregten Zustand selbst ausstrahlt. Die dunkle D-Linie im Sonnenspektrum beweist somit die Anwesenheit von Natriumdampf in der Chromosphäre der Sonne.

Pierre César JANSSEN entnimmt aus den *„Fraunhoferschen Linien"*, daß es auf der Sonne ein auf der Erde noch unbekanntes Element gäbe. In der Annahme, es handle sich um ein Metall, schlägt Sir Norman LOKYER dafür den Namen „Helium" vor[1].

1879  Die Crookessche Röhre erreicht ein Vakuum von $10^{-3}$ Torr. Das Linienspektrum des Wasserstoffs zeigt im Sichtbaren drei charakteristische Linien ($H_\alpha$ bei 656,28 nm, $H_\beta$ bei 486,13 nm und $H_\gamma$ bei 434,05 nm.)

1885  Johann Jakob BALMER deutet diese Linien mit einer empirischen Formel, der eine einfach Differenz ($1/_4 - 1/_{n^2}$) zugrunde liegt und in der n stets eine ganze Zahl darstellt.

1894–1898  William RAMSAY entdeckt die Edelgase (Helium aus Cleveit, Neon bis Xenon aus flüssiger Luft) durch Spektralanalyse.

1896  Pieter ZEEMAN findet den nach ihm benannten Effekt, wonach die Spektrallinien in mehrere Komponenten aufgespalten werden, wenn sich die Probe in einem äußeren Magnetfeld befindet.

1913  Niels BOHR entwirft sein „Atommodell", welches zunächst das Wasserstoffspektrum ausgezeichnet erklärt: „Die Elektronen der Atomhülle umkreisen den Atomkern (RUTHERFORD) auf diskreten („erlaubten") Bahnen. Die Energie dieser Elektronen auf verschiedenen erlaubten Bahnen muß sich stets um ein *ganzes Vielfaches* des *Planckschen Wirkungsquantums* h unterscheiden."

---

[1] statt „Helion" in Bezug auf Neon, Argon usw.

1915   Arnold SOMMERFELD: Erklärung der Multiplizitätsstruktur der Spektren höherer Elemente durch eine erweiterte Theorie, die den Elektronen nicht nur kreisförmige, sondern evtl. auch elliptische Bahnen zuschreibt. Beschreibung dieser erlaubten Bahnen mittels der *Hauptquantenzahl* n und einer *Nebenquantenzahl*.

# C. 2. Wasserstoffspektrum und Hauptquantenzahl

In einer Gasentladungsröhre („Geißlersche Röhre"), die mit einem schwachen Vakuum an Wasserstoffgas gefüllt ist, regt eine elektrische Hochspannung die Atome zum Leuchten an.

Zerlegt man dieses Licht mit einem Prisma, so sind im Sichtbaren drei „Spektrallinien" zu beobachten. Das Licht einer solchen Spektrallinie ist „monochromatisch", d. h. es handelt sich um eine elektromagnetische Schwingung ganz bestimmter Frequenz bzw. Wellenlänge.

Da stets die gleichen Spektrallinien beim gleichen Element auftreten, muß dies zu dem Schluß führen, daß es in der Elektronenhülle der Atome nur *ganz diskrete Energiezustände* gibt, denn es gilt nach Max PLANCK:

   *Energie = Wirkungsquantum (Konstante)* $\times$ *Frequenz* (E = h $\cdot$ v)

d. h., zu einer bestimmten Frequenz muß eine bestimmte Energie gehören. Man könnte dies mit den diskreten Größen an potentieller Energie vergleichen, welche eine Anzahl Tischtennisbälle besitzen, die man auf verschiedene Stufen einer Treppe gelegt hat. Wenn die Bälle schließlich herunterrollen, wird sich ihre dabei geleistete Arbeit (Energie) stets um ganzzahlige Vielfache des Betrags unterscheiden, der einer Stufenhöhe entspricht.

Max PLANCK (1900):

---

„Energie kann nur in Form von ganzen Vielfachen (Quanten) der Größe h $\cdot$ v übertragen werden"

h *(„Plancksches Wirkungsquantum")* $= 6,6252 \cdot 10^{-27}$ erg $\cdot$ sec

---

Die Linien- und Bandenspektren der Atome sind, im Gegensatz zu den bekannten Regenbogenfarben „diskontinuierlich".

Die von Johann BALMER (1885) vorgeschlagene Formel für die Lage der Spektrallinien des Wasserstoffs im Sichtbaren, beschreibt dieses Spektrum exakt. Danach ist die jeweilige „Wellenzahl"

$$ ( \; ^{1}/_{\lambda} = R_H \; \frac{1}{n_e^{\,2}} \; - \; \frac{1}{n_a^{\,2}} \; ) $$

wobei $n_e$ und $n_a$ stets ganze Zahlen sind; für das Wasserstoffspektrum im sichtbaren Bereich ist $n_e = 2$ und $n_a$ größer als 2. Jeder durch $1/n^2$ beschriebene Zustand entspricht einem diskreten Energieniveau, welches durch die Größe n ausreichend beschrieben ist, wobei $n_e$ die Quantenzahl des Endzustandes (Grundzustandes) und $n_a$ die Quantenzahl des Anfangszustandes (angeregten Zustandes) bedeutet.

Man nennt n auch die „Hauptquantenzahl". Sie bestimmt die einzelnen Energiestufen, auf die das (einzige) Elektron des Wasserstoffatoms angeregt werden kann und aus denen es gegebenenfalls wieder in den Grundzustand (hier mit $n_e = 2$) „zurückfällt".

Diese Energiestufen können nach dem wellenmechanischen Atommodell auch einfach durch die Symbole für einzelne „Elektronenwahrscheinlichkeitsverteilungen" (kürzer: für „Orbitale") gekennzeichnet werden und zwar in diesem einfachen Fall (H-Atom oder Spektrum des *einfach* ionisierten Heliumatoms, $He^+$) durch die kugelsymmetrischen „s-Orbitale".

In Abb. 9 sind verschiedene Möglichkeiten für solche s-Orbitale skizziert. Sie unterscheiden sich durch die *Zahl der Knotenflächen,* welche die jeweils kugelsymmetrischen Räume voneinander trennen, in denen eine gewisse Wahrscheinlichkeit für die Anwesenheit einer Ladung („Elektron") in der Atomhülle besteht.

Im 1s-Zustand (sprich: ein-s) gibt es nur **eine** solche Knotenfläche, die man sich kugelsymmetrisch, quasi als äußere Begrenzung des Wasserstoffatoms denken kann. In der Funktion $\psi$ gegen den Abstand vom Atomkern R wird in diesem Punkt die Wellenfunktion $\psi$ gleich Null.

Wasserstoffatome, deren Elektron aus *höher angeregten* Zuständen auf diesen Grundzustand ($n_e = 1$) „zurückfällt", emittieren Spektrallinien im *ultravioletten* Bereich (*„Lyman-Serie"*). Der erste angeregte 2s-Zustand ($n_a = 2$) zeigt zwei Knotenflächen, und die $\psi$-Funktion wird hier in einem bestimmten Abstand R zu Null. Die Wahrscheinlichkeit, auf der so definierten Kugelfläche eine Ladung (sozusagen: *das* Elektron) anzutreffen, ist sehr gering.

Die Energiestufen für den 3s-, 4s-, 5s- usw.-Zustand rücken auf der Energieskala (Ordinate in Abb. 9) immer näher zusammen. Dies bedeutet zugleich, daß sich die entsprechenden Frequenzen (bzw. Wellenlängen) der zugehörigen Spektrallinien immer weniger voneinander unterscheiden. So spricht man bei einer Anregung auf 13,57 Elektronenvolt (= 313 kcal) von der **„Seriengrenze"** des Wasserstoffspektrums, an der die Folge der scharfen Spektrallinien schließlich in ein Kontinuum, d. h. eine homogene Serie beliebiger Frequenzen übergeht.

In diesem Zustand ist das Wasserstoffatom so hoch angeregt, daß es seine Elektronenhülle („das" Elektron) verloren hat. Aus dem Wasserstoff-*Atom* ist ein positiv geladenes Wasserstoff-*Ion* geworden: Das Wasserstoffatom ist „ionisiert".

Das in Abb. 9 skizzierte wellenmechanische Atommodell erinnert an den schalenartigen Bau einer Zwiebel. Der Begriff bestimmter „Elektronenschalen", welche einen Atomkern umgeben, wie er ursprünglich aus dem *Bohr-Rutherfordschen Atommodell* entstand, also auch im wellenmechanischen Atommodell recht anschaulich, sofern man nichts anderes als die kugelsymmetrischen s-Elektronenwolken betrachtet.

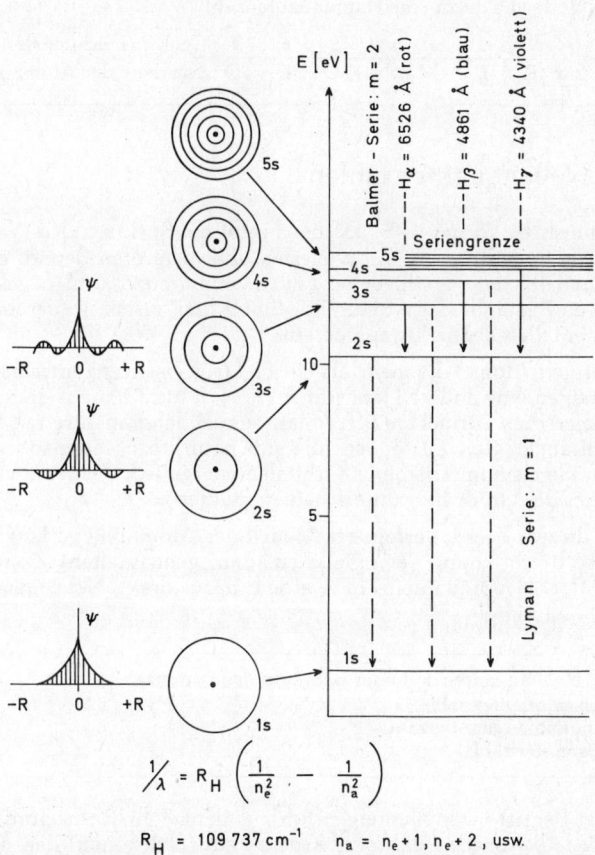

$$\frac{1}{\lambda} = R_H \left( \frac{1}{n_e^2} - \frac{1}{n_a^2} \right)$$

$$R_H = 109\,737\ cm^{-1} \qquad n_a = n_e + 1,\ n_e + 2\,,\ usw.$$

Abb. 9 Spektralserien als Ergenbis von Elektronenübergängen aus „angeregten Zuständen" auf den Grundzustand. (Bei der Balmerserie: $n_e = 2$). Die konzentrischen Kreise symbolisieren nicht die Elektronenbahnen des Bohrschen Atommodells, sondern die Zahl der nicht-planaren Knotenflächen ($\psi = 0$) aus dem wellenmechanischen Atommodell.

Das (einzige) Elektron des Wasserstoffatoms könnte sich allerdings auch in angeregten Zuständen von **anderen** Formen (z. B. p- oder d-Zustände) befinden. Doch sind diese „entartet", das heißt, völlig energiegleich mit dem durch die gleiche Hauptquantenzahl gekennzeichneten s-Zustand. Sonst würden neben den 3 typischen Wasserstofflinien sehr viel mehr Linien im sichtbaren Spektrum erscheinen.

---

Alle Zustände, die durch eine Hauptquantenzahl

| | n = 1 | 2 | 3 | 4 | 5 | 6 | 7 | gekennzeichnet sind, |
|---|---|---|---|---|---|---|---|---|
| gehören zur | K | L | M | N | O | P | Q | - Schale der Atomhülle. |

---

## C. 3. Nebenquantenzahlen

Die Balmersche Formel (s S. 31) beschreibt die Spektren des Wasserstoffatoms im sichtbaren, ultravioletten und infraroten Bereich exakt. Das „Modell" der verschiedenen, durch eine ganze Zahl n gekennzeichneten Zustände der Atomhülle stimmt hier ausgezeichnet mit der experimentellen Beobachtung überein.

Alle übrigen Atome, die mehr als ein Elektron besitzen, schreiben gewissermaßen eine andere Handschrift, die sich nicht ohne weiteres mit der Balmerschen Formel entziffern läßt, es sei denn, man rechnete mit weiteren angeregten Zuständen (die sich natürlich untereinander und von den kugelsymmetrischen s-Orbitalen energetisch durch ein ganzes Vielfaches der Größe $h \cdot v$ unterscheiden müßten).

Das zu diesem Zweck verfeinerte Modell der Atomhülle verlangt eine genauere Beschreibung der möglichen (d. h. gequantelten) Zustände. Neben der Hauptquantenzahl werden dazu drei **„Nebenquantenzahlen"** benötigt

---

die erste Nebenquantenzahl oder Bahnimpulsquantenzahl
oder **Orbitalquantenzahl**                                            $l$
die **magnetische Quantenzahl**                                    $m_l$
die **Spinquantenzahl**                                                  $m_s$

---

Alle drei Begriffe stammen eigentlich aus dem Bohr-Rutherfordschen Atommodell, wonach elektrische Korpuskeln (Elektronen) den Atomkern auf „erlaubten" (gequantelten) Bahnen umkreisen und somit ein Bahnimpulsmoment und zugleich ein magnetisches Moment erzeugen. Die Spinquantenzahl beschreibt die Verhältnisse nach der ursprünglich von GOUDSMIT und UHLENBECK (1925) aufgestellten Hypothese, wonach jedes Elektron infolge einer Eigenrotation ein entsprechendes magnetisches Moment erzeugt.

*Die möglichen Größen der einzelnen Quantenzahlen sind:*

**1. *Hauptquantenzahl n:***

Eine ganze Zahl (für die *Grundzustände* der chemischen Elemente nicht größer als 7)

$$n = 1, 2, 3, \ldots 7$$

**2. *Orbitalquantenzahl l:***

Alle ganzzahligen Werte, die gleich oder größer als 0, sowie gleich oder kleiner als (n—1) sind.

$$0 \leq l \leq (n{-}1)$$

Mit $l = 0$ wird ein s-Zustand gemäß Abb. 9 beschrieben.
Für $l = 1$ müßte die Hauptquantenzahl mindestens 2 sein.

**3. *Magnetische Quantenzahl $m_l$:***

Alle positiven und negativen Werte, die gleich oder kleiner sind als die Orbitalquantenzahl $l$

$$m_l = \text{pos. bzw. neg.} \leq l$$

**4. *Spinquantenzahl $m_s$:***

Zwei Elektronen im gleichen Orbital müssen sich um die Größe 1 unterscheiden. Wenn einer der Elektronenzustände durch die Spinquantenzahl $m_{s_1} = +1/2$ beschrieben wird, ist die Spinquantenzahl des anderen Zustandes $m_{s_2} = -1/2$

$$m_s = +1/2 \text{ oder } -1/2$$

---

Aus diesen Bedingungen für die einzelnen Quantenzahlen ergibt sich die Gesamtzahl der überhaupt möglichen Orbitale und Elektronenzustände. Sie kann auch aus Abb. 10 entnommen werden.

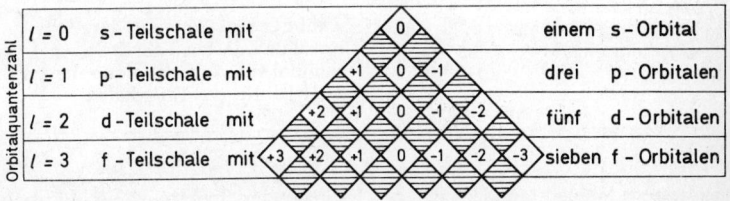

magnetische Quantenzahlen $m_l$

Abb. 10   Schema zur Zahl der Orbitale in Abhängigkeit von der Orbitalquantenzahl $l$. Die Ziffern in den Schachbrettfeldern sind zugleich die Größen der magnetischen Quantenzahlen $m_l$.

Danach hat eine „*s-Teilschale*" nur *ein Orbital*. Eine „*p-Teilschale*" verfügt über *3*, die „*d-Teilschale*" über *5* und die „*f-Teilschale*" über *sieben* Orbitale, die mit der entsprechenden magn. Quantzahl gekennzeichnet sind.

In jedem dieser Orbitale können bis zu zwei Elektronen Platz finden, sofern sie sich um die Spinquantenzahlen $+ 1/2$ und $- 1/2$ unterscheiden. Die maximale Elektronenzahl einer aus einer s-, einer p- und einer d-Teilschale bestehenden Schale (z. B. mit n = 3: 3s, 3p und 3d, jedoch *nicht*: 3f) ist demnach $2 + 6 + 10 = 18$.

Eine Fortführung der Reihe, wonach es $n^2$ verschiedene Orbitale mit maximal $2n^2$ Elektronen geben müßte, würde für n = 7 280 Elektronen ergeben. Obgleich man besetzte Grundzustände mit der Hauptquantenzahl n = 7 (z. B. bei Francium, Radium und den Actiniden) kennt, sind jedoch „nur" 104 oder 105 chemische Elemente bekannt. Dies beruht darauf, daß in den Grundzuständen der chemischen Elemente nicht alle Orbitale, die sich von n = 5, 6 und 7 ableiten, mit Elektronen besetzt sind.

Dies wird jedoch erst aus dem „Aufbauprinzip" der Atome (S. 50) verständlich, und es ist dazu wieder erforderlich, die Bedeutung der Quantenzahlen im modernen „wellenmechanischen Atommodell" zu beleuchten.

---

Zur Formulierung einer Elektronenkonfiguration:

Es ist zuerst die Hauptquantenzahl zu nennen.

Ihr folgt die Orbitalquantenzahl, jedoch nicht als Ziffer

$$l = \begin{array}{ccccc} 0 & 1 & 2 & 3 & 4 \end{array} \quad \text{usw., sondern als}$$
Buchstabensymbol: s p d f g    usw.[2]

Beispiel:

Hauptquantenzahl ⟶ $3d^8$
  8 ⟵ Zahl der Elektronen in der mit d definierten Teilschale
  ⟵ Symbol für die Orbitalquantenzahl, zugleich für die Teilschale

---

[2] Diese Symbole stammen aus der Frühzeit der Spektroskopie, als man glaubte, neben Serien mit besonders scharf ausgeprägten Linien (s) und den relativ unscharfen, „diffusen" Linien (d), solche von „prinzipaler" (p) und „fundamentaler" (f) Bedeutung erkannt zu haben.

# D. Das Atommodell

## D. 1. Geschichte

**1886** Die von Eugen GOLDSTEIN entdeckten „Kanalstrahlen" sind als positive Bausteine der Atome zu deuten, die im elektrischen Feld beschleunigt werden.

**1895** Jean PERRIN: „Kathodenstrahlen" bestehen aus *negativen* Bausteinen der Atome (Nach J. STONEY: „Elektronen") J. J. THOMSONS Atommodell: Ein Atom enthält die gleiche Zahl an positiven und negativen Elementarteilchen.

**1900** Max PLANCK: Energie kann nur in Form von „Quanten", d. h. ganzzahligen Vielfachen des Produkts h · v übertragen werden.

**1911** Ernest RUTHERFORD: Fast die gesamte Masse eines Atoms ist in einem winzigen (positiven) Atom*kern* vereinigt.

**1913** Niels BOHR: „Rutherford-Bohrsches Atommodell".
Die Elektronen umkreisen den Atomkern (strahlungslos) auf ganz bestimmten („diskreten") Bahnen und ihr Bahnimpulsmoment ist streng „gequantelt". Das Modell stimmt ausgezeichnet mit dem Wasserstoffspektrum überein.

**1915** Arnold SOMMERFELD: *Bohr-Sommerfeldsches Atommodell*.
Einführung der Nebenquantenzahlen (S. 35).

**1924** Louis de BROGLIE: Ein Elektron kann beschrieben werden

a) als Korpuskel der Größe $10^{-13}$ cm, der Masse $9,106 \cdot 10^{-28}$ g und der Ladung $-1$ bzw. $1,602 \cdot 10^{-19}$ Coulomb.

b) als stehende elektromagnetische Welle der Wellenlänge

$$\lambda = \frac{h}{m \cdot v} \qquad \text{(h = Plancksches Wirkungsquantum)}$$

(z. B. für den Grundzustand des H-Atoms: $\lambda = 2\pi r = 3,3$ Å gute Übereinstimmung mit dem „Bohrschen Radius" $r \approx 0,52$ Å).

**1925** GOUDSMIT und UHLENBECK: Zwei Elektronen in nur *einem* Orbital unterscheiden sich durch ihr „Spinmoment" ($+1/2$ oder $-1/2$).

Wolfgang PAULI: In einem Mehrelektronensystem können sich nicht zwei Elektronen genau im gleichen Zustand befinden, also in allen vier Quantenzahlen übereinstimmen. („Ausschließlichkeitsprinzip", „Pauli-Verbot").

**1927** DAVISSON und GERMER, sowie G. P. THOMSON beweisen die Interferenz von Elektronen und bestätigen damit die *„de-Broglie-Welle"*.
Werner HEISENBERG weist darauf hin, daß man niemals zugleich den

genauen Ort ($\triangle$ V) und den genauen Impuls ($\triangle$ G) eines Elektrons bestimmen kann. (Unbestimmtheitsrelation": $\triangle$ V $\cdot$ $\triangle$ G $\cong \dfrac{h}{2\pi}$ )

Erwin SCHRÖDINGER entwirft eine Differentialgleichung, die eine „wellenmechanische" Beschreibung der Struktur der Atome gibt. Diese Gleichung **ist** das neue **„wellenmechanische Atommodell".**

$$\nabla^2 + \frac{8\,\pi^2\,m}{h^2}\ (E - V)\ \psi = 0$$

Maurice DIRAC hierzu: „The underlying physical laws necessary for the mathematical theory of a large part of physics and the whole of chemistry are thus completely known and the difficulty is only that the exact application of these laws leads to equations much too complicated to be soluble."

1932    Das „Neutron", von Ernest RUTHERFORD bereits vermutet (1920), von BECKER und BOTHE (1930) durch Beschuß von Beryllium mit α-Strahlen freigesetzt und von CHADWICK (1932) als dritter Baustein der Atome erkannt, kann nach PAULI (1931) unter Bildung eines Protons, eines Elektrons und eines „Neutrinos" zerfallen

$$^1n^\circ \longrightarrow p^+ + e^- + \nu$$

# D. 2.  Wellenmechanisches Atommodell

Im Vergleich zum Bohr-Rutherfordschen Atommodell liefert eine Differentialgleichung kein anschauliches Atommodell. Dieses läßt sich dennoch anschaulich aus der *Schrödinger-Gleichung* erklären, wenn man ihre möglichen Lösungen mit den möglichen Schwingungen eines mechanischen Systems vergleicht.

Ebenso wie das im Grundton angeschlagene Trommelfell einer Kesselpauke im Zentrum die größte Amplitude und am Rande einen (kreisförmigen) Wellenknoten aufweist, ist ein Elektron der K-Schale durch eine äußere sphärische Begrenzung gekennzeichnet, innerhalb welcher die Elektronenladung zu suchen wäre.

---

[1] $\nabla^2$ steht als Abkürzung für $\dfrac{\vartheta^2\psi}{\vartheta x^2}\ +\ \dfrac{\vartheta^2\psi}{\vartheta y^2}\ +\ \dfrac{\vartheta^2\psi}{\vartheta z^2}$

E = Gesamtenergie,  V = potentielle Energie,  m = Masse des Elektrons im elektrischen Feld des Atomkerns, h = Plancksches Wirkungsquantum. Zur $\psi$-Funktion siehe S. 40.

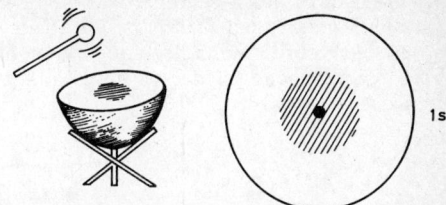

1s

Abb. 11 a

Einem „Oberton" auf der Kesselpauke (d. h. eine „angeregte" Schwingung des Trommelfells) entspricht ein Schwingungsbild mit einer inneren kugelsymmetrischen Knotenfläche, die als eine Art toter Zone die Wahrscheinlichkeitsräume des 2s-Elektrons voneinander trennt.

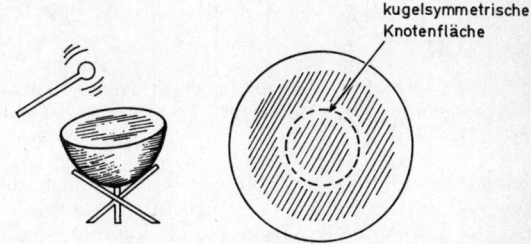

kugelsymmetrische
Knotenfläche

Abb. 11 b

Eine **asymmetrisch** angeschlagene Oberschwingung liefert ein hantelförmiges Schwingungsbild. (Rechts: Schnitt durch die dreidimensionale Elektronenwahrscheinlichkeitsverteilung: Hantel- oder Sanduhrform, z. B. $2p_x$-Elektron)

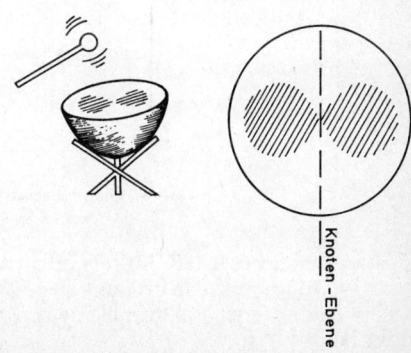

Knoten-Ebene

Abb. 11 c

Eine weitere Oberschwingung des Trommelfells von der Form einer Rosette führt, ins Dreidimensionale übertragen, zu einer rosetten-förmigen Elektronen-Wahrscheinlichkeitsverteilung, welche sich *zwischen* den Koordinatenachsen ausbreitet, also z. B. beim $3d_{xy}$-Elektron eine Knotenebene in der x- und eine zweite Knotenebene in der y-Achse hat.

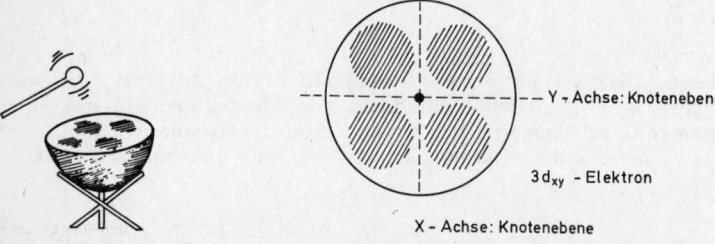

Abb. 11 d                    Abb. 11 e

Abb. 11 a—e  Schwingungsbilder eines Trommelfells im Vergleich zu den Wahrscheinlichkeitsverteilungen von s-, p- und d-Elektronen.

In den Knotenflächen wird die $\psi$-Funktion der Schrödinger-Gleichung zu Null; in den Räumen der Schwingungsamplituden hat sie endliche Werte. Da der $\psi$-Funktion jedoch keine anschauliche physikalische Bedeutung zukommt (die Elektronenwahrscheinlichkeit ist keineswegs im Atomkern maximal), kann aus der folgenden Kurve für die $\psi$-Funktion eines 2s-Elektrons zunächst nur die Existenz eines Wellen-knotens im Punkt R entnommen werden.

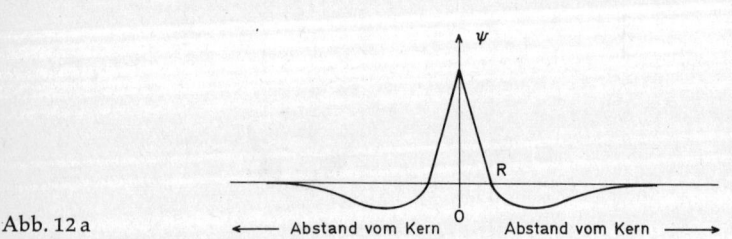

Abb. 12 a

Ein anschauliches Maß für die Elektronenwahrscheinlichkeitsvertei-lung ist jedoch aus dem Produkt $\psi^2 \cdot \triangle V$ (Quadrat der $\psi$-Funktion mal einem betrachteten Volumenelement $\triangle V$) zu entnehmen. Dieses Pro-dukt muß

a) im Atommittelpunkt mangels Raum (V → 0) und

b) in den Wellenknoten (ψ → 0) verschwindend klein sein und erreicht nur außerhalb dieser Grenzen endliche Werte.

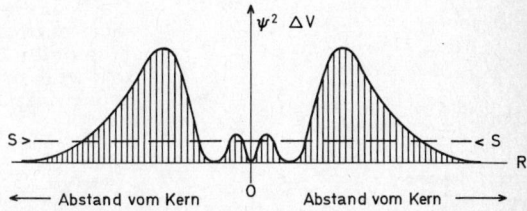

Abb. 12 b    ⟵ Abstand vom Kern    Abstand vom Kern ⟶

Ein Schnitt in Höhe der mit s markierten Fläche durch einen Rotationskörper der $\psi^2 \cdot \triangle$ V-Funktion mit der Senkrechten als Drehachse liefert als Modell des 2s-Elektrons etwa folgendes Bild:

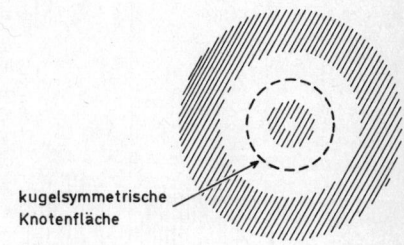

Abb. 12 c    kugelsymmetrische Knotenfläche

Abb. 12 a—c ψ-Funktion- „Wahrscheinlichkeit" und „Schwingungsbild" für ein 2s-Elektron.

Hierin ist der Atomkern von zwei Sphären mit endlicher Elektronenwahrscheinlichkeit umgeben und der schraffierte Schnitt zeigt eine (allerdings nur formale) Ähnlichkeit mit den konzentrischen Bahnen des Bohrschen Atommodells. Es wäre jedoch verfehlt, diesen bei s-Elektronen vielleicht erlaubten Vergleich, auch auf Elektronenzustände zu übertragen deren Orbitalquantenzahl *nicht Null* ist. Dies ergibt sich aus den folgenden Skizzen für einen 2p_y-Zustand.

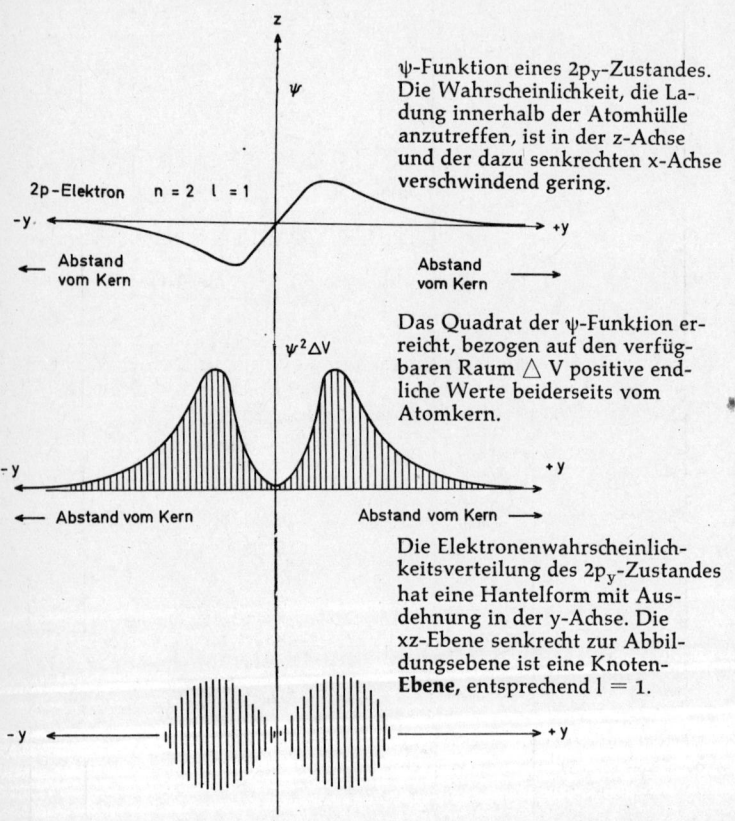

ψ-Funktion eines $2p_y$-Zustandes. Die Wahrscheinlichkeit, die Ladung innerhalb der Atomhülle anzutreffen, ist in der z-Achse und der dazu senkrechten x-Achse verschwindend gering.

Das Quadrat der ψ-Funktion erreicht, bezogen auf den verfügbaren Raum △ V positive endliche Werte beiderseits vom Atomkern.

Die Elektronenwahrscheinlichkeitsverteilung des $2p_y$-Zustandes hat eine Hantelform mit Ausdehnung in der y-Achse. Die xz-Ebene senkrecht zur Abbildungsebene ist eine Knoten-**Ebene**, entsprechend l = 1.

Abb. 13   ψ-Funktion, „Wahrscheinlichkeit" $ψ^2 \cdot △ V$ und „Schwingungsbild" eines 2p-Elektrons.

Das Rotationsellipsoid um die x-Achse für die Funktion $ψ^2 \cdot △ V$ des $3p_x$-Elektrons hat die gleiche prinzipielle Hantelform wie das $2p_x$-Elektron. Es gibt nur *eine Knotenebene*, womit zugleich die Orbitalquantenzahl l = 1 gegeben ist.

*Modell des $3p_x$-Elektrons:*

Schraffiert sind die Räume, welche etwa 50⁰/o der Elektronenwahrscheinlichkeit umschließen. Innerhalb der übrigen Figur findet sich fast 99⁰/o der gesamten Elektronenwahrscheinlichkeit.

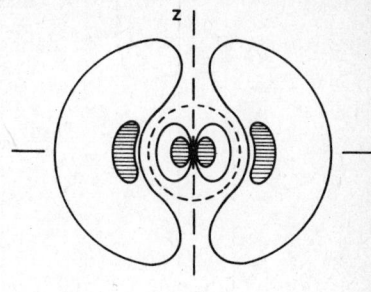

Nach n = 3 gibt es insgesamt drei Knotenflächen, wovon eine wegen *l* = 1 eine Knoten-*Ebene* ist. Die zweite (kugelsymmetrische) Knotenfläche ist durch einen gestrichelten Kreis angedeutet.

Abb. 14 a

Die Quantenzahlen mit denen sich auch im wellenmechanischen Atommodell ein Zustand exakt beschreiben läßt, erhalten hier eine neue, sehr anschauliche Bedeutung (s. Übersicht).

---

Die Quantenzahlen im wellenmechanischen Atommodell:

Hauptquantenzahl n:    Zahl der Knotenflächen insgesamt
(In der Knotenfläche wird $\psi$ = Null.)

Orbitalquantenzahl *l:*    Zahl der Knoten-Ebenen allein

(Diese Flächen mit $\psi$ = 0 sind meist planar; beim $d_{z^2}$ und $f_{z^3}$-Elektron gibt es jedoch auch kegelförmige Knotenflächen, die zur Orbitalquantenzahl mitrechnen.)

Magnetische Quantenzahl $m_l$:    Zahl der völlig unabhängigen Schwingungszustände, also drei p-Orbitale, fünf d-Orbitale, sieben f-Orbitale (Abb. 10).

Spinquantenzahl $m_s$:    Doppelte magnetische Quantenzahl also pro Orbital: + $1/2$ und − $1/2$.

---

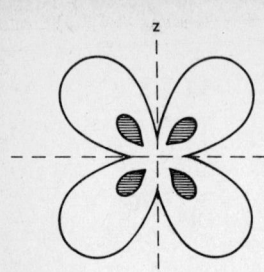

Daraus folgen z. B. für ein $3d_{xz}$-Elektron:

1. Zahl der Knotenflächen: 3, d. h. **n** = 3
2. Zahl der Knoten-**Ebenen:** 2, d. h. **l** = 2

Abb. 14 b

Abb. 14 a—b  Schematisierte Elektronenwahrscheinlichkeitsverteilung für ein 3p- und ein 3d-Elektron.

Eine p-Teilschale besteht aus den Orbitalen $p_x$, $p_y$, und $p_z$.

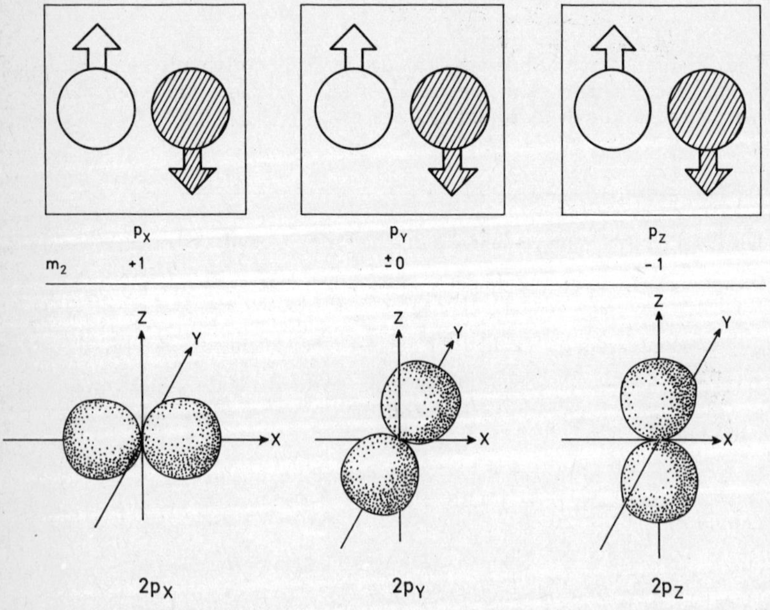

| $p_x$ | $p_y$ | $p_z$ |
|---|---|---|
| $m_2$  +1 | ±0 | −1 |

| $2p_x$ | $2p_y$ | $2p_z$ |
|---|---|---|

Abb. 15 a

Jedes Orbital kann zwei Elektronen ($m_s = +^1/_2$ und $m_s = -^1/_2$) aufnehmen.

$p^3 =$ | ○ | ○ | ○ |        und $p^6 =$ | ○● | ○● | ○● |

haben aus $+1$; $\pm 0$; $-1$ die Impulssumme $L = 0$ und daher *S-Terme* ($^4$S bzw. $^1$S, spr Quartett-S, Singulett-S vgl. „Multiplizität" [297]).

| Impulssumme | $L =$ | 0 | 1 | 2 | 3 |
|---|---|---|---|---|---|
| Termsymbol: | | S | P | D | F |

Eine d-Teilschale besteht aus fünf Orbitalen, welche zwei charakteristische Gruppen bilden

a) die $d_\varepsilon$-Teilschale (oder $t_{2g}$-Teilschale) mit

$d_{xy}$            $d_{xz}$            $d_{yz}$

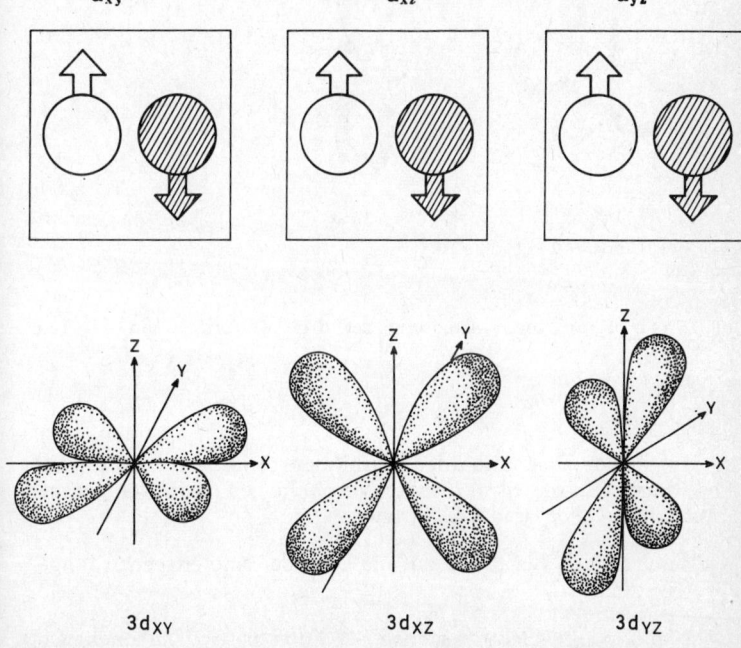

$3d_{XY}$        $3d_{XZ}$        $3d_{YZ}$

Abb. 15 b

b) die $d_\gamma$-Teilschale (oder $e_g$-Teilschale) mit

$$d_{x^2-y^2} \qquad d_{z^2}$$

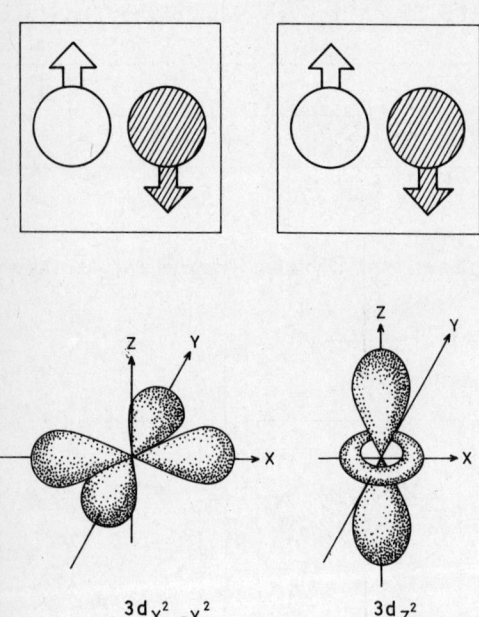

$$3d_{x^2-y^2} \qquad 3d_{z^2}$$

Abb. 15 c

Abb. 15 a—c  Räumliche Skizzierung der drei p-Orbitale und der fünf d-Orbitale.

Eine eingehende Diskussion der f-Orbitale ist nicht erforderlich, weil f-Elektronen für die Struktur der Verbindungen weit weniger bestimmend sind als p- und d-Elektronen.

Es soll nur an drei Beispielen auf die Lage der Knotenebenen hingewiesen werden.

Es gibt im $f_{x(x^2-3y^2)}$-Elektron gemäß $l = 3$ drei planare Knotenebenen, die mit dem Winkel von $120°$ parallel zur z-Achse stehen.

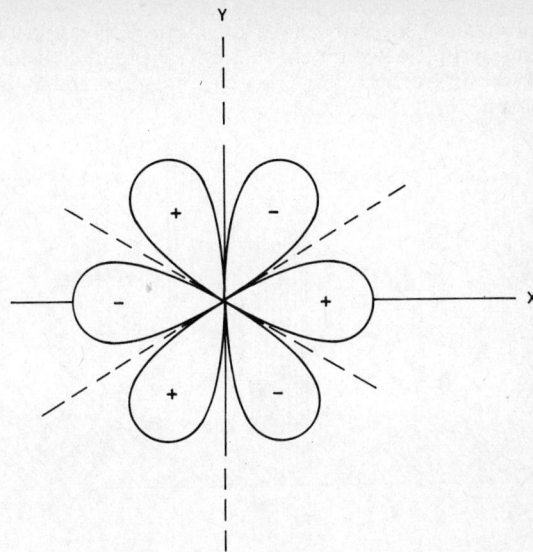

Abb. 15 d

Das sogenannte $f_{z^3}$-Elektron unterscheidet sich vom analogen $d_{z^2}$-Elektron durch eine *dritte* (jedoch *planare*) *Knotenebene*, senkrecht zur z-Achse:

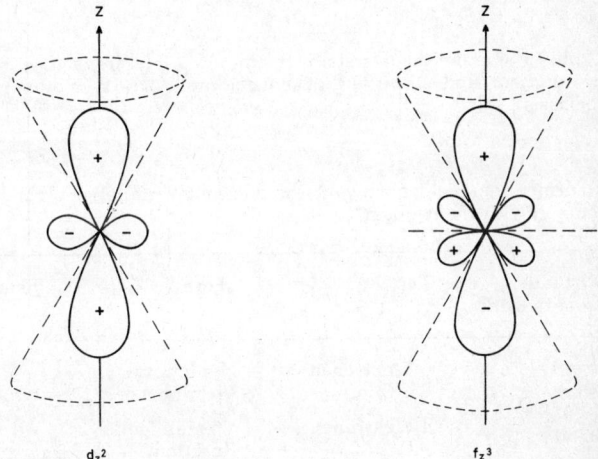

Abb. 15 e

Abb. 15 d und e: Schnitt durch die Wahrscheinlichkeitsverteilungen von f-Elektronen (mit $3d_{z^2}$ zum Vergleich).

Schließlich erkennt man im $f_{xyz}$-Elektron die dritte Knotenebene in der xy-Ebene, womit eine einfache vierzählige Rosette wie sie im $d_{xy}$-Elektron vorliegt, hier zu einer entsprechenden *Doppelrosette* wird (Abb. 16).

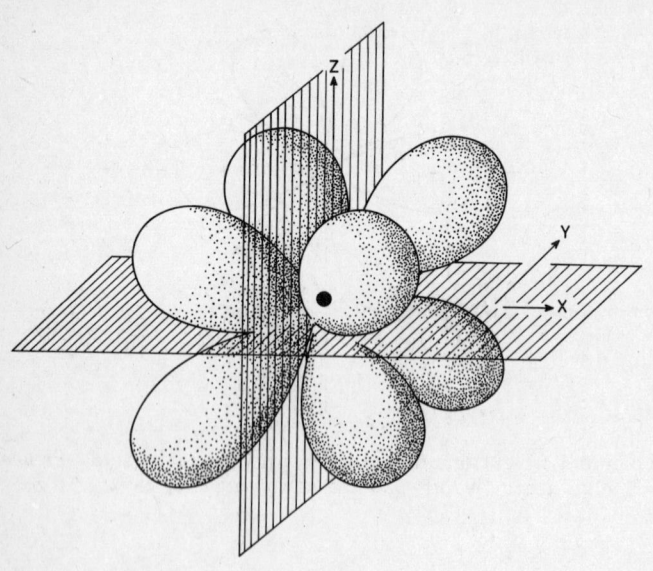

Abb. 16  Räumliche Darstellung eines $f_{xyz}$-Elektrons. Die Knotenebenen xy und yz sind schraffiert gekennzeichnet; die xz-Knotenebene ist weggelassen.

„Formen" der Elektronenwahrscheinlichkeitsverteilungen („Ladungswolken" oder „Elektronenwolken")

| Orbital-quantenzahl | Typ | „Form" | Bemerkungen |
|---|---|---|---|
| $l = 1$ | p-Elektronen | Hantelform (Sanduhr) | — |
| $l = 2$ | d-Elektronen | Vierzählige Rosetten | Ausnahme: $d_{z^2}$ |
| $l = 3$ | f-Elektronen | Vierzählige Doppelrosetten | Ausnahmen: z. B. $f_{z^3}$ |

Orbitale haben die gleiche Form wie Elektronen, mit denen sie sich auffüllen. Eine genauere Berechnung der Wahrscheinlichkeitsverteilungen nach der Schrödinger-Gleichung (s. S. 33) hat jedoch ergeben, daß ein einzelnes s-Elektron nicht ganz den kugelsymmetrischen Raum des s-Orbitals ausfüllt, sondern daß sich erst *zwei* s-Elektronen im gleichen Orbital (also mit $m_s = + 1/2$ und $m_s = - 1/2$) zur vollen Kugelsymmetrie ergänzen.

Entsprechendes gilt für die übrigen Orbitalformen und dies bedeutet: Die Zahl der erlaubten Elektronenzustände ist — unter Beachtung des *„Pauli-Verbots"* (vgl. S. 36) — genau doppelt so groß wie die Zahl der verschiedenen magnetischen Quantenzahlen $m_l$.

Insbesondere in der Komplexchemie der Metalle, aber auch in den chemischen Eigenschaften aller Elemente kann die *Kugelsymmetrie der Ionen und Atome* eine große Rolle spielen.

---

Kugelsymmetrie haben

1. die voll gefüllten s-, p-, d- und f-Teilschalen

$$s^2 \qquad p^6 \qquad d^{10} \qquad f^{14}$$

2. (angenähert) die halb gefüllten s-, p-, d- und f-Teilschalen

$$s^1 \qquad p^3 \qquad d^5 \qquad f^7$$

---

Bezüglich der Kugelsymmetrie von Ionen mit einer quasi „magischen" Elektronenzahl (vgl. S. 23) besteht hier eine interessante Analogie zu den „doppelt-magischen" Atomkernen $^4_2$He, $^{16}_8$O und $^{40}_{20}$Ca, die sich in $\alpha$-Streuversuchen als exakt kugelsymmetrisch erwiesen haben (s. S. 24 ff.).

# E. Aufbauprinzip und Struktur der Atomhüllen

## E. 1. Energetische Folge der Orbitale

Das (einzige!) Elektron des Wasserstoffatoms kann durch zugeführte Energie aus dem Grundzustand (1s) in höhere „angeregte" Zustände übergehen, die durch höhere Hauptquantenzahlen n = 2, 3, 4 usw. ausreichend beschrieben sind.

In den Atomen mit mehreren Elektronen suchen die Elektronen ihren „Grundzustand" zu erreichen, indem sie die energetisch niedrigsten (→ günstigsten) Orbitale bevorzugt besetzen; das *Paulische Ausschließlichkeitsprinzip"* (s. S. 37) darf dabei nicht verletzt werden.

Die K-Schale (n = 1) ist so mit zwei Elektronen völlig abgesättigt und die Elektronenkonfiguration 1s² entspricht der des Edelgases Helium.

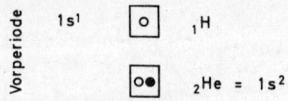

Erhöht man die Kernladung im Gedankenexperiment auf +3, so kann das dritte Elektron nicht mehr im 1s-Orbital untergebracht werden. Es besetzt einen 2s-Zustand (Lithium). Dort findet auch ein viertes Elektron Platz (Beryllium), weil die drei 2p-Orbitale energetisch höher liegen und nach dem „Aufbauprinzip" erst besetzt werden können, wenn die unteren Orbitale 1s und 2s voll gefüllt sind.

Mit dem sechsten Element des Periodensystems ist erstmals ein „entarteter" Zustand zu erkennen, indem das vierte Elektron der L-Schale nicht das $2p_x$-Orbital voll auffüllt, sondern den energetisch gleichwertigen $2p_y$- oder $2p_z$-Zustand besetzt (Hundsche Regel). Dies wiederholt sich in der $B_5$- und der $B_6$-Gruppe. Die Halogene haben hingegen nur noch *ein* ungepaartes Elektron. Ist auch das letzte der drei p-Orbitale voll besetzt, so liegt eine „Edelgaskonfiguration" vor (Neon).

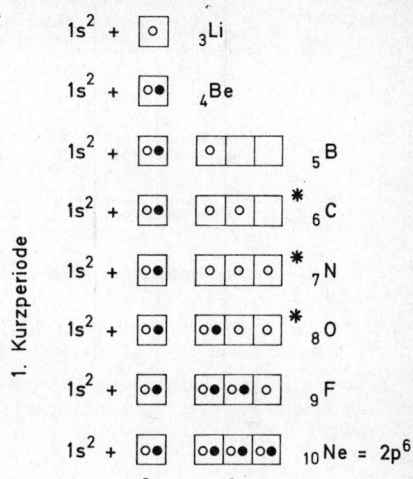

Abb. 17 Elektronenkonfiguration der Grundzustände in der ersten Kurzperiode (Z = 3 bis 10).

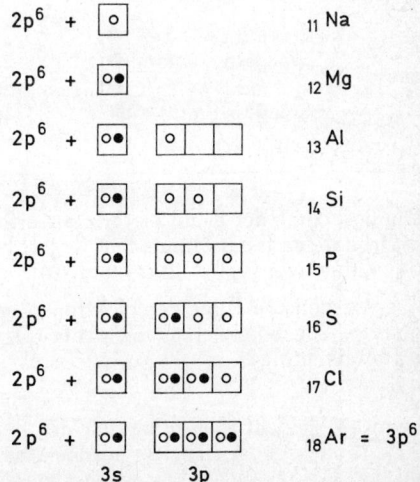

Abb. 18 Elektronenkonfigurationen der Grundzustände der zweiten Kurzperiode (Z = 11 bis 18)

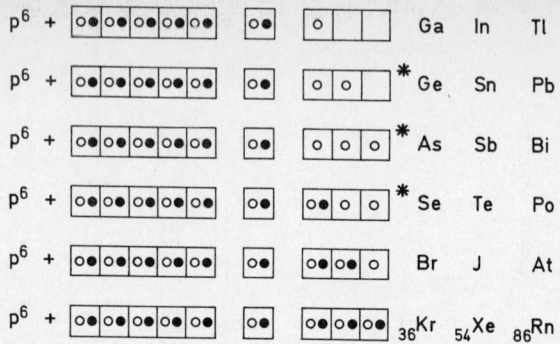

**Abb. 19**  Elektronenkonfigurationen der Hauptgruppenelemente $B_3$ bis $A_0$ in den Langperioden.

\* Entartete Elektronenzustände, die nach der Hundschen Regel zunächst einfach besetzt werden (zu den Wertigkeiten dieser Elemente vgl. S. 66, 67 und. 68).

**„Hundsche Regel":**

Entartete Elektronenzustände werden zunächst mit je *einem* Elektron gleichen Spinmoments besetzt. Erst wenn alle entarteten Orbitale einfach besetzt sind, werden sie mit Elektronen von entgegengesetztem Spin aufgefüllt.

Beispiel:

| C | nicht | $2s/\text{O}\bullet/$ | $2p/\text{O}\bullet/ \quad / \quad /$ |
|---|-------|------|------|
|   | sondern | $2s/\text{O}\bullet/$ | $2p/\text{O} \ /\text{O} \ / \quad /$ |
| N | nicht | $2s/\text{O}\bullet/$ | $2p/\text{O}\bullet/\text{O} \ / \quad /$ |
|   | sondern | $2s/\text{O}\bullet/$ | $2p/\text{O} \ /\text{O} \ /\text{O} \ /$ |

(Grundzustand!)

Die Besetzung der d- und f-Orbitale erfolgt analog der Besetzung der p-Orbitale nach der Hundschen Regel; bei $d^5$ und $f^7$ liegt eine „Halbbesetzung" vor (vgl. Abb. 19 und 20).

Die energetische Folge der Elektronen entspricht nach dem „Aufbauprinzip" für die ersten 18 Elemente (bis Argon) absolut der „normalen" Reihenfolge

$$1s - 2s - 2p - 3s - 3p.$$

Beim 19. Element aber findet man das 19. Elektron nicht etwa in einem 3d-Orbital, sondern bereits in einem 4s-Zustand. $_{19}K$ ist ein Alkalimetall. Das 4s-Orbital ist bei Calcium gefüllt ($4s^2$). Erst mit dem

Element Scandium erfolgt mit dem 21. Elektron die Auffüllung der 3d-Orbitale.

Im Gegensatz zur „homogenen" Besetzung der einzelnen Orbitale in der Reihenfolge

1s    2s    2p    3s    3p    3d    4s    4p    4d    4f

schreibt das Aufbauprinzip die Folge

1s    2s    2p    3s    3p    **4s**    3d    4p    **5s**    4d

vor.

Diese Reihenfolge läßt sich leicht einprägen, wenn man das nachstehende Schachbrettschema zeilenweise abliest:

| $1s^2$ | | | | | | |
|---|---|---|---|---|---|---|
| $2s^2$ | $2p^6$ | | | | | |
| $3s^2$ | | $3p^6$ | | | | |
| $4s^2$ | $3d^{10}$ | | $4p^6$ | | | |
| $5s^2$ | | $4d^{10}$ | | $5p^6$ | | |
| $6s^2$ | $4f^{14}$ | $\approx$ | $5d^{10}$ | | $6p^6$ | |
| $7s^2$ | | $5f^{14}$ | $\approx$ | $6d^{10}$ | | $7p^6$ |

Das Schachbrettschema zeigt allerdings *nicht*, daß die 4f- und 5d-Zustände, sowie die Orbitale 5f und 6d energetisch eng benachbart sind und daher in der Reihenfolge der Elektronenkonfigurationen oftmals gewisse Umkehrungen auftreten. Während z. B. beim Lanthan das 5d-Orbital ein Elektron besitzt, wird dieses Orbital beim Cer ($4f^2\,6s^2$) spätestens beim Praseodym ($4f^3\,6s^2$) wieder geräumt (vgl. Abb. 21).

Da die chemischen Eigenschaften der Elemente in erster Linie aus der Elektronenkonfiguration der Atome entnommen werden können, haben die damit beschriebenen Atomhüllenstrukturen eine zentrale Bedeutung. Neben einigen einfachen und übersichtlichen Regeln zur Elektronenkonfiguration gibt es jedoch auch zahlreiche wichtige Unregelmäßigkeiten, die ein Chemiker beherrschen muß, wie ein Romanist die unregelmäßigen Verben der französischen Sprache. Dies betrifft jedoch nicht die Konfigurationen der Hauptgruppenelemente.

# E. 2. Elektronenkonfigurationen der Hauptgruppenelemente

Innerhalb der Hauptgruppen des Periodensystems ($A_0$, $A_1$, $A_2$ und $B_3$ bis $B_7$) haben *alle* Mitglieder der chemischen Familien eine absolut *analoge Elektronenkonfiguration*:

| $A_0$ | $A_1$ | $A_2$ | $B_3$ | $B_4$ | $B_5$ | $B_6$ | $B_7$ | $A_0$ |
|---|---|---|---|---|---|---|---|---|
| $p^6$ | $s^1$ | $s^2$ | $s^2p^1$ | $s^2p^2$ | $s^2p^3$ | $s^2p^4$ | $s^2p^5$ | $s^2p^6$ |

Diese Elektronenkonfigurationen sind aus Abb. 17 bis 19 zu entnehmen, wobei zugleich erkennbar ist, in welchen Fällen „entartete Zustände" vorliegen (vgl. S. 52). Sie können (z. B. in $B_5$ und $B_6$) zugleich die *Valenzzustände* der betreffenden Atome sein (vgl. $NH_3$, $N_2$, $H_2O$). Oftmals leitet sich jedoch der Valenzzustand zur Bildung einer kovalenten Bindung aus einem „angeregten Zustand" ab. (s. S. 88 ff)

# E. 3. Elektronenkonfigurationen der Übergangsmetalle

Von einer „homogenen Population" der d-Teilschalen nach dem Schema

|  | $A_3$ | $A_4$ | $A_5$ | $A_6$ | $A_7$ |  | $B_0$ |  | $B_1$ | $B_2$ |
|---|---|---|---|---|---|---|---|---|---|---|
|  | Sc | Ti | V | Cr | Mn | Fe | Co | Ni | Cu | Zn |
| z. B.: | $s^2d^1$ | $s^2d^2$ | $s^2d^3$ | $s^2d^4$ | $s^2d^5$ | $s^2d^6$ | $s^2d^7$ | $s^2d^8$ | $s^2d^9$ | $s^2d^{10}$ |

weichen einige Übergangsmetalle in ihren Grundzuständen erheblich ab. In der $B_1$-Gruppe geht dies auf die Tendenz zur Bildung einer abgeschlossenen d-Teilschale mit 10 Elektronen zurück (Abb. 20). Statt der Konfiguration $d^9s^2$ sind die Grundzustände der Edelmetalle Kupfer, Silber und Gold: $d^{10}s^1$. Für Kupfer und Silber erklärt sich daraus die relative Stabilität der entsprechenden einwertigen Verbindungen (z. B. CuJ, AgJ) und ihre Farblosigkeit (s. S. 234).

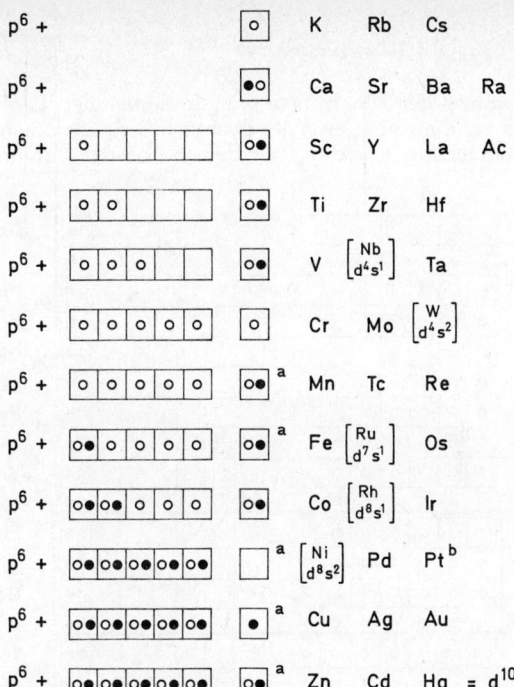

Abb. 20 Elektronenkonfigurationen der 3d-, 4d und 5d-Reihe

[a] Konfigurationen mit halb- oder vollbesetzter d-Teilschale

[b] Pt: $d^{10} s^0$ oder $d^9 s^1$.

In der $B_0$-Gruppe ist dieser Effekt noch ausgeprägter: Palladium und Platin besitzen im Grundzustand kein s-Elektron, weil alle Elektronen zur Füllung der d-Teilschale benützt werden. Nickel hingegen hat die „normale" Konfiguration $d^8 s^2$, welche einer homogenen Population der d-Teilschale entspricht. Dies gilt auch für die übrigen Glieder der Eisengruppe und der Platinmetalle mit Ausnahme von Ruthenium ($d^7 s^1$) und Rhodium ($d^8 s^1$).

In der $A_6$-Gruppe wird die d-Teilschale bei Chrom und Molybdän *zur Hälfte* besetzt und nur das Wolfram scheint im Grundzustand über eine „normale" $d^4 s^2$-Konfiguration zu verfügen.

Schließlich besteht eine Unregelmäßigkeit beim Niob, welches im Grundzustand statt der Konfiguration $d^3 s^2$ die Besetzung $d^4 s^1$ hat.

# E. 4. Elektronenkonfiguration der Lanthanidenmetalle

Zum Verständnis der Elektronenkonfigurationen der Lanthanidenmetalle müssen die geringen Energieunterschiede zwischen den 5d
und 4f-Zuständen berücksichtigt werden. So besitzt Cer im Grund-

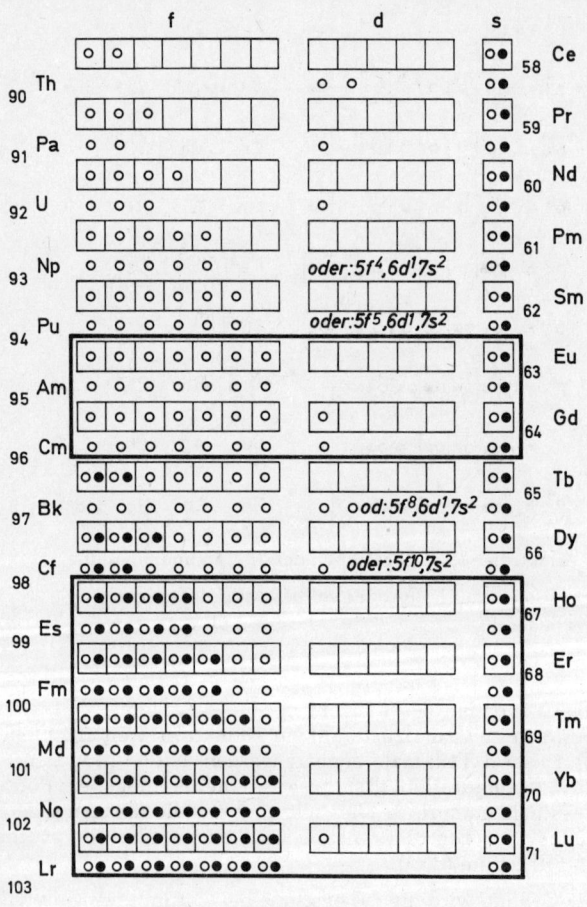

Abb. 21   Elektronenkonfigurationen der Lanthaniden und der Actinidenmetalle.

Metalle mit übereinstimmender (homologer) Konfiguration sind durch einen Rahmen gekennzeichnet.

zustand *zwei* f-Elektronen, d. h. anstelle der Konfiguration $4f^15d^16s^2$, die man im Anschluß an die Besetzung beim Lanthan (La = $4f^0$ $5d^1$ $6s^2$)erwarten könnte, die Konfiguration $4f^25d^06s^2$.

Der weitere Atomaufbau in der Lanthanidenreihe folgt dem Prinzip einer homogenen Besetzung bis zum Gadolinium ($4f^75d^16s^2$), wo wieder die *Halb*besetzung einer Teilschale, ähnlich der des Europiums ($4f^75d^06s^2$), erreicht ist.

Das beim Gadolinium eingebaute d-Elektron geht möglicherweise beim Aufbau des Terbiumatoms wieder verloren. Man diskutiert jedenfalls für Terbium als quasi „gleichberechtigt" die Konfigurationen Tb = $4f^85d^16s^2$ oder $4f^95d^06s^2$. Diese Widersprüche beeinflussen jedoch kaum die chemischen Eigenschaften.

So sind die Elektronenkonfigurationen der Lanthaniden leicht zu übersehen und gewissermaßen „normal", entsprechend einer homogenen Population der f-Teilschale nach dem Schema

| | La | Ce | Pr | Nd | Pm | Sm |
|---|---|---|---|---|---|---|
| $6s^2$ + | $d^1$ | $f^2$ | $f^3$ | $f^4$ | $f^5$ | $f^6$ |
| Eu | Gd | Tb | Dy | Ho | Er | Tm |
| $f^7$ | $d^1f^7$ | $f^9$ | $f^{10}$ | $f^{11}$ | $f^{12}$ | $f^{13}$ |
| Yb | Lu | | | | | |
| $f^{14}$ | $d^1f^{14}$ | | | | | |

# E. 5. Elektronenkonfigurationen der Actinidenmetalle

Abb. 21 zeigt eine weitgehende Übereinstimmung zwischen den Elektronenkonfigurationen der Lanthaniden und der schweren Actiniden. Bis zum Californium gibt es möglicherweise noch einzelne d-Elektronen in den Grundzuständen; danach werden die Konfigurationen homolog.

Eine Erklärung für die anfängliche Vorliebe der Actinidenmetalle („Uranmetalle") für d-Elektronen liefert Abb. 22, die zeigt, wie die Elektronenbindungs-Energie zwischen Z = 90 und Z = 93 allmählich für den 5f-Zustand günstiger wird gegenüber dem 6d-Zustand.

Wenn folglich die ersten Glieder der Actinoidenreihe noch d-Elektronen im Grundzustand besitzen, so verliert sich diese Tendenz mit höheren Kernladungszahlen. Eine gewisse Bestätigung dafür zeigt sich auch in der Stabilität höherer Valenzen (vgl. Tab. 10), die vom Uran an gesetzmäßig auf +3 zurückzufallen.

---

**Regeln zur Elektronenkonfiguration der 4f- und 5f-Reihe (Lanthaniden und Actiniden)**

1. *Ein* d-Elektron bei La, Gd, Lu, — Ac, Cm und Lr und hier gemeinsam: fast immer +3 als *einzige Valenz.*

2. $f^7s^2$-Konfiguration bei Eu, Yb, Am (No) und folglich Tendenz zur Bildung zweiwertiger Verbindungen.

3. Abweichungen gegenüber dem „normalen Aufbauprinzip" der Lanthaniden zeigen vor allem die ersten Glieder der Actinidenreihe, die man als Außenseiter kennzeichnen könnte: Ac-Th-Pa-U-Np- und Pu.

---

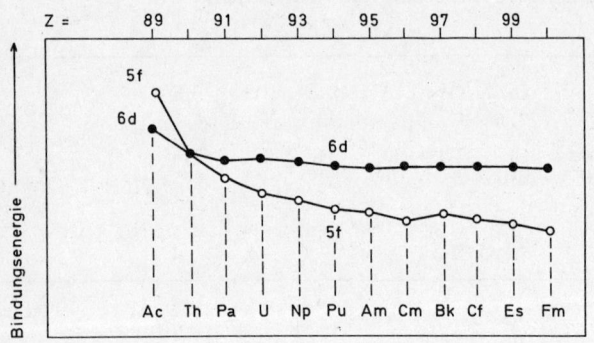

**Abb. 22    Elektronenbindungsenergien der Metalle Z = 89 bis 100 (Actiniden)**

Für die schweren Actiniden jenseits der Transurane Np, Pu sollte man eine bevorzugte f-Teilschalenbesetzung erwarten.

# E. 6.  Die Superelemente

Die Transurane Nr. 93 bis 105 sind nicht zufällig genau in der Reihenfolge ihrer Kernladungszahlen entdeckt worden, was auf die mit steigender Ordnungszahl wachsende Schwierigkeit der Kernsynthese zurückzuführen ist, die immer größere Energien erfordert.

Außerdem liegen die Halbwertszeiten der langlebigsten Nuklide der jüngsten synthetischen Elemente (Nr. 103—105) bei etwa einer Sekunde; für ein Nuklid der Kernladung 110 (Massenzahl 271) ergibt sich schätzungsweise eine Halbwertszeit von nur $^1/_{1000}$ Sekunde.

Tabelle 3 **Entdeckungsjahr und Logarithmus der Halbwertszeit des langlebigsten Nuklids der Transurane**

| $Z =$ | | | | | | 93 | 94 |
|---|---|---|---|---|---|---|---|
| | | | | | | **Np** | **Pu** |
| Entdeckung | | | | | | 1940 | 1941 |
| $\log \tau_{1/2}$ (sec) | | | | | | $\sim 14$ | $\sim 15$ |

| $Z =$ | 95 | 96 | 97 | 98 | 99 | 100 | 101 |
|---|---|---|---|---|---|---|---|
| | **Am** | **Cm** | **Bk** | **Cf** | **Es** | **Fm** | **Md** |
| Entdeckung: | **1944** | 1944 | 1949 | 1950 | 1952 | 1953 | 1955 |
| $\log \tau^{1/2}$ (sec) | $\sim 11$ | $\sim 14$ | $\sim 10$ | $\sim 10$ | $\sim 7$ | $\sim 7$ | $\sim 7$ |

| $Z =$ | 102 | 103 | 104 | 105 |
|---|---|---|---|---|
| | **No** | **Lr** | **Ku** | **Ha** |
| Entdeckung | 1958 | 1961 | 1964 (1966) | 1970 |
| $\log \tau_{1/2}$ (sec) | $\sim 2$ | $\sim 0$ | $\sim 1$ | $\sim 0$ |

a) Kurtschatowium (Ku) (Fljorow u. Mitarb. 1964) konnte anfangs nicht bestätigt werden. Element Nr. 104, mit chemischen Hinweisen für die Vierwertigkeit, ist jedoch seit 1966 aus Californium erhalten worden. Es wurde der Name „*Rutherfordium*" vorgeschlagen.

b) Auch die Priorität für die Entdeckung des 105. Elements ist umstritten. Neben „Hahnium" (Ghiorso u. Mitarb. 1970) ist der Name „Nielsbohrium" (Dubna) vorgeschlagen worden. Es handelt sich auf Grund chemischer Eigenschaften (z. B. Flüchtigkeit von Verbb.) um ein wirkliches „Eka-Tantal".

Es fragt sich, ob das Periodensystem über $Z = 105$ hinaus noch eine Fortsetzung haben wird, wenn eine chemische Handhabung der evtl. noch synthetisierbaren Elemente so gut wie ausgeschlossen ist, zumal man schon früher errechnet hatte, daß über $\dfrac{Z^2}{A} = 45$ hinaus (das wäre etwa bei $Z = 110$ bis 112) kein stabiler Kern mehr denkbar sei.

Man darf jedoch unter Berücksichtigung der besonderen Stabilitäten von Kernen mit einer *magischen* Protonen- oder Neutronenzahl Nuklide jenseits $Z = 105$ erwarten, die eine jahrelange bis jahrtausendelange Halbwertszeit haben könnten. Ein solcher Kern könnte schon in der Nähe von $Z = 114$ auftreten, sofern er die magische Zahl von 184 Neutronen enthielte.

Eine denkbare (noch hypothetische) Synthese wäre der Beschuß von Urankernen mit Urankernen nach

$$^{238}_{92}U + {}^{238}_{92}U \longrightarrow {}^{476}_{184}ZK$$

wobei der Zwischenkern (ZK) einer spontanen Spaltung

$$^{476}_{184}ZK \longrightarrow {}^{166}_{70}Yb + {}^{298}_{114}EL + 12\,n$$
$$(184)$$

unterliegt und ein Kern der Ordnungszahl $Z = 114$ und der Neutronenzahl 184 resultieren könnte.[1]

Ohne Zweifel wäre ein Nuklid mit der Kernladung 114 als „Eka-Blei" in die $B_4$-Gruppe des Periodensystems einzuordnen, und man könnte die entsprechenden chemischen Eigenschaften (eine ausreichende Halbwertszeit vorausgesetzt) tatsächlich nachweisen, ähnlich wie durch den Nachweis einer besonderen Flüchtigkeit des chlorierten Elementes Nr. 104 (Kurtschatoviumtetrachlorid, bzw. Rutherfordiumtetrachlorid) und Nr. 105 (Hahniumpentachlorid?) ein Hinweis gegeben ist, daß diese Transactiniden-Elemente in die $A_4$ und $A_5$-Gruppe gehören.

Gleichgültig, ob die Entdeckung einer größeren Zahl von „Superelementen" in naher Zukunft gelingt oder nicht, bleibt eine Diskussion über die evtl. Fortsetzung des Periodensystems dennoch sinnvoll.

Mit $Z = 118$ wäre wieder eine p-Teilschale voll gefüllt, und hier wäre ein Edelgas zu erwarten, welches, dem Radon sehr eng verwandt, mit besonderer Bereitschaft Fluorverbindungen eingehen könnte, soweit es die eigene Radioaktivität zuläßt.

Element Nr. 119 wäre sicherlich wieder ein Alkalimetall mit ganz besonders geringer Ionisationsenergie, und Nr. 120 müßte zur $A_2$-Gruppe zählen. Das bei Element Nr. 121 hinzutretende Elektron könnte ein d- oder ein f-Elektron sein, aber ebensogut ein g-Elektron.

Erweitert man nämlich das Schachbrettschema auf Seite 53 um drei weitere Zeilen:

| 7s | | 5f | | 6d | | 7p | |
|----|----|----|----|----|----|----|----|
| 8s | 5g | | 6f | | 7d | | 8p | |
| 9s | | 6g | | 7f | | 8d | | 9p |
| 10s | 6h | | 7g | | 8f | | 9d | |

so läßt sich leicht ablesen, daß auf die Orbitale der 6p-Teilschale (Element Nr. 118 = 7p⁶) zuerst zwei 8s-Elektronen und dann eine 5g-Teilschale folgen muß. Diese enthält *neun* Orbitale zu insgesamt 18 Elektronen. Die Elemente Nr. 122 bis 138 einschließlich könnten nach einem Vorschlag von Vitali GOLDANSKI als „Oktodekaniden" (oder „Octadecaniden") bezeichnet werden.

---

[1] G. T. SEABORG, Chem. in unserer Zeit, 3, 139 (1969).

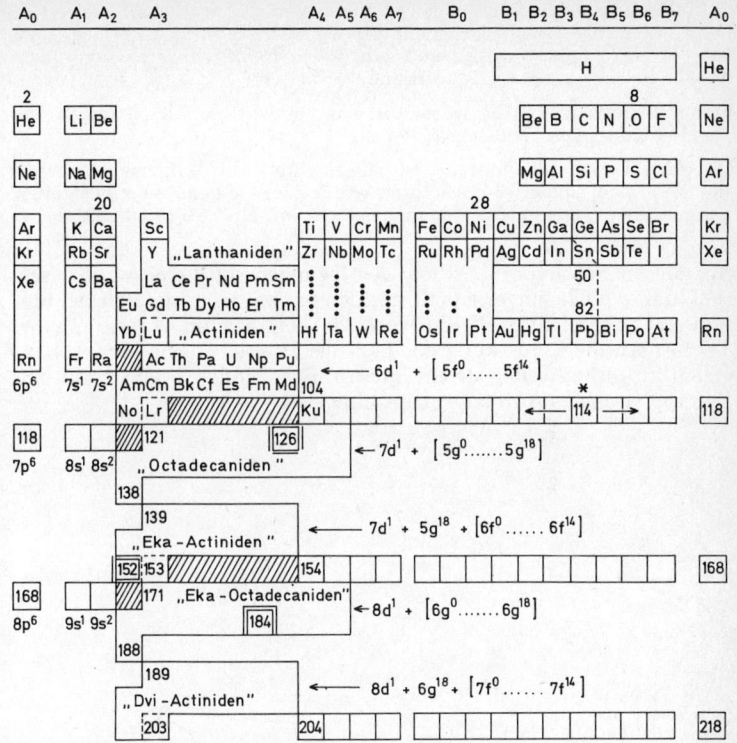

Abb. 23 Erweitertes Periodensystem für die auf bisher bekannte Transurane folgenden hypothetischen „Superelemente" bis zur Ordnungszahl 218.

Octadecaniden, Eka-Octadecaniden würden sich jedoch, falls sie existierten, chemisch noch weniger voneinander unterscheiden als andere Elemente mit f-Elektronen.

In der Nähe von $Z = 114$ sind evtl. Nuklide mit relativ großer Stabilität zu erwarten. Element Nr. 114 (Eka-Blei) wäre ein mit dem Blei sehr eng verwandtes Homologes, ebenso wie man eine besonders enge Verwandtschaft zwischen der 5d-Reihe (Hf-Ta-W usw.) und den „Superactiniden" $Z = 104$ und $Z = 105$ vermutet bzw. bereits experimentell festgestellt hat.

Wie überflüssig solche Unterscheidungen eigentlich sind, zeigt die Überlegung, daß es wohl noch geringere Energieunterschiede zwischen 5g- und

6f-Elektronen geben dürfte, als zwischen 5f und 6d. Mit anderen Worten: Die 32 Elemente zwischen Element Nr. 121 und 153 werden über 5g- und/ oder 6f-Elektronen verfügen und sich chemisch wie schwerste Actiniden-metalle mit bevorzugter Dreiwertigkeit verhalten.

Erst mit Element Nr. 154 würde ein nur vierwertiges Metall folgen, das ein Homologes von Element Nr. 104 ist.

Die achte Periode des Systems enthält folglich nicht 32 Elemente wie die siebte Periode, sondern 50. Ähnliches würde für eine neunte Periode gelten. Aufgefüllte p-Teilschalen erscheinen bei Element Nr. 118, 168 und 218.

Mit diesen rein hypothetischen Überlegungen soll keineswegs gesagt sein, daß die Chemie ernsthaft mit den erwähnten „Superelementen" rechnet, abgesehen vielleicht von der berechtigten Aussicht, eines Tages noch die Entdeckung des Eka-Blei zu erleben. So gibt Abb. 23 eigentlich nichts weiter als ein interessantes Modell, welches auf eine Extrapolation des Aufbauprinzips hinweist.

# F. Valenz

## F. 1.  Elektrovalenz und Kovalenz

In der geschichtlichen Entwicklung chemischer Theorien mußte insbesondere der Begriff „Wertigkeit" mehrfach revidiert werden, um der Zusammensetzung neuer Verbindungsklassen gerecht zu werden.

Bevor nun die Anordnung der chemischen Elemente im Periodensystem, die vielfach die verschiedenen Wertigkeiten der Elemente besonders berücksichtigt, weiter diskutiert wird, sind einige Bemerkungen zu den modernen Valenzbegriffen sicherlich von Nutzen.

Unter dem klassischen Begriff „stöchiometrische Wertigkeit" versteht man die Fähigkeit eines Element-Atoms, sich mit einer bestimmten (ganzen und einfachen!) Zahl von Wasserstoffatomen zu verbinden oder aber (da noch stets nicht die formal denkbaren binären Wasserstoffverbindungen aller Elemente bekannt sind) die Zahl der sonst als „einwertig" erkannten Partner, mit denen sich ein Atom verbinden kann. Da man beispielsweise aus der Zusammensetzung des Chlorwasserstoffs, HCl, die Einwertigkeit des Chloratoms entnehmen kann, folgert aus der Formel $HgCl_2$ die Zweiwertigkeit des Quecksilberatoms, obwohl ein binäres Quecksilber(II)-hydrid nicht bekannt ist.

Der Begriff der stöchiometrischen Wertigkeit ist unabhängig von der Frage, welcher Bindungstyp zwischen den Atomen vorliegt und hat daher prinzipiell Gültigkeit für chemische Verbindungen aller Art.

Sinnvoller ist es allerdings, den Valenzbegriff möglichst auf den Bindungstyp zu beziehen und zu unterscheiden zwischen

---

| **Elektrovalenz** (Ionen-Wertigkeit) | **Kovalenz** (Atom-Wertigkeit) |
|---|---|
| → Zahl der **elektrostatisch** bindenden Elektronen = „Ionenladung". | → Zahl der **Atombindungen**, z. B. aus je 2 Elektronen, („Bindigkeit") |

**Metallische Wertigkeit**
ganzzahlige (z. B. *Hume-Rothery-*, *Zintl-Phasen*) oder gebrochene (z. B. Pauling) Werte zur Erklärung der Zusammensetzung von intermetallischen Phasen.

---

Im allgemeinen stimmt die Elektrovalenz der chemischen Elemente einfach mit der stöchiometrischen Wertigkeit überein, indem sich die Zahl der Verbindungspartner aus der Zahl der Elektronen ableitet, die ein metallisches Element abgeben oder ein nichtmetallischer Partner aufnehmen kann.

Bei allen Metallfluoriden darf zum Beispiel aufgrund der extremen Elektronegativität (s. S. 111) des Fluors ohne weiteres angenommen werden, daß das Fluoratom seinem metallischen Verbindungspartner ein Elektron „entrissen" hat und eine echte Ionenbindung vorliegt. Somit läßt sich aus der Zahl der Fluoridionen in $CaF_2$, $AlF_3$, $SiF_4$, $(SbF_6)^-$ usw. sofort die Elektrovalenz des metallischen Partners ablesen, auch dann, wenn die chemische Bindung in Wirklichkeit nicht mehr ganz den Charakter einer echten Ionenbindung haben sollte.

Sobald jedoch infolge eines noch geringeren Unterschieds der Elektronegativitäten der Verbindungspartner (s. S. 112) die Bindung den Charakter einer Atombindung erhält, wird eine Deutung der Stöchiometrie nach dem elektrostatischen Modell fragwürdig. So sind z. B. im Tetrachlorkohlenstoff sicherlich nicht vier Chloridionen mit einem vierfach positiven Kohlenstoff-„Ion" verbunden.

Im Gegensatz zur Elektrovalenz verlangt die Kovalenz (Atombindung) keineswegs die völlige Übertragung von Elektronen von einem Verbindungspartner zum anderen. Zur kovalenten Bindung steuern vielmehr alle beteiligten Atome ihre „Valenz-Elektronen" bei („shared electrons").

Nach der Lewisschen „Oktettregel" bilden sich dabei besonders stabile Systeme, wenn jedes kovalent gebundene Atom über eine Elektronenumgebung verfügt, welche einer Edelgaskonfiguration entspricht ($s^2$ oder $p^6$).

---

Die **Lewissche Oktett-Regel** besagt:

— für Wasserstoffatome: Ergänzung der 1s-Schale zur Heliumkonfiguration, $1s^2$;

— für die Nichtmetalle der ersten Kurzperiode B-C-N-O-F, deren maximale Bindigkeit der Wert 4 nicht überschreiten kann: Ergänzung der Zahl der „Außenelektronen" auf 8 (Oktett)

| z. B. | C | N | O | F |
|---|---|---|---|---|
| Summe der 2s- und 2p-Elektronen: | 4 | 5 | 6 | 7 |

Beispiele:

$$H : \overset{\displaystyle H}{\underset{\displaystyle H}{\overset{..}{C}}} : H \qquad : \overset{\displaystyle H}{\underset{\displaystyle H}{\overset{..}{N}}} : H \qquad : \overset{..}{\underset{\displaystyle H}{O}} : H \qquad : \overset{..}{\underset{..}{F}} : H$$

(sogen. „Elektronenformel": Jeder Punkt = 1 Elektron)

— Die Regel gilt streng nur für die Nichtmetalle der ersten Kurzperiode. Nichtmetalle der höheren Perioden können anstelle des Oktetts ein Dezett ($PF_5$), ein Duodezett ($SF_6$) oder ein Quattordezett ($JF_7$) ausbilden. Hier sind kovalente fünf-, sechs- oder siebenbindige Valenzzustände möglich, weil die Zentralatome zusätzliche d-Orbitale in Anspruch nehmen können.

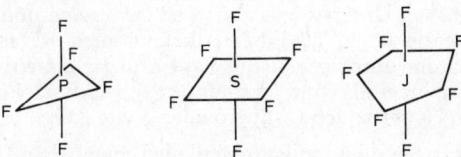

— Moleküle mit einer **„Oktett-Lücke"** (Elektronen-Sextett, „Lewis-Säuren") können das einsame Elektronenpaar einer „Lewis-Base" anlagern, z. B.:

$$F\!:\!B\:\!\!F\;+\;H\!:\!N\!:\!H\;\longrightarrow\;F\!:\!B\!:\!N\!:\!H$$

oder auch „mit sich selbst polymerisieren":

Abgesehen von den „intermetallischen Verbindungen" (S. 130 ff), den „Einschlußverbindungen" wie z. B. $Cl_2 \cdot 5{,}75\ H_2O$ oder den $\pi$-Komplexen mit „Sandwich-Struktur", z. B. $Cr \cdot (C_6H_6)_2$, und anderen nichtdaltonischen Verbindungen kann die Zusammensetzung der meisten Stoffe aus der *Kovalenz* oder aus der *Elektrovalenz* der beteiligten Atome verstanden werden.

Wenn man im übrigen chemische Elemente, die im Periodensystem in vertikalen Gruppen stehen, zu „chemischen Familien" (z. B. Alkalimetalle $A_1$, Chalkogene $B_6$, Halogene $B_7$) zusammenfaßt, so beziehen sich die hier festzustellenden chemischen Ähnlichkeiten nicht zuletzt auf die beobachteten Valenzen.

Darüber hinaus ergeben sich einige einfache und recht nützliche Regeln, wenn man bewußt nur die stöchiometrische Wertigkeit ohne Berücksichtigung des Bindungstyps diskutiert, und es kann sich dabei ein Langperiodensystem mit integrierten Lanthaniden und Actiniden besonders bewähren.

# F. 2.  Valenz-Regeln in den Hauptgruppen

Die Hauptgruppenelemente treten im Gegensatz zu den Übergangsmetallen in Wertigkeitsstufen von begrenzter Zahl auf; oft existiert
für alle Mitglieder einer chemischen Familie nur eine einzige Valenz.

Wegen des großen Unterschieds zwischen der ersten und der zweiten
Ionisationsenergie (s. S. 286) bei Alkalimetallen ist es unmöglich,
einem Alkaliatom durch chemische Kräfte mehr als **ein** Elektron zu
entreißen. Alkalimetalle sind nur einwertig, auch in Peroxiden wie
$Na_2O_2$ oder in Hyperoxiden („superoxides") wie $KO_2$.

Entsprechend treten die Erdalkalimetalle bei chemischen Umsetzungen
niemals als dreiwertige Ionen auf. Andererseits verbietet die Elektronenkonfiguration der Erdalkalimetalle auch eine echte Einwertigkeit.
Eine Schmelze von Calciummetall in Calciumchlorid mag zwar formal
die Bruttozusammensetzung CaCl aufweisen, enthält dennoch keine
$Ca^+$-Ionen, sondern ist als eine Art Lösung von Calciummetall in der
Calciumchloridschmelze aufzufassen, was man mit $Ca^0 \cdot CaCl_2$ aus-
drücken könnte.

In den übrigen Hauptgruppen ($B_3$ bis $A_0$) entfällt diese Monopolstel-
lung einer einzigen Wertigkeit; aber es fallen bestimmte Lücken in der
Reihe der Oxidationsstufen auf.

In einer Hauptgruppe mit *geradzahligem Index* ($B_4, B_6$) müssen un-
geradzahlige Valenzen als wenig begünstigt, wenn nicht gar unmöglich gelten. In den Gruppen $B_3$, $B_5$ und $B_7$ dagegen sind Verbindungen
der zweiten, vierten und sechsten Oxidationsstufe suspekt, womit an
der Existenz von Verbindungen, wie $ClO_2$, $BrO_2$, $BrO_3$ und $J_2O_4$ allerdings nicht gezweifelt werden soll. Für das gelbe Oxid $J_2O_4$ vermutet
man jedoch aufgrund röntgenographischer Untersuchungen polymere
J-O-Ketten, die mit $(JO_3)^-$-Gliedern verknüpft sind und $J_2O_4$ ließe sich
dann als „valenzgemischtes" („salzartiges") Oxid der Form $(\overset{+3}{J}O)^+(\overset{+5}{J}O_3)^-$
auffassen.

Ganz ähnlich ist das durch Glühen von Antimonsäure oberhalb 700°
entstehende „Antimontetroxid", $Sb_2O_4$, eigentlich ein valenzgemischtes Antimon-(III)-antimonat(V) der Struktur $\overset{+3}{Sb}(\overset{+5}{Sb}O_4)$.

Auch Bleioxide wie Mennige, $Pb_3O_4$, sind besser als valenzgemischte,
„salzartige" Oxide aufzufassen, z. B. $\overset{+2}{Pb}(\overset{+4}{Pb}O_4)$, und bestätigen den
sog. **„Paulischen Lückensatz":**

**Paulischer Lückensatz:**

| (Lücken im „Valenzspektrum" | $B_2$ | $B_3$ | $B_4$ | $B_5$ | $B_6$ | $B_7$ |
|---|---|---|---|---|---|---|
| der B-Gruppenelemente) | | | | | | $+7$ |
| | | | | | $+6$ | |
| | | | | $+5$ | | $+5$ |
| | | | $+4$ | | $+4$ | |
| | | $+3$ | | $+3$ | | $+3$ |
| | $+2$ | | $+2$ | | $+2$ | |
| | | $+1$ | | $+1$ | | $+1$ |

Eine Erklärung für das Fehlen bestimmter Valenzen nach diesem Schema gibt auch die Vorstellung, daß die s-Elektronen dieser Elemente nicht einzeln und nacheinander zu Valenzelektronen werden können. Sie sind zunächst unbeteiligt, solange keine ausreichende Energie zur Ionisation verfügbar ist (engl.: „inert electron pair").

Aus der Elektronenkonfiguration des Galliums ($4s^2, 4p^1$) ist deshalb keine echte Zweiwertigkeit abzuleiten, und eine Verbindung der Bruttoformel $GaBr_2$ oder $GaS$ müßte sich entweder als valenzgemischt erweisen ($Ga[GaBr_4]$) oder eine Gallium-Gallium-Bindung nach

$$\overset{Br}{\underset{Br}{\diagdown}} Ga - Ga \overset{Br}{\underset{Br}{\diagup}}$$

enthalten, ähnlich dem Quecksilber(I)-bromid, Br-Hg-Hg-Br.

Eine Gegenüberstellung von Sauerstoff- und Wasserstoffverbindungen der Hauptgruppen-Elemente veranschaulicht eine der bekanntesten Valenzregeln des Periodensystems, wonach die maximalen stöchiometrischen Wertigkeiten der Elemente in ihren Oxiden bis zur $B_7$-Gruppe systematisch ansteigen, bei den Wasserstoffverbindungen hingegen von der $B_4$-Gruppe an wieder abfallen.

Tabelle 4 **Valenzregel der maximalen Wertigkeit in den Hauptgruppen[2]:**

| | $A_1$ | $A_2$ und $B_2$ | | $B_3$ | $B_4$ | $B_5$ | $B_6$ | $B_7$ |
|---|---|---|---|---|---|---|---|---|
| Beispiel: max. | $K_2O$ | $CaO$ | $ZnO$ | $Ga_2O_3$ | $GeO_2$ | $As_4O_{10}$ | $SeO_3$ | $KBrO_3$ [3] |
| Wertigkeit: | 1 | 2 | 2 | 3 | 4 | 5 | 6 | 7 |
| Beispiel: max. | $KH$ | $CaH_2$ | $(ZnH_2)_x$ | $(GaH_3)_x$ | $GeH_4$ | $AsH_3$ | $SeH_2$ | $BrH$ |
| Wertigkeit: | 1 | 2 | 2 | 3 | 4 | 3 | 2 | 1 |

[2] Die $B_2$-Gruppe zählt zwar nicht zu den „Hauptgruppen", sollte jedoch in einer solchen Übersicht zusätzlich erscheinen.

[3] Perbromat [Kaliumbromat (VII)] seit 1970.

# F. 3.  Die Tendenz zur niederen Wertigkeit

In den Hauptgruppen $B_3$ bis $B_6$ zeigen die schwereren Homologen im Vergleich zu den leichteren Elementen der betreffenden chemischen Familie eine größere Tendenz zur **niederen** Wertigkeit.

In der $B_3$-Gruppe ist einwertiges Bor unbekannt, einwertiges Aluminium allenfalls in der Dampfphase „AlCl" anzunehmen; die dritte Oxidationsstufe ist bei den folgenden Homologen zunehmend leichter darstellbar. Thallium(III)-Verbindungen stellen bereits gute Oxidationsmittel dar.

In der vierten Hauptgruppe ($B_4$) ist Kohlenstoff nur vierwertig (KEKULÉ VON STRADONITZ). Vom Germanium an werden dagegen echte zweiwertige Verbindungen zunehmend stabil. Während die zweite Oxidationsstufe beim Zinn noch sehr unbeständig ist ($SnCl_2$ ist z. B. ein starkes Reduktionsmittel) und Zinn somit die Oxidationszahl $+ 4$ anstrebt, sind Blei(IV)-Verbindungen umgekehrt starke Oxidationsmittel ($PbO_2$, Bleitetraacetat), die sich zur stabileren zweiwertigen Stufe reduzieren lassen.

Bei der Anwendung dieser Valenzregel müssen oftmals die „Kopfelemente" der betreffenden chemischen Familien als „Außenseiter" (s. S. 180 ff) ausgeklammert bleiben (z. B. Sauerstoff) und eine Ausdehnung der Regel auf die Halogene ist kaum überzeugend. Die Hauptgruppen $A_1$ und $A_2$ sind hier sowieso nicht zu diskutieren.

In der $B_6$-Gruppe findet sich ein weiteres anschauliches Beispiel für diese Valenzregel, indem schweflige Säure die selenige Säure glatt unter Selenbildung reduziert. $SeO_2$ ist zudem, ganz im Gegensatz zu $SO_2$, ein geeignetes Oxidationsmittel in der organisch-präparativen Chemie.

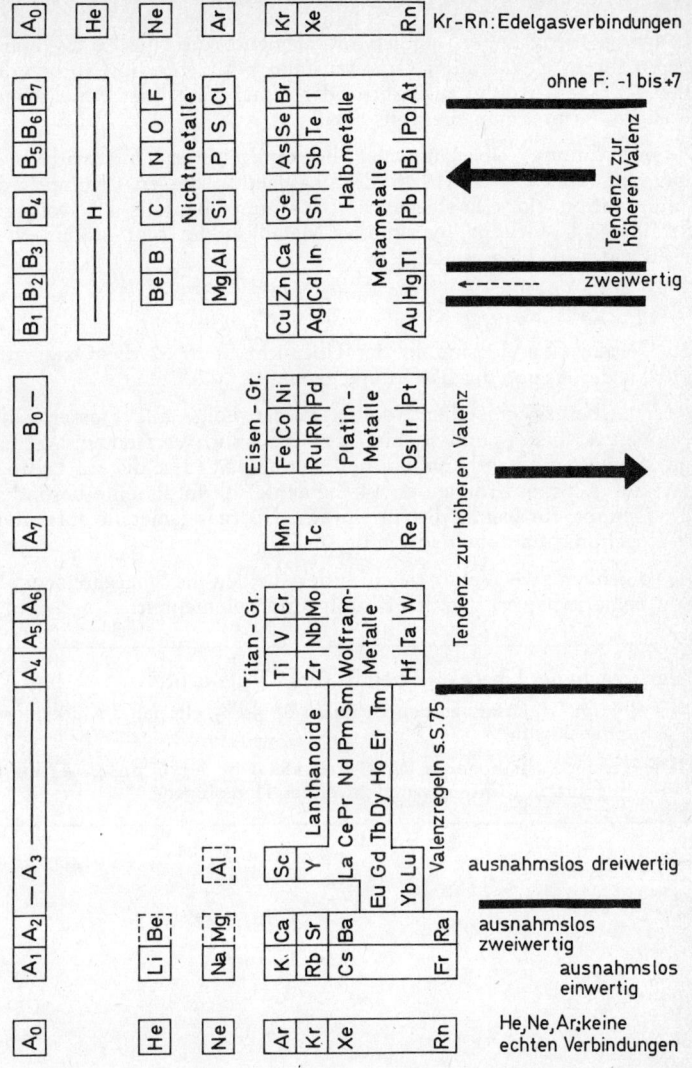

Abb. 24 Valenzregeln in den Haupt- und Nebengruppen des periodischen Systems.

# F. 4.  Valenz-Regeln in den Nebengruppen

Zu den „Nebengruppen" zählen alle Elemente, die 1 bis 10 d-Elektronen in ihrem elementaren Grundzustand besitzen. Die Lanthaniden und Actiniden, welche zusätzlich oder ersatzweise über f-Elektronen verfügen, rechnet man ebenfalls dazu.

Die Bezeichnung „Übergangsmetalle" kennzeichnet den schrittweisen Übergang vom zweiwertigen Erdalkalimetall, dessen „Rumpf" die Konfiguration eines Edelgases hat, bis zum ebenfalls zweiwertigen Metall der $B_2$-Gruppe, worin das Metallion die sehr stabile vollbesetzte d-Teilschale besitzt z. B.:

$$Ca^\circ : (p^6) + 4s^2 \qquad Zn^\circ : (p^6) + (d^{10}) + 4s^2$$
$$Ca^{2+} : (p^6) \qquad\qquad Zn^{2+} : (p^6) + (d^{10})$$

Aus diesem Grunde sind in der Übersicht Seite 67 die Oxide und Hydride der $A_2$ und der $B_2$-Gruppe genannt.

Unter „Übergangsmetallen" sollen in der Folge alle Elemente der Gruppen $A_3$ bis $A_7$ und $B_0$ bis $B_2$ einschließlich verstanden werden, jedoch gelten die Lanthan**oiden** und Actin**oiden** (d. s. die auf Lanthan bzw. auf Actinium folgenden 14 Elemente) darin als eine besondere Untergruppe, für welche die für einfache Übergangsmetalle aufgestellten Regeln nicht automatisch gültig sind.

Die folgenden zwei Valenzregeln unterscheiden die Übergangsmetalle recht bemerkenswert von den Hauptgruppenelementen:

---

Valenzregeln der Übergangsmetalle (ohne f-Elemente):

1. Es gibt, im Gegensatz zu den Gruppen $B_3$ bis $B_7$, ein nahezu lückenloses „Valenzspektrum"

2. Die Tendenz zur höheren Wertigkeit steigt in den Gruppen $A_4$ bis $B_0$ einschließlich in Richtung zum schwersten Homologen.

---

# F. 5.  „Valenzspektrum" der Übergangsmetalle

Tab. 5 bis 7 zeigen schematisch die bei Übergangsmetallen der 3d-, der 4d- und 5d-Reihe heute bekannten Valenzstufen, wobei die jeweils stabilste Wertigkeit durch Fettdruck hervorgehoben ist; die Einschätzung der „stabilsten Stufe" bezieht sich dabei auf Verbindungen im wässrigen System (oder zumindest nicht unter Wasserausschluß) und unter Ausschluß von Liganden, welche ein extrem starkes Ligandenfeld (236) erzeugen könnten, Kobalt-(II) ist z. B. als $[Co(CN)_6]^{4-}$ äußerst instabil und $Mn^{2+}$ unterliegt im alkalischen Medium einer Autoxidation.

Man erkennt zunächst für die 3d-Reihe vom Scandium bis zum Zink, daß alle Valenzen fast lückenlos vertreten sind und daß in der $A_7$-Gruppe beim Mangan ein klares Maximum erreicht wird. Tab. 8 gibt hierzu einige Beispiele, die dem Chemiestudenten größtenteils schon aus eigener Anschauung bekannt sind.

**Tabelle 5   Valenz-„Spektrum" der 3d-Reihe ohne Berücksichtigung der Wertigkeiten 0 ($\pi$-Komplexe und Carbonylverbindungen) und +1 (Starkfeldkomplexe V bis Ni einschließlich)**

Fettdruck: Stabile Wertigkeiten in wäßrigen Systemen bei pH $\leq$ 7
$\Sigma\,e^- =$ Summe der 4s- und 3d-Elektronen

| A₃ | A₄ | A₅ | A₆ | A₇ | B₀ | | | B₁ | B₂ |
|---|---|---|---|---|---|---|---|---|---|
| $\Sigma e^-$: 3 | 4 | 5 | 6 | 7 | 8 | 9 | 10 | 11 | 12 |
| Sc | Ti | V | Cr | Mn | Fe | Co | Ni | Cu | Zn |
| | | | | +7 | | | | | |
| | | | +6 | +6 | +6 | | | | |
| | | +5 | +5 | +5 | +5 | +5 | | | |
| | +4 | +4 | +4 | +4 | +4 | +4 | +4 | | |
| +3 | +3 | +3 | **+3** | +3 | **+3** | +3 | +3 | +3 | |
| — | +2 | +2 | +2 | **+2** | +2 | **+2** | **+2** | **+2** | **+2** |
| | | | | | | | | +1 | – |
| Sc | Ti | V | Cr | Mn | Fe | Co | Ni | Cu | Zn |

Grundsätzlich weisen die Metalle der 4d- und der 5d-Reihe ein ganz ähnliches, fast lückenloses „Valenzspektrum" auf, aber hier liegt das Maximum bei Ruthenium und Osmium in der $B_0$-Gruppe.

(Vgl. $OsO_4$ als Oxidationsmittel in der organisch-präparativen Chemie); die als am stabilsten erachteten Valenzstufen liegen dabei vielfach über denen in der 3d-Reihe. Daraus ist eine mit der Hauptquantenzahl ansteigende Tendenz zur höheren Wertigkeit abzuleiten.

Tabelle 6    Valenz-„Spektrum" der 4d-Reihe ohne Berücksichtigung der Wertigkeiten 0 (Tc bis Pd: Carbonylverbindungen) und +1 (Nb bis Rh, meist π-Komplexe)

Fettdruck: stabilste Wertigkeiten

$\Sigma e^-$ = Summe der 5s- und 4d-Elektronen

| | A₃ | A₄ | A₅ | A₆ | A₇ | B₀ | | | B₁ | B₂ |
|---|---|---|---|---|---|---|---|---|---|---|
| $\Sigma e^-$: | 3 | 4 | 5 | 6 | 7 | 8 | 9 | 10 | 11 | 12 |
| | Y | Zr | Nb | Mo | Tc | Ru | Rh | Pd | Ag | Cd |
| | | | | | | $+8$ | | | | |
| | | | | | $+7$ | $+7$ | | | | |
| | | | | **$+6$** | $+6$ | $+6$ | $+6$ | | | |
| | | | **$+5$** | $+5$ | $+5$ | $+5$ | $+5$ | | | |
| | | **$+4$** | $+4$ | $+4$ | **$+4$** | **$+4$** | $+4$ | $+4$ | | |
| | **$+3$** | $+3$ | $+3$ | $+3$ | $+3$ | $+3$ | $+3$ | $(+3)$ | $+3$ | |
| | — | $+2$ | $+2$ | $+2$ | $+2$ | $+2$ | $+2$ | **$+2$** | $+2$ | $+2$ |
| | | | | | | | | | | $+1$ |
| | Y | Zr | Nb | Mo | Tc | Ru | Rh | Pd | Ag | Cd |

Tabelle 7    Valenz-„Spektrum" der 5d-Reihe ohne Berücksichtigung der Wertigkeiten 0 (Carbonylverbindungen) und +1 (Ta bis Ir, meist π-Komplexe)

Fettdruck: stabilste Wertigkeitsstufen

$\Sigma e^-$: Summe der 6s- und 5d-Elektronen

Zu beachten: sog. Quecksilber(I)-Verbindungen sind zwar elektrochemisch „einwertig", im valenztheoretischen Sinne jedoch stets zweiwertig, da das Hg-Atom aus einem 6s-Orbital nicht nur **ein** Elektron zur Valenz betätigen kann (z. B. in Cl–Hg–Hg–Cl).

| | A₃ | A₄ | A₅ | A₆ | A₇ | B₀ | | | B₁ | B₂ |
|---|---|---|---|---|---|---|---|---|---|---|
| $\Sigma e^-$: | 3 | 4 | 5 | 6 | 7 | 8 | 9 | 10 | 11 | 12 |
| | La | Hf | Ta | W | Re | Os | Ir | Pt | Au | Hg |
| | | | | | | $+8$ | | | | |
| | | | | | $+7$ | $+7$ | | | | |
| | | | | **$+6$** | $+6$ | $+6$ | $+6$ | $+6$ | | |
| | | | **$+5$** | $+5$ | $+5$ | $+5$ | $+5$ | $+5$ | | |
| | | **$+4$** | $+4$ | $+4$ | **$+4$** | **$+4$** | $+4$ | **$+4$** | | |
| | **$+3$** | $+3$ | $+3$ | $+3$ | $+3$ | $+3$ | $+3$ | $(+3)$ | $+3$ | |
| | — | $+2$ | $+2$ | $+2$ | $+2$ | $+2$ | $+2$ | $+2$ | — | **$+2$** |
| | | | | | | | | | $+1$ | — |
| | La | Hf | Ta | W | Re | Os | Ir | Pt | Au | Hg |

**Tabelle 8 Beispiele zur Valenzpyramide der 3d-Metalle**

dipy = Dipyridyl, NCR = Isocyanoalkyl, diars = Diarsin.

| A$_3$ | A$_4$ | A$_5$ | A$_6$ | A$_7$ | B$_0$ | | | B$_1$ | B$_2$ | Oxidations-zahl |
|---|---|---|---|---|---|---|---|---|---|---|
| | | | | $KMnO_4$ | | | | | | +7 |
| | | | $K_2CrO_4$ | $K_2MnO_4$ | $K_2FeO_4$ | | | | | +6 |
| | | $V_2O_5$ | $K_3CrO_8$[1] | $K_3MnO_4$ | $Ba_2FeO_4$ | $K_3CoO_4$ | | | | +5 |
| | $TiCl_4$ | $K_2[VCl_6]$ | $Ba_2CrO_4$ | $MnO_2$ | $[Fe(diars)_2Cl_2]^{2+}$ | $Cs_2[CoF_6]$ | $K_2[NiF_6]$ | | | +4 |
| $ScCl_3$ | $TiCl_3$ | $[V(CN)_6]^{3-}$ | $CrCl_3$ | $[Mn(CN)_6]^{3-}$ | $FeCl_3$ | $K_3[CoF_6]$ | $Ni_2O_3$ | $K_3[CuF_6]$ | | +3 |
| | $TiCl_2$ | $[V(CN)_6]^{4-}$ | $K[CrCl_3]$ | $MnF_2$ | $FeCl_2$ | $CoCl_2$ | $NiCl_2$ | $CuCl_2$ | $ZnCl_2$ | +2 |
| | — | $[V(dipy)_3]^+$ | $[Cr(dipy)_3]^+$ | $[Mn(CN)_6]^{5-}$ | $[Fe(H_2O)_5NO]^{2+}$ | $[Co(NCR)_5]^+$ | $K_4[Ni_2(CN)_6]$ | $CuCl$ | — | +1 |
| | $Ti(dipy)_3$ | $V(CO)_6$ | $Cr(CO)_6$ | $Mn_2(CO)_{10}$ | $Fe(CO)_5$ | $Co_2(CO)_8$ | $Ni(CO)_4$ | — | — | 0 |

[1] ein Peroxochromat(V), $K_3[Cr(O_2)_4]$

# F. 6.  Die Tendenz zur höheren Wertigkeit

Abgesehen vom Scandium, welches sich weder zur zweiten noch zur einwertigen Stufe reduzieren läßt, sowie von Titan, Vanadium und Zink sind alle in Tabelle 8 aufgeführten Verbindungen der maximalen Wertigkeitsstufe starke Oxidationsmittel.

Die Stärke eines Oxidationsmittels (Reduktionsmittels) kann im wässrigen Medium aus dem elektrochemischen Potential nach der „NERNSTschen **Formel**" definiert werden, z. B. für die Reduktion des Manganat(VIII) zum Mangan(II)-Ion:

$$E = E_0 + \frac{0{,}058}{5} \lg \frac{c_{Mn^{2+}} \cdot c_{H_2O}^4}{c_{MnO_4^-} \cdot c_{H^+}^8}$$

wobei $E_0$ (Normalpotential) das im Gleichgewicht gemessene Potential bedeutet.

| | | |
|---|---|---|
| Starke Oxidationsmittel | $E_0 > +1{,}5$ Volt | zB: $O_3$, $F_2$, $KMnO_4$ |
| Mittelstarke Oxidationsmittel | $E_0 +1{,}0$ bis $+1{,}5$ Volt | zB: $MnO_2$, $Cl_2$ |
| Schwache Oxidationsmittel | $E_0 +0{,}5$ bis $+1{,}0$ Volt | zB: $J_2$ |
| Schwache Reduktionsmittel | $E_0 \pm 0$ bis $+0{,}5$ Volt | zB: HJ |
| Mittelstarke Reduktionsmittel | $E_0 -0{,}5$ bis $\pm 0$ Volt | zB: $H_2S$ |
| Starke Reduktionsmittel | $E_0 < -0{,}5$ Volt | zB: Al, Zn |

Chromat(VI) oxidiert in saurer wäßriger Lösung leicht Alkohol (vgl. Blutalkoholbestimmung), wobei es zu Chrom(III) reduziert wird. Kaliumpermanganat ist als starkes Oxidationsmittel bekannt, und die übrigen Verbindungen der höheren Wertigkeitsstufen rechts der $A_7$-Gruppe sind nur mit Hilfe stabilisierender Komplexliganden oder mit den stark elektronegativen Partnern Fluor oder Sauerstoff erhältlich.

Im Gegensatz zu Chromat(VI) sind Molybdän- und Wolframsäure keine Oxidationsmittel und die Reduktion von Molybdän(VI) und Wolfram(VI) zu niederen Wertigkeitsstufen erfordert bereits „nascierenden" Wasserstoff als kräftiges Reduktionsmittel.

Ebenso kann man kaum das farblose Kaliumrhenat(VII), $KReO_4$, mit dem violetten Kaliumpermanganat, $KMnO_4$ vergleichen.

In den Gruppen $A_4$ und $A_5$ sprechen die „von oben nach unten" zunehmenden Schwierigkeiten, niederwertige Verbindungen darzustellen, für eine Tendenz zur höheren Wertigkeit.

# F. 7.  „Valenzspektren" der Lanthaniden — und Actinidenmetalle

Die gemeinsame Dreiwertigkeit der Lanthanidenmetalle aus der Elektronenkonfiguration des Lanthans ($Xe + 5d^1$, $6s^2$) abzuleiten, ist kaum überzeugend. Denn außer dem Lanthan, dem Gadolinium und dem Lutetium besitzt praktisch keines der Lanthaniden ein d-Elektron im Grundzustand. (56)

Abgesehen vom vierwertigen Cer (z. B. in $(NH_4)_2 [Ce(NO_3)_6]$) sowie evtl. $Eu^{2+}$ und $Yb^{2+}$, gibt es kaum eine „wässrige Chemie" der nichtdreiwertigen Lanthanidenionen, indem sich solche Ionen im wäßrigen System zu dreiwertigen Ionen reduzieren oder oxidieren.

Europium(II) und Ytterbium(II) haben sich dabei als die vergleichsweise schwächsten Reduktionsmittel in der Reihe der zweiwertigen Lanthaniden erwiesen[4].

Qualitativ kann man die Bildung von Lanthanidenionen so verstehen, daß die erforderliche Dissoziationsenergie für die Abtrennung von zwei, drei oder evtl. auch vier Elektronen chemisch „auf trockenem Wege" (z. B. in Salzschmelzen) in erster Linie infolge der **Gitterenergie** (161) oder der Bildungswärme (113) der entstehenden Lanthanidenverbindungen aufgebracht wird.

In wässrigen Lösungen tritt an Stelle dieser Größen vornehmlich die Hydratationsenergie, welche quasi darüber bestimmt, ob evtl. ein viertes Elektron dissoziieren kann, (z. B. Cer(IV)-sulfat).

In den meisten Fällen spricht diese Bilanz zugunsten der Bildung eines *dreiwertigen* Ions. Niedere Oxidationsstufen tendieren zur Oxidation, höhere dagegen zur Reduktion in die stets stabile Lanthaniden(III)-Stufe.

Nicht nur das Cer, sondern auch die folgenden Elemente, Praseodym und Neodym sowie Terbium und Dysprosium sind heute in vierwertiger Form bekannt (Tab. 9). Ähnliches gilt für die erst nach 1960 sichergestellte Existenz von zweiwertigen Samarium- und Thuliumsalzen.

Die *Actinidenelemente* wurden nach Entdeckung der ersten Transurane noch nicht sofort als Homologe der Lanthaniden betrachtet, obwohl es ältere Hinweise dafür gab, daß sich weder das Protactinium noch das Uran chemisch so verhalten, wie man es von den

---

[4] Das oben erwähnte „vergleichsweise schwache Reduktionsmittel" Ytterbium(II) hat immerhin die Fähigkeit, im flüssigen Ammoniak Kaliumionen zu Kaliummetall zu reduzieren! (74) (J. C. Warf, 1968)

$Yb(NH_2)_2 + KNH_2 \rightarrow Yb(NH_2)_3 + K^\circ$ (blaue Farbe in flüss. Ammoniak)

**Tabelle 9   Lanthanidenverbindungen mit den Wertigkeitsstufen +2, +3 und +4**

| | | +4 $CeO_2$ | +4 $PrO_2$ | +4 $Cs_3NdF_7$ | | |
|---|---|---|---|---|---|---|
| | +3 $La_2O_3$ | +3 $CeCl_3$ | +3 $PrCl_3$ | +3 $NdCl_3$ | +3 $PmF_3$ | +3 $SmCl_3$ |
| | | | | +2 $(NdCl_2)$ | | +2 $SmCl_2$ |

| | | +4 $TbF_4$ | +4 $Cs_3DyF_7$ | | | |
|---|---|---|---|---|---|---|
| +3 $Eu_2O_3$ | +3 $Gd_2O_3$ | +3 $TbCl_3$ | +3 $DyCl_3$ | +3 $HoCl_3$ | +3 $Er_2O_3$ | +3 $TmCl_3$ |
| +2 $EuJ_2$ | | | | | | +2 $TmJ_2$ |

| +3 $Yb_2O_3$ | +3 $Lu_2O_3$ |
|---|---|
| +2 $YbJ_2$ | |

schwersten Homologen der Übergangsmetalle hätte erwarten müssen[5].

Eine frappierende Übereinstimmung der Transurane mit den Lanthaniden wurde erst auf Grund von Vergleichen mit Ionenaustauschern festgestellt, als man erkannte, daß die Actiniden-Ionen in der gleichen Reihenfolge eluiert werden, wie die homologen Lanthaniden-Ionen.

Die Tatsache, daß die Elektronenkonfigurationen der auf Actinium folgenden Elemente zunächst von denen der Lanthaniden deutlich abweichen, wird verständlich aus der Elektronenbindungsenergie, welche bis zum 90. Element für Elektronen im 6d-Zustand geringer ist, als im 5f-Zustand (s. Abb. 22). Die höheren Actiniden, etwa vom Americium an, verhalten sich dagegen chemisch den Lanthaniden auffällig analog, indem die dritte Oxidationsstufe zur stabilsten Wertigkeitsstufe wird (vgl. S. 77).

---

[5] z. B. läßt sich Protactinium nach Untersuchungen von Otto *Hahn* und *v. Grosse* (1928) weit besser mit Cer- oder Thoriumniederschlägen mitfällen, als mit schwerlöslichen Niob- oder Tantalverbindungen.

**Tabelle 10  Valenz-„Spektrum" der Actinidenmetalle**
(Fettdruck: Stabilste Wertigkeiten; $\Sigma e^- =$ Summe der 7s, 6d und 5f-Elektronen

| Z: | 89 | 90 | 91 | 92 | 93 | 94 | 95 | 96 | 97 | 98 | 99 | 100 | 101 | 102 | 103 |
|---|---|---|---|---|---|---|---|---|---|---|---|---|---|---|---|
| $\Sigma e^-$: | 3 | 4 | 5 | 6 | 7 | 8 | 9 | 10 | 11 | 12 | 13 | 14 | 15 | 16 | 17 |
| | Ac | Th | Pa | U | Np | Pu | Am | Cm | Bk | Cf | Es | Fm | Md | No | Lr |
| | | | | | +7 | +7 | | | | | | | | | |
| | | | | +6 | +6 | +6 | +6 | | | | | | | | |
| | | | **+5** | +5 | **+5** | +5 | +5 | | | | | | | | |
| | | **+4** | +4 | +4 | +4 | **+4** | +4 | +4 | +4 | | | | | | |
| | +3 | +3 | +3 | +3 | +3 | +3 | **+3** | **+3** | **+3** | **+3** | **+3** | **+3** | **+3** | +3 | **+3** |
| | | | | | | | | | | +2 | +2 | +2 | +2 | **+2** | — |
| | Ac | Th | Pa | U | Np | Pu | Am | Cm | Bk | Cf | Es | Fm | Md | No | Lr |

Aus diesem Grunde ist im Periodensystem (vgl. Abb. 2) eine Trenn-linie zwischen den leichteren „Uranmetallen" (Ac bis Pu) und den Metallen der zweiten Actiniden-Periode (Am bis Lr) gezogen worden. Wenn auch das Americium noch in den Oxidationsstufen $+4$, $+5$ und $+6$ auftreten kann, verrät doch die mögliche Reduktion in die zweiwertige Form ($AmJ_2$) eine gewisse Analogie zum Europium und Ytterbium. Obwohl noch keine genaueren Daten über das Ver-halten des Nobeliums vorliegen, darf man aus seiner Elektronenkon-figuration auf eine Analogie zum Ytterbium schließen.

# G. Chemische Bindung

## G. 1. Übersicht

Wenn man die Wechselwirkungen der Atome vom Typ der „van-der-Waalsschen Bindung" als eine generelle Eigenschaft der Materie beiseite stellt, verbleiben für die Kennzeichnung der chemischen Bindungen im wesentlichen drei Bindungstypen:

1. **Die Ionenbindung,** auch als „elektrostatische" oder „elektrovalente" Bindung bezeichnet.

2. **Die Atombindung,** oder „kovalente" Bindung.

3. **Die Metallbindung,** welche eine Erklärung für Struktur und Festigkeit sowie für optische und elektrische Eigenschaften der Metalle und ihrer Legierungen liefert.

Viele chemische Verbindungen vereinigen zwei dieser grundlegenden Bindungstypen. Eine völlig unpolare Atombindung ist zum Beispiel nur denkbar zwischen zwei oder mehreren absolut gleichen Atomen, etwa in den Molekülen $J_2$, $P_4$, $O_2$. Atombindungen in CO, $CCl_4$ oder $NF_3$ müssen zwangsläufig polar sein, indem der Partner mit der größeren Elektronegativität (vgl. S. 112) den Schwerpunkt der gemeinsamen Elektronenwolke mehr oder minder an sich zieht.

Bei extrem großen Unterschieden in der Elektronegativität geht die „polare Atombindung" schließlich in eine „polarisierte Ionenbindung" über. In besonderen Fällen, etwa in Alkalimetallfluoriden liegt eine echte Ionenbindung vor.

Gewisse stöchiometrisch zusammengesetzte intermetallische Verbindungen (z. B. *Zintl-Phasen*, (vgl. S. 133) stellen einen Übergang zwischen Ionenbindung und Metallbindung dar (z. B. die Phase NaTl), während man in der Struktur des Nickelarsenids (NiAs) eine metallische Bindung mit z. T. kovalentem Charakter erblicken könnte.

Die „Elektronendichte" zwischen den verbundenen Atomen, wie sie vielfach aus röntgenographischen Daten entnommen werden kann, beschreibt wichtige Charakteristika der Bindungstypen. (s. S. 80—81)

Ein zweites wichtiges Kennzeichen folgert aus der Frage nach der Valenzrichtung. Während metallische und ionische Bindungen keine Vorzugsrichtungen der Valenzen erwarten lassen, ist dies in der echten Atombindung und oftmals auch bei stark polarisierten Ionenbindungen der Fall.

### Echte (ideale) Ionenbindung:

Die salzartigen Verbindungen setzen sich aus „Ionenkugeln" zusammen, die sich starr-elastisch gerade soeben beführen.

---

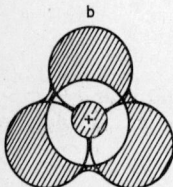

### Polarisierte Ionenbindung

Bei „Polarisation" der Ionenbindung kommt es zu einer Verlagerung der Ladungsschwerpunkte und damit zu einer gewissen „Deformation" der Ionen.

---

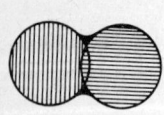

### Atombindung

In der (idealen) „unpolaren" Atombindung verschmelzen die atomaren Elektronenzustände zu neuen, **molekularen** *Elektronenzuständen*. Die an der Bindung beteiligten Elektronen bleiben im Raum der Bindung **lokalisiert**.

---

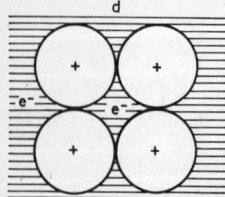

### Metallbindung

Die Rümpfe der Metallatome sind nach Art von dichtesten Kugelpackungen gelagert.
Zum Unterschied von der Atom- und Ionenbindung sind hier die Elektronen weitgehend (ins Unendliche) **delokalisiert**.

Die **Elektronendichte** muß an der Berührungs-
stelle der Ionen den Wert 0 annehmen. Dieser
Idealfall wird allerdings nicht einmal bei NaCl
in allen Kristallrichtungen realisiert.

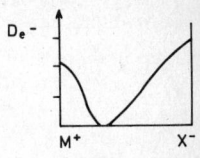

*Ionenbindungen haben grundsätzlich keine Vor-
zugsrichtung.*

Die Elektronendichte wird hier in keinem Falle
mehr auf 0 absinken. So besteht stets eine gewisse Überlappung der Elektronenwolken, ähnlich den Verhältnissen bei Atombindung. Obwohl Ionenbindungen nicht gerichtet sind, können sich gewisse Vorzugsrichtungen bei sehr
starker Polarisation herausbilden (s. Ligandenfeld-Theorie, S. 224).

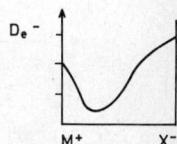

In der völlig unpolaren Atombindung ergibt
sich in der Mitte zwischen den Atomen ein
Minimum der Elektronendichte. Dieses verschiebt sich bei polarer Atombindung nach der
Seite des positiveren Partners.

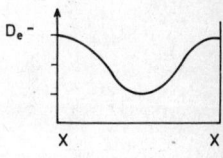

*Atombindungen sind im Raum streng gerichtet.*

Da die Valenzelektronen weitgehend von ihren
Stammatomen losgelöst sind (sog. „Elektronen-
gas") füllen sie den gesamten Raum der Metallstruktur mehr oder minder gleichförmig aus.
Daher erreicht die Elektronendichte zwischen
zwei Metallatomen nur ein relativ wenig aus-
geprägtes Minimum.

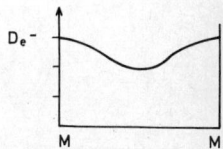

*Metallbindungen sind im Raum nicht gerichtet.*

| Bindungstyp | Elektronendichte zwischen den Atomen (Ionen) | Elektronen sind | Valenzen sind |
|---|---|---|---|
| Ionenbindung | in best. Kristall-richtungen → Null | streng lokalisiert | nicht gerichtet |
| polarisierte Ionenbildung | nicht ganz Null | etwas delokalisiert | evtl. gerichtet |
| polare und unpolare Atombindung | Minimum | streng lokalisiert | streng gerichtet |
| Metallbindung | rel. flaches Minimum | unendlich delokalisiert | nicht gerichtet |

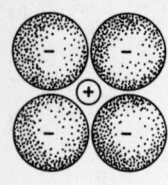

### Reine elektrostatische Bindung

Die Ionen werden als streng kugelsymmetrisch angenommen und für die Gitterenergie [kcal/Mol] gilt nach Kapustinsky:

$$U = 256,1 \; \frac{n \cdot z \cdot z'}{r + r'} \left( 1 - \frac{0,345}{r + r'} \right)$$

worin der negative Anteil der Formel die abstoßenden Kräfte zwischen gleichgeladenen Ionen berücksichtigt.

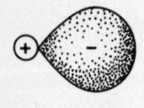

### Polarisierte Ionenbindung

Nach der älteren Vorstellung polarisiert das kleinere Kation das größere und relativ leicht polarisierbare Anion derart, daß dessen Ladungsschwerpunkt verschoben wird. Damit wird die Annahme kugelsymmetrischer Ionen aufgegeben.

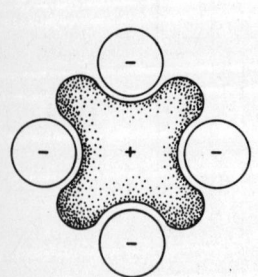

Nach der **Kristallfeld-Theorie** werden die Anionen vereinfachend als kugelsymmetrisch angesehen; die Elektronenstruktur des Zentralions, deren Wahrscheinlichkeitsverteilung von der Kugelsymmetrie abweicht, wird jedoch berücksichtigt. Die Theorie zeigt, daß (trotz des elektrostatischen Bindungsprinzips) die Bindungen im Raum gerichtet sind.

**Abb. 25**  Elektrostatische Interpretation chemischer Bindungen

# G. 2. Atombindung

Mit Hilfe des wellenmechanischen Atommodells beschränkt sich eine Beschreibung der einfachen Atombindung nicht auf die Feststellung, daß die **Valenzelektronen,** die jeder Bindungspartner zur Verfügung stellt, eine Bindung ausbilden. Mit Kenntnis der Wahrscheinlichkeitsverteilungen in den atomaren Orbitalen läßt sich die Ladungsverteilung in den **molekularen Orbitalen** errechnen.

Man kann durchaus von einer gewissen „Überlappung" der Elektronenwolken in den Atombindungen sprechen und diese als *Charakteristikum der Atombindung* ansehen.

Eine solche, sog. σ-Bindung, wie sie im $H_2$-Molekül vorliegt, kann auch durch die Vereinigung von zwei p-Elektronen zustande kommen, etwa bei der Bildung des $J_2$-Moleküls aus zwei Jodatomen. Dann liegt die Bindung in der Richtung, in der die beiden p-Elektronen der Jodatome orientiert sind. Senkrecht zu dieser Valenzrichtung verfügt jedes der beiden Jodatome außerdem über seine doppelt besetzten restlichen p-Orbitale.

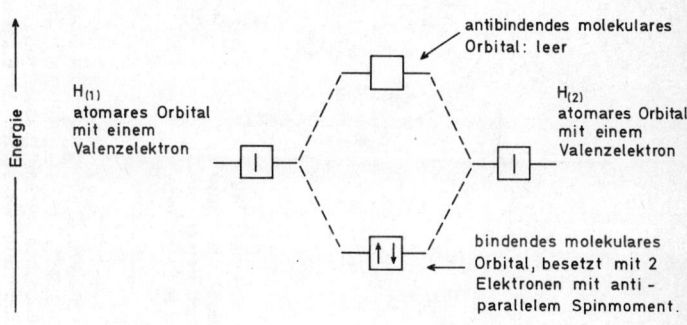

Abb. 26    Energieschema zur Atombindung im $H_2$-Molekül.

Die Valenzelektronen der beiden Wasserstoffatome finden im bindenden molekularen Zustand (Mitte) ein günstiges Energieniveau und besetzen dieses molekulare Orbital mit antiparallelen Spinmomenten.

Der molekulare antibindende Elektronenzustand (Mitte, oben) entspricht der in Abb. 27 skizzierten Subtraktionen der ψ-Funktionen und gilt für den *Grundzustand* der Bindungselektronen im $H_2$-Molekülen als *unbesetzt*.

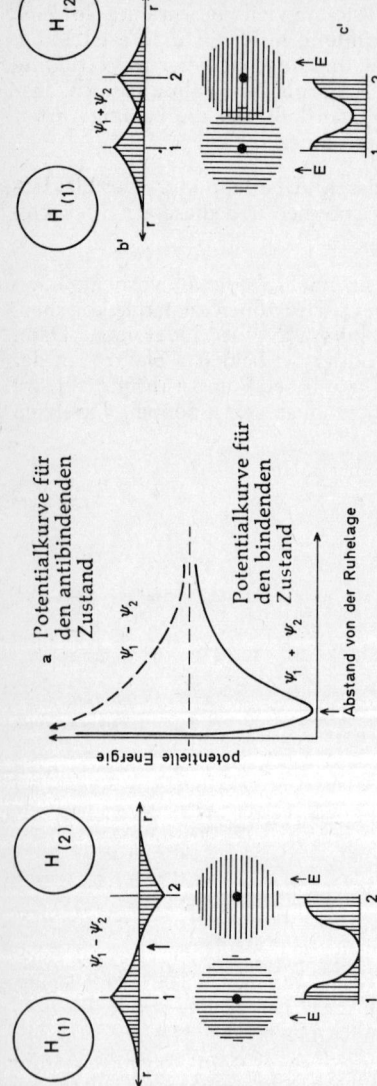

*Subtraktion* der ψ-Funktionen läßt die ψ-Funktion zwischen Atom 1 und 2 zu null werden (↑) und liefert eine Zone der Elektronendichte 0.→ „antibindender Zustand".

*Addition* der ψ-Funktionen führt hingegen zu einer Überlappung der Wahrscheinlichkeitsverteilungen und zu einem Bindungsabstand, der kleiner ist als die Summe der Atomradien: „bindender Zustand".

Abb. 27 Potentialkurven (a), Elektronendichten (c, c') und ψ-Funktionen (b, b') für den bindenden und antibindenden Zustand zwischen zwei Wasserstoffatomen ($H_{(1)}$ und $H_{(2)}$). Abb. 27 zeigt schematisch, wie die Addition der ψ-Funktionen der s-Elektronen zweier Wasserstoffatome zu einem „bindenden" molekularen Elektronenzustand führt, der zugleich einer Annäherung der beiden Atomkerne entspricht. Im Wasserstoff-Molekül, $H_2$, sind die beiden Valenzelektronen in einem molekularen Orbital vereinigt, und der Raum, in dem sie „zu finden sind" (Wahrscheinlichkeitsverteilung) ähnelt zwei ineinander geschachtelten Kugeln.

Anders liegt der Fall, wenn sich zwei Stickstoffatome zum $N_2$-Molekül vereinigen. Jedes Atom hat hier drei hantelförmige Valenzelektronen ($p_x$ = waagerecht schraffiert, $p_y$ = nicht schraffiert, $p_z$ = senkrecht schraffiert) und nur eines davon kann eine σ-Bindung ausbilden, beispielsweise, wenn die x-Achse zugleich Valenzrichtung ist.

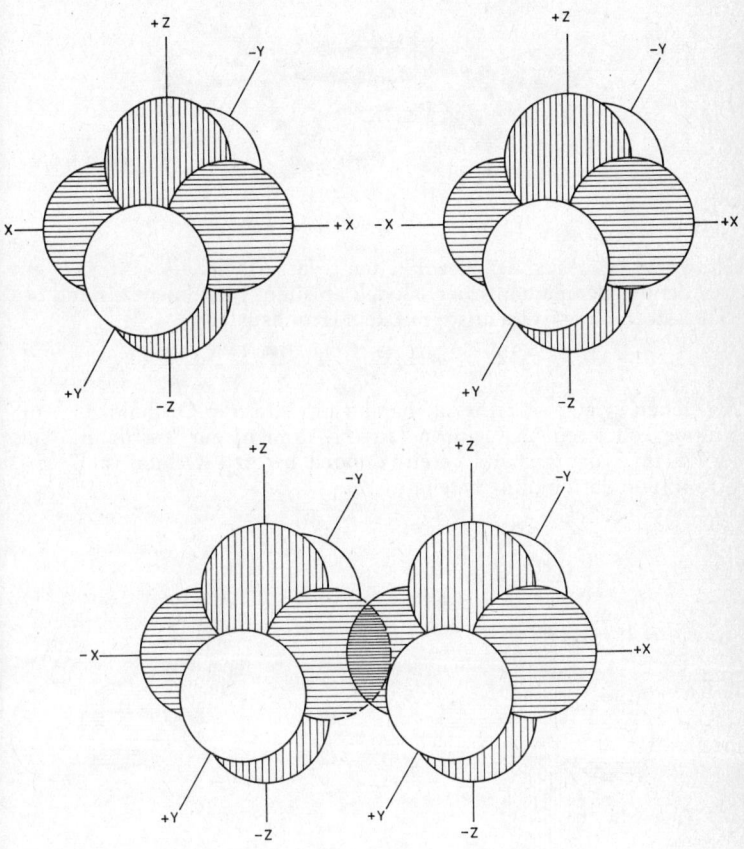

Die beiden übrigen 2p-Elektronen überlappen miteinander zu zwei sog. π-**Bindungen.**

Die π-Bindungen bestehen gewissermaßen aus symmetrisch *über* und *unter* der Knotenebene liegenden Elektronenwolken. Im Stickstoffmolekül gibt es also zwei solche π-Orbitale, die senkrecht zueinander stehen.

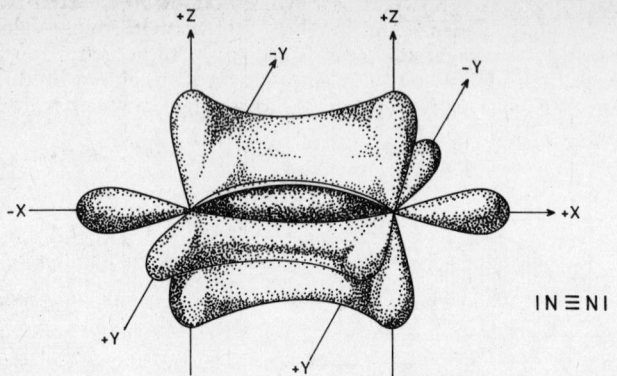

IN≡NI

Auch die Struktur des gewinkelten Wassermoleküls läßt sich gut aus dem wellenmechanischen Modell ableiten. Der Valenzzustand des Sauerstoffatoms ist identisch mit dem Grundzustand

$$O: \quad 1s \; \underline{/O\bullet/} \quad 2s \; \underline{/O\bullet/} \quad 2p \underline{/O\bullet/O} \; \underline{/O} \; \underline{/}$$
$$\phantom{O: \quad 1s \; /O\bullet/ \quad 2s \; /O\bullet/ \quad 2p} x \quad y \quad z$$

Es stehen zwei, senkrecht zueinander orientierte p-Orbitale zur Aufnahme von je einem Elektron (aus H-Atomen) zur Verfügung. Das dritte, im Valenzzustand bereits doppelt besetzte Orbital (z. B. $2p_x$) ist nicht an der Bindung beteiligt.

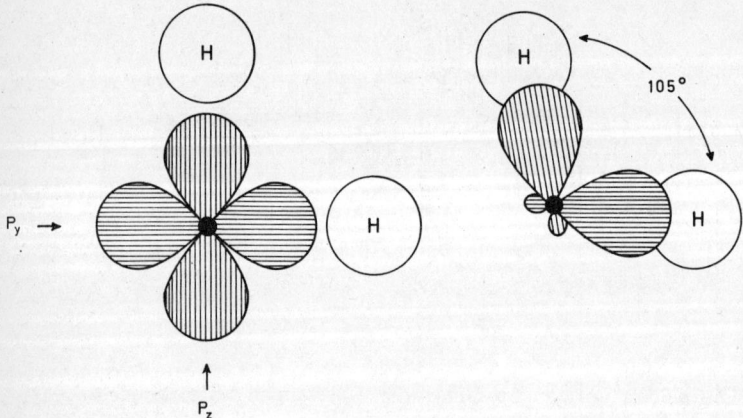

Abb. 28  Zum Valenzwinkel im Wassermolekül.

Aus der gewinkelten Stellung der beiden Valenz-Elektronen resultiert eine gewinkelte Struktur des $H_2O$-Moleküls. Wegen einer gewissen Polarisation der am Sauerstoffatom gebundenen Wasserstoffatome weitet sich der Valenzwinkel auf 105° auf.

In den bisherigen Beispielen ergaben sich die Valenzzustände einfach aus den Grundzuständen. Dabei können nur *die* Elektronen zu Valenzelektronen werden, die ein Orbital *einfach* besetzen. Sie werden automatisch zu einem „Valenzelektron", wenn man ihnen kein bestimmtes Spinmoment $m_s$ mehr zuordnet.

N: 1s /O●/   2s/O●/   2p/O  /O  /O  /   } **Grundzustand =**
O: 1s /O●/   2s/O●/   2p/O● /O  /O  /   } **Valenzzustand**

Sobald sich diese Valenzorbitale durch Aufnahme von Elektronen der Verbindungspartner zur $p^6$-Konfiguration auffüllen, haben sich neue, „molekulare" Elektronenzustände gebildet, in denen sich die beiden Elektronen wieder durch *antiparallelen* Spin unterscheiden.

Statt der oben gewählten Schreibweise für gepaarte /O●/ und ungepaarte Elektronen /O  / , ist es vielfach auch üblich, die Spinrichtung der Elektronen durch Pfeile zu symbolisieren, z. B. für den Valenzzustand des Sauerstoffatoms

O: 1s $\boxed{\uparrow\downarrow}$   2s $\boxed{\uparrow\downarrow}$   2p $\boxed{\uparrow\downarrow\,|\,\,|\,\,|}$

und durch Weglassen der Pfeilrichtung anzudeuten, daß es sich um Valenzelektronen handelt.

## G. 3. Valenzzustände

Bor- und Kohlenstoffatome verfügen in ihren Grundzuständen

B: 2s /O●/ 2p/O / / /     C: 2s /O●/ 2p/O /O / /

nur über ein, bzw. zwei ungepaarte Elektronen. Dies können nicht zugleich die Valenzzustände sein, weil es kein kovalent einwertiges Bor und kein kovalent zweiwertiges Kohlenstoffatom gibt.

Die Valenz-Orbitale entstehen hier aus „angeregten Zuständen" (*) der betreffenden Atome, wobei die Anregungsenergie ein Elektron aus dem 2s-Orbital in ein energetisch höheres p-Orbital „versetzt".

B*:2s /O / 2p/O /O / /     C*: 2s /O / 2p/O /O /O /

Aus diesen Valenzzuständen entstehen durch Aufnahme von Elektronen die molekularen Zustände der Wasserstoffverbindungen

$BH_3$                              $CH_4$

2s/O●/   2p/O●/O●/        2s/O●/   2p/O●/O●/O●/

und somit die nach der Oktettregel (S. 64) erwarteten Edelgaskonfigurationen.

Da jedoch in den Boranen und den aliphatischen Kohlenwasserstoffen nicht der geringste Unterschied zwischen den Bindungen eines B- oder C-Atoms festzustellen ist, muß man die oben skizzierten Valenzelektronen als identisch ansehen, obwohl sie quasi aus verschiedenen „Rassen" (nämlich 2s oder 2p) stammen.

Man spricht von einer **„Valenz-Bastardisierung"** oder **„Valenz-Hybridisierung"** (engl. hybridization), wodurch das Boratom drei, das Kohlenstoff *vier* absolut *gleichwertige* *„q-Bindungen"* ausbildet (Abb. 29).

---

### Valenztheoretische Begriffe

---

#### „Kovalenz" = „Atomwertigkeit" = „Bindigkeit"

Zahl der Atombindungen (der „kovalenten"[2]) Bindungen, die von einem Atom ausgehen. Eine Atombindung setzt sich in der Regel aus 2 Elektronen zusammen, die mit einem „Valenzstrich" symbolisiert werden.

Elemente der ersten Kurzperiode können die Bindigkeit 4 nicht überschreiten.

#### „Zähligkeit" (besser nicht: „Koordinationszahl")

Zahl der mit einem Zentralatom direkt verbundenen Atome, z. B.: C-Atom in Äthylen $H_2C = CH_2$: dreizählig (aber vierbindig) in $O = C = O$ zweizählig (vierbindig).

---

[2] nicht „koordinativen Bindungen"

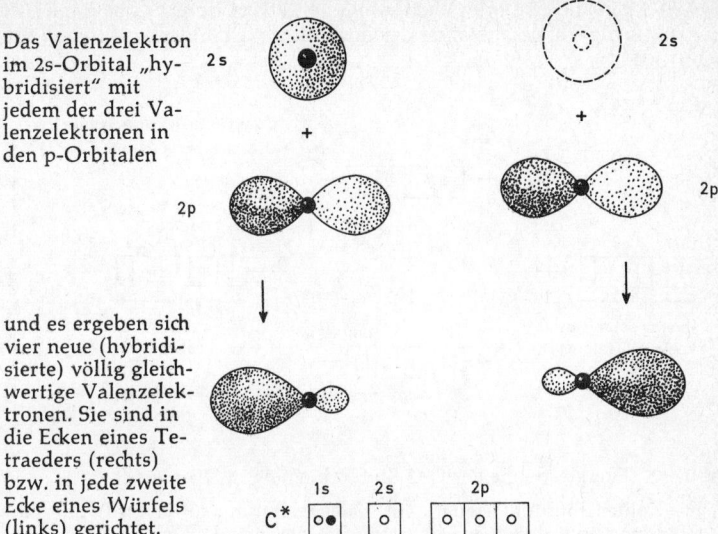

Das Valenzelektron im 2s-Orbital „hybridisiert" mit jedem der drei Valenzelektronen in den p-Orbitalen

und es ergeben sich vier neue (hybridisierte) völlig gleichwertige Valenzelektronen. Sie sind in die Ecken eines Tetraeders (rechts) bzw. in jede zweite Ecke eines Würfels (links) gerichtet.

Valenzzustand des angeregten Kohlenstoffatoms

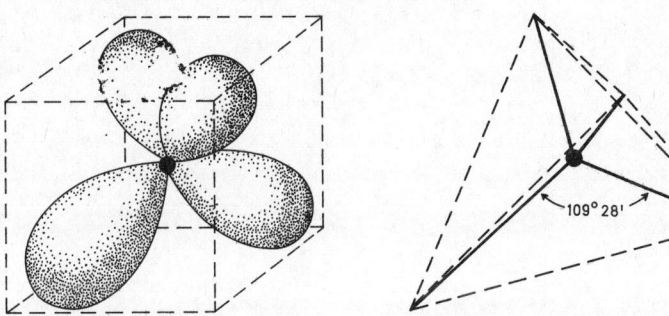

Schematische Elektronenwahrscheinlichkeitsverteilung der vier „q-Bindungen" aus der Valenzhybridisierung vom Typ „$sp^3$".

Modell der Bindungsrichtungen im Methan ($CH_4$), zugleich gültig für Alkane und Diamant.

Abb. 29   Valenzhybridisierung am Kohlenstoffatom.

Die gleiche tetraedrische Struktur des kovalent vierwertigen C-Atoms (z. B. Methanmolekül) liegt auch im Diamant vor, worin jedes C-Atom vier Nachbarn in tetraedrischer Anordnung hat. Es handelt sich im Valenzzustand der C-Atome um Hybride vom $sp^3$-Typ, und die M.O.-Theorie (engl. „molecular orbital theory") zeigt, daß die voll aufgefüllten molekularen Zustände energetisch tiefer, d. h. günstiger liegen als die Valenzzustände der noch nicht verbundenen Atome (vgl. Abb. 30).

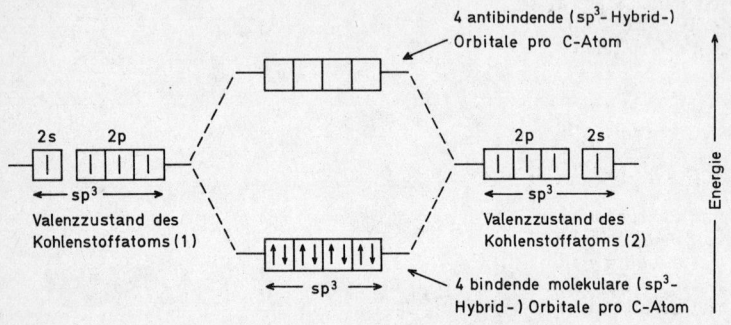

**Abb. 30**    Energieschema der C-C-Einfachbindung in Diamant.

Jedes Kohlenstoffatom steuert ein Valenzelektron (sp³-Hybrid) zur Einfachbindung mit dem benachbarten C-Atom bei. Die molekularen sp³-Orbitale liegen energetisch günstiger als die atomaren Orbitale der einzelnen Kohlenstoffatome.

# G. 4.  Die Strukturen der Nichtmetallmoleküle

Zum Unterschied von den Metallen liegen die Nichtmetalle elementar in Form von mehratomigen Molekülen vor (z. B. $Cl_2$, $P_4$, $S_8$). Nur die Edelgase sind „einatomig".

Die Strukturen der Nichtmetall-Moleküle lassen sich anhand der bisher diskutierten Beispiele von kovalenten Bindungen gut verstehen (Abb. 31).

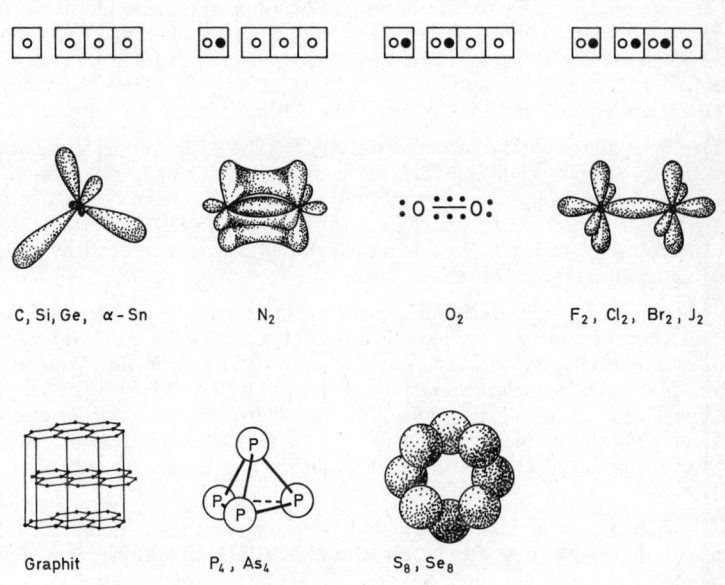

C, Si, Ge,  α - Sn       $N_2$       $O_2$       $F_2$ , $Cl_2$ , $Br_2$ , $J_2$

Graphit       $P_4$ , $As_4$       $S_8$ , $Se_8$

Abb. 31   Strukturen der Nichtmetalle.

Die *Diamantstrukturen* bei Kohlenstoff, Silicium, Germanium und α-Zinn erklären sich aus der $sp^3$-Hybridisierung.

In der $B_4$-Gruppe tritt *nur beim Kohlenstoff*, und zwar in seiner zweiten Modifikation, dem Graphit, ein Schichtengitter auf, in welchem die C-Atome zu Sechsecken zusammengefügt sind. Da jedes C-Atom hierin nur mit drei anderen durch eine kovalente Bindung verbunden ist, betätigt es nur drei seiner vier Valenzelektronen, d. h. es resultieren drei σ-Bindungen von $sp^2$-Typ in planarer Richtung, und es verbleibt quasi an jedem Atom ein ungebundenes p-Elektron. Alle p-Elektronen, die senkrecht zur Ebene der $sp^2$-Bindung stehen, verschmelzen zu einer unendlichen, zweidimensionalen „Wolke" aus weitgehend delokalisierten Elektronen („π-Elektronen", vgl. S. 94), die sich gleichförmig ober- und unterhalb der $sp^2$-Bindungsebene erstreckt, sich also zwischen den Kohlenstoff-Sechsringschichten befindet (s. Abb. 34).

Das Stickstoff-Molekül $N_2$ ist bereits in Kapitel G 2 behandelt worden. Die darin vorliegende Dreifachbindung resultiert aus dem dreibindigen Valenzzustand des Stickstoffatoms, der zugleich Grundstand ist.

Zu einer solchen Dreifachbindung ist Phosphor und seine Homologen nicht befähigt, wohl in erster Linie wegen der größeren Atomvolumina. Es werden drei einfache Bindungen ausgebildet und das Molekül des „weißen Phosphors" besteht trotz der damit verbundenen Spannungen aus vier Phosphoratomen in tetraedischer Anordnung.

Der $p^2$-Valenzzustand des Schwefelatoms bedingt von vornherein seine Zweibindigkeit. $S_2$-Moleküle werden jedoch nur in der Dampfphase beobachtet. Im festen und flüssigen Zustand existieren $S_8$-Ringe. Darin weicht der Valenzwinkel mit 105—107 ° beträchtlich vom rechten Winkel ab, mit dem die p-Valenzelektronen am Schwefelatom orientiert sein sollten.

Während die Ringstruktur des Schwefels sich noch beim roten (elektrisch nicht leitfähigen) Selen wiederfindet, gibt es beim Sauerstoff dafür keine Analogie. Weil molekularer Sauerstoff nachweislich paramagnetisch ist, müssen ungepaarte Elektronen an der Bindung beteiligt sein. Das Ramanspektrum gibt außerdem einen Hinweis auf eine Art Dreifachbindung. Nach Linus Pauling bilden deshalb die beiden Sauerstoffatome im $O_2$-Molekül drei Bindungen mit insgesamt acht Elektronen.[1]

Die Bindungen in Halogenmolekülen erklären sich aus den Valenzzuständen /O●/O●/O / als einfache σ-Bindungen, die von den beiden freien p-Elektronen der Atome geliefert werden (Abb. 31).

---

[1] Auch die Tatsache, daß flüssige Luft und flüssiger Sauerstoff blau sind und daß man aus den Raumschiffen unsere Erde als „blauen" Planeten gesehen hat, steht mit dem „Himmelsblau" der irdischen Atmosphäre und der speziellen Bindung im $O_2$-Molekül in Einklang (vgl. S. 141).

# G. 5. Mehrfachbindung und π-Elektronen

Zum Verständnis der metallischen Bindung und zugleich des besonderen Charakters vieler Übergangsmetalle ist es sehr nützlich, ein Modell zu entwerfen, welches den Übergang von der kovalenten Einfachbindung mit ihrer strengen Lokalisation der beteiligten Elektronen zu einer Mehrfachbindung mit begrenzter Delokalisation der Bindungselektronen veranschaulicht.

Der einfachste Fall einer kovalenten Mehrfachbindung liegt im Äthylenmolekül vor. Hier haben die Kohlenstoffatome drei Nachbaratome (statt vier in gesättigten Kohlenwasserstoffen). Für diesen Zustand werden nur drei der möglichen vier q-Bindungen des Kohlenstoffatoms in Anspruch genommen. Diese kommen durch Hybridisierung aus einem s- und zwei p-Elektronen zustande. Das dritte (z. B. $2p_z$-)Elektron bliebe eigentlich in seiner ursprünglichen Elektronenwahrscheinlichkeitsverteilung erhalten.

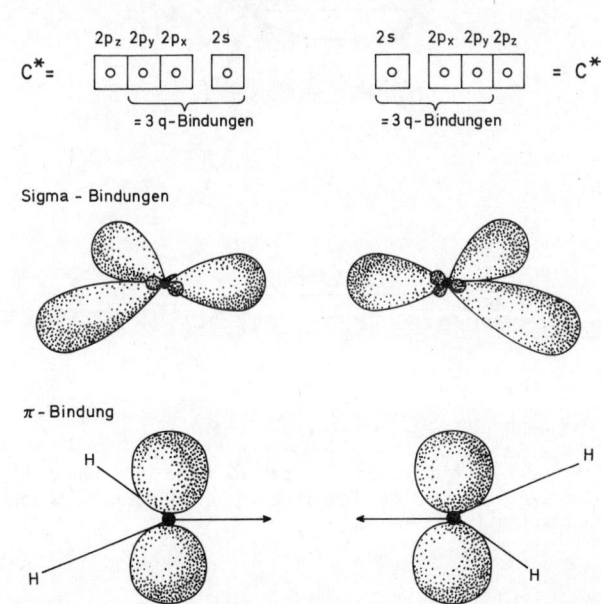

Sigma - Bindungen

π - Bindung

a

Wenn sich nun im Äthylenmolekül zwei $sp^2$-Hybride der beiden Kohlenstoffatome in einem neuen molekularen Elektronenzustand (Orbital) zur „σ-Bindung" vereinigt haben, geraten zugleich die beiden freien p-Elektronen in Anbetracht der beim Kohlenstoff besonders kurzen Atomabstände so nahe aneinander, daß sie teilweise „überlappen".

Damit aber ist für jedes der beiden $p_z$-Elektronen die Möglichkeit gegeben, sich aus der Umgebung seines Stamm-Atoms ein wenig zu entfernen. Seine Aufenthaltswahrscheinlichkeit liegt jetzt in den in Abb. 32 schraffierten Räumen. Die $p_z$-Elektronen der Kohlenstoffatome sind also im Äthylenmolekül etwas *delokalisiert,* wenn auch diese Delokalisierung sich auf den Bereich des Moleküls beschränkt.

Die Doppelbindung verhindert außerdem eine „freie Drehbarkeit" der rechten Molekülhälfte gegen die linke.

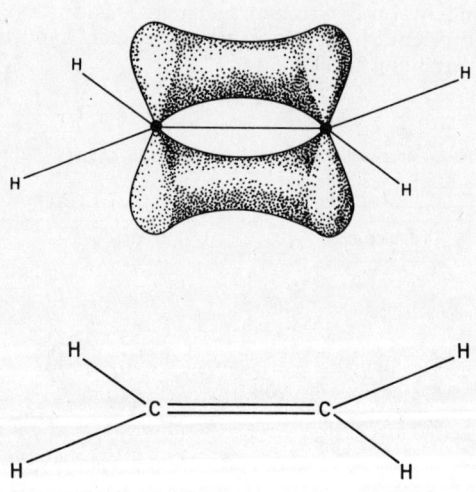

b

Abb. 32    Doppelbindung des Äthylens.

Die drei σ-Bindungen bilden einen Valenzwinkel von 120°. Die $p_z$-Elektronen beider C-Atome sind zu einem neuen molekularen Elektronenzustand verschmolzen (π-Bindung).

Eigentlich würden nun die beiden Striche, mit denen man eine Doppelbindung symbolisiert, verschiedene Bedeutung haben: erstens eine σ-Bindung, zweitens eine davon grundsätzlich verschiedene π-Bindung. Experimentell läßt sich jedoch ein solcher Unterschied nicht nachweisen, so wie alle hybridisierten q-Bindungen im $CH_4$-Molekül absolut gleichwertig sind. Man hat daher an eine ähnliche Bastardisierung zwischen σ- und π-Bindung gedacht und im Äthylenmodell zwei sogenannte τ-Bindungen vorgeschlagen, welche eine bananenförmige Wahrscheinlichkeitsverteilung haben.

Abb. 33 zeigt, wie die begrenzte Elektronen-Delokalisierung beim Butadien noch weiter ausgedehnt ist. Die beiden π-Bindungen sind keineswegs dort lokalisiert, wo man in der Strukturformel die Doppelbindungen schreiben würde, sondern es herrscht Delokalisierung über alle vier C-Atome des Moleküls.

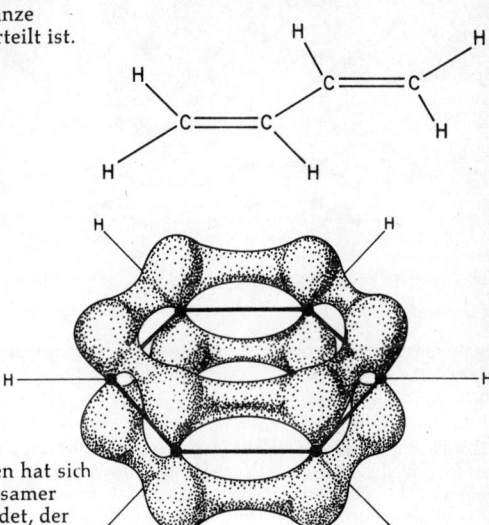

**Butadienmodell**

Alle vier p-Elektronen bilden einen molekularen Elektronenzustand, der über das ganze Molekül gleichmäßig verteilt ist.

**Benzolmodell:**

Aus 6 freien p-Elektronen hat sich ein ringförmiger gemeinsamer Elektronenzustand gebildet, der über den ganzen Ring delokalisiert ist.

Abb. 33  Elektronendelokalisierung bei Butadien und Benzol.

Eine Delokalisierung von Elektronen tritt auch auf, wenn sechs Kohlenstoffatome mit konjugierten Doppelbindungen zum Benzolring vereint sind. Dann steuert jedes C-Atom ein p-Elektron zur π-Bindung bei, und zwar derart, daß man die Ladungen der insgesamt sechs π-Elektronen in einem ringförmigen Bezirk über und unter der Ringebene vermuten muß.

Es ist nun leicht zu verstehen, wie eine solche Delokalisierung fortschreitet, wenn man vom einfachen Benzol zu hochkondensierten aromatischen Systemen (z. B. Anthracen → Chrysen → Benzpyren usw.) übergeht. Stets wären die π-Elektronen in zwei gleichwertigen Räumen über und unter dem Kohlenstoffgerüst delokalisiert, die das ganze Molekül umfassen.

Gedanklich läßt sich die Bildung kondensierter aromatischer Systeme bis zum Graphit (mit unendlicher Vernetzung der Kohlenstoffatome) fortsetzen. Da die Kohlenstoffatome ein „Schichtengitter" aus Sechsring-Ebenen bilden, besitzt Graphit auf Grund der delokalisierten Elektronen eine gewisse elektrische Leitfähigkeit.[1]

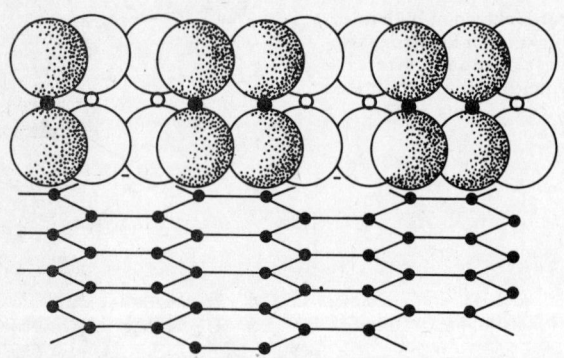

Abb. 34    Schematische Darstellung zur Erläuterung der *begrenzten elektrischen Leitfähigkeit im Graphit.*

In der oberen, horizontalen Graphitschicht (C-Atome = ●) sind die nicht lokalisierten π-Elektronen in ihrer ursprünglichen Hantelform als p-Elektronen eingezeichnet. Ihre gegenseitige Überlappung liefert eine Elektronenwahrscheinlichkeits-Verteilung für π-Elektronen zwischen den Netzebenen des Kohlenstoffgerüstes, die einer zweidimensionalen Elektronen-Delokalisierung entspricht. Gitterbaufehler (z. B. Verwerfungen der Graphitschichten) können die elektrische Leitfähigkeit beeinträchtigen.

---

[1] Man muß jedoch einschränkend berücksichtigen, daß die elektrische Leitfähigkeit des Graphits bei weitem nicht die der echten Metalle erreicht, da Graphit im Gegensatz zu den Metallen nur zweidimensionale Elektronendelokalisierung besitzt. Dennoch kann die Graphitstruktur als Modell der metallischen Bindung gelten, wenn man die unendliche Delokalisierung von freien Elektronen („Elektronengas") als Kriterium der Metallbindung betrachtet.

# G. 6.  Kovalente Bindungen: Gerichtete Bindungen

Die im Raum *gerichteten* Valenzen gehören zu den wesentlichsten Merkmalen der Atombindung. Ohne dieses Phänomen gäbe es u. a. keine optische Isomerie, wie sie bei organischen Verbindungen oftmals beobachtet wird.

Die Atombindungen schließen damit auch mehr oder minder konstante „Valenzwinkel" ein, die für die Geometrie und Symmetrie der Moleküle von besonderer Bedeutung sind. Viele dieser Valenzwinkel können aus den Prinzipien der kovalenten Bindung ungefähr abgeschätzt werden, und es kann bei gegebenem Valenzzustand eines Zentralatoms vielfach auf die Symmetrie des Moleküls geschlossen werden.

Dies gilt oft auch für Metallatome, wenn ihre Bindungen überwiegend als „kovalent" betrachtet werden dürfen wie z. B. bei Metallcarbonylen und vielen komplexen Metallcyaniden.

Nach der einfachen „Methode der Valenzstrukturen" (engl.: „valence bond theory" nach Pauling) kann zum Beispiel das (nullwertige!) Nickelatom im Nickeltetracarbonyl, $Ni(CO)_4$, seine 3d-Teilschale quasi mit den eigenen Elektronen auffüllen

$Ni^0$:  3d /O●/O●/O●/O●/O●/    4s/___/    4p/___/___/___/

(statt $3d^8 \ 4s^2$)

und damit das 4s-Orbital und weitere drei 4p-Orbitale den Liganden anbieten. Da jede CO-Gruppe ein Elektronenpaar aus der Elektronenstruktur

$$|\overset{\ominus}{C} \equiv \overset{\oplus}{O}|$$

anzubieten hat[3], können 4 Carbonylgruppen die Schale des Nickelatoms zur Edelgaskonfiguration auffüllen.

Wenn die Liganden somit ein s-Orbital und 3 p-Orbitale beanspruchen und die Bindungen zum Zentralatom absolut gleichwertig sind, muß man eine Art Valenzhybridisierung vom $sp^3$-Typ annehmen, woraus sich dann die **Tetraederstruktur** des $Ni(CO)_4$-Moleküls erklären würde.

Auch in den komplexen Metallcyaniden, zum Beispiel dem sogenannten „gelben Blutlaugensalz" (Hexacyanoferrat(II), $K_4 \ [Fe(CN)_6]$, oder im Kalium-tetracyanoniccolat(II), $K_2[Ni(CN)_4]$, sind stets die Kohlenstoffatome (nicht etwa die elektronegativeren Stickstoffatome) direkt mit dem Metallatom verbunden.

---

[3] 1 Valenzstrich = 2 Elektronen. $\ominus, \oplus$ = „formale Ladungen"

Das Nickel(II)-ion, welches nur über acht d-Elektronen verfügt, kann die 3d-Teilschale nicht ganz füllen

$Ni^{2+}$:   3d /O●/O●/O●/O●/   /     4s/     /    4p/    /    /    /    /

und bietet den Liganden damit ein d-Orbital, ein s-Orbital und zwei p-Orbitale an. Das resultierende Valenzhybrid ($dsp^2$-Typ) verlangt eine planar-quadratische Struktur des Komplexes, in der die Bindungen in die Ecken eines Quadrats gerichtet sind.

Beim Hexacyanoferrat(II) schließlich bleiben außer dem s-Orbital und den drei p-Orbitalen zwei d-Orbitale frei zur Besetzung mit Elektronen der Liganden:

$Fe^{2+}$   3d /O●/O●/O●/    /    /     4s/     /    4p/    /    /    /

Mit sechs $|\overset{\ominus}{C} \equiv N\,|$-Liganden, von denen jeder zwei Elektronen beisteuert, ergibt sich eine $d^2sp^3$-Hybridisierung, deren sechs Bindungen in die Ecken eines Oktaeders gerichtet sind. Tab. 11 und 12 geben eine Übersicht über die Geometrie kovalenter Bindungen.

Tabelle 11    **Wichtige kovalente Raumrichtungen**

| Koordina-<br>tionszahl | Geometrie | Beteiligte<br>Orbitale | Beispiele |
|---|---|---|---|
| 2 | gewinkelt | $p^2$ | $H_2O$, $OF_2$ |
|   | linear | sp | $HgR_2$, $[Ag(CN)_2]$ |
| 3 | trigonale Pyramide | $p^3$ | $NH_3$, $AsCl_3$ |
|   | trigonal-planar | $sp^2$ | $BF_3$, $NO_3^-$ |
| 4 | tetraedrisch | $sp^3$ | $Ni(CO)_4$, $[Cu(CN)_4]^{3-}$ |
|   | planar-quadratisch | $dsp^2$ | $(Ni(CN)_4)^{2-}$ |
| 6 | oktaedrisch | $d^2sp^3$ | $[Co(NH_3)_6]^{3+}$, $[PtCl_6]^{2-}$ |

Tabelle 12   **Weitere kovalente Raumrichtungen**

| Koordi-nations-zahl | Geometrie | Beteiligte Orbitale | | |
|---|---|---|---|---|
| 4 | tetraedrisch | $d^3s$ | | |
|   | unregelmäßig-tetraedrisch | $dp^3$ | $d^3p$ | $d^2sp$ |
| 5 | trigonale Bipyramide | $dsp^3,$ | $d^3sp,$ | $d^2sp^2$ |
|   |   | $d^4s$ | $d^2p^3$ | $d^4p$ |
| 6 | trigonales Prisma | $d^4sp$ | | |
| 7 | fünfseitige Bipyramide | $sp^3d^3$ | $sp^3d^2f$ | |
|   | trigonales Prisma + fl. z. [a] | $d^4sp^2$ | $d^5p^2$ | |
|   | Oktaeder + fl. z. | $d^5sp$ | $d^3sp^3$ | |
| 8 | Dodekaedrisch | $d^4sp^3$ | | |
|   | Antiprisma | $d^5p^3$ | | |
|   | kubisch-flächenzentr. Prisma | $d^3sp^3f$ | | |
|   |   | $d^5sp^2$ | | |

[a] das siebente Atom befindet sich auf einer der Flächen des Polyeders
fl.z. = flächenzentriert

# G. 7.  Atomwertigkeit und formale Ladung

Es hat sich als nützlich erwiesen, die Kovalenz streng nach der Zahl der echten Atombindungen zu bemessen, die von einem Atom ausgehen (Zahl der Valenzstriche ohne Rücksicht darauf, ob σ- oder π-Bindung vorliegt).

Im Molekül des Kohlenmonoxids ist die Existenz einer dreifachen Bindung spektroskopisch nachgewiesen. Die Strukturformel C = O wäre daher falsch. Einen dreibindigen Valenzzustand aus dem Grundzustand des Kohlenstoffatoms

$C^°$:    2s/O●/    2p/O  /O  /     /

zu bilden, erweist sich als unmöglich, denn ein solcher Zustand müßte drei ungepaarte (Valenz-)Elektronen haben. Durch Hybridisierung läßt sich nur der *vier*bindige Zustand

$C^*$:    2s /O  /    2p/O  /O  /O  /

realisieren. Andererseits ist der normale Valenzzustand des Sauerstoffatoms zweibindig gemäß

$O^°$:    2s/O●/    2p/O●/O  /O  /

und dies ließe sich nicht mit der im CO experimentell bewiesenen Dreifachbindung vereinbaren.

Die nötigen dreibindigen Valenzzustände lassen sich jedoch konstruieren, wenn man den Atomen eine **„formale Ladung"** zuspricht. Gibt man beispielsweise dem C-Atom in Gedanken (formal!) ein Elektron *mehr* als es in seinem Valenzzustand überhaupt besitzt, so müßte damit der 2s-Zustand doppelt besetzt werden und es verbleiben drei ungepaarte p-Valenzelektronen:

$C^⊖$:    2s/O●/    2p/O  /O  /O  /    formal negatives C-Atom

$N^°$:    2s/O●/    2p/O  /O  /O  /    Stickstoffatom zum Vergleich

Der dreibindige Valenzzustand des Kohlenstoffatoms von der formalen Ladung −1 stimmt überein mit dem Valenzzustand des („neutralen") Stickstoffatoms oder auch mit dem Valenzzustand eines Sauerstoffatoms, dem man *formal* ein Elektron entzogen hat:

C⊖:  1s/O●/  2s/O●/  2p/O  /O  /O  /    Valenzzustand
des C⊖

O⊕:  1s/O●/  2s/O●/  2p/O  /O  /O  /    Valenzzustand
des Sauerstoff-
atoms mit der
formalen
Ladung +1,

Das Kohlenmonoxidmolekül setzt sich dann zusammen aus einem dreibindigen Kohlenstoff- und einem ebenfalls dreibindigen Sauerstoffatom; diese Atome bilden die gleiche Dreifachbindung vom $p^3$-Typ, wie das $N_2$-Molekül

$$\overset{\ominus}{|}C \equiv \overset{\oplus}{O}|$$

Ein „Valenzstrich" hat in diesen Struktur- und Elektronenformeln grundsätzlich die Bedeutung von 2 Elektronen in einem (gemeinsamen) „molekularen" Orbital. Quer gestellt, zeigt der Strich ein „freies Elektronenpaar" (hier: 2s), zum Beispiel: | $NH_3$, ( | C ≡ N | )⁻. Valenzstriche in der Bindungsrichtung geben also die Zahl der bindenden Elektronenpaare an, wobei zwischen σ- und π-Bindungen nicht unterschieden wird (s. S. 93 ff).

Die Zustände von C⊖, O⊕ und N° darf man als „isoelektronisch" oder „isoster" bezeichnen. Die davon abgeleiteten Wasserstoffverbindungen haben die gleiche Geometrie mit dem jeweiligen Zentralatom an der Spitze einer Pyramide (s. Tab. 13).

Die „formalen Ladungen" dürfen nicht verwechselt werden mit der „Polarität einer kovalenten Bindung, die man mit den Zeichen δ+ und δ− oder (+) und (−) andeutet. Nach der Stellung von Kohlenstoff und Sauerstoff in der Elektronegativitäts-Skala dürfte die Elektronenwahrscheinlichkeit im Kohlenmonoxid etwas nach der Seite des Sauerstoffatoms verschoben sein, und im Gegensatz zu den formalen Ladungen ist die *Polarität* des Moleküls zu schreiben

$$\overset{\delta+}{|}C \equiv \overset{\delta-}{O}|$$

Weil den Elementen der ersten Kurzperiode höchstens die Elektronen der Teilschalen

2s/___/  und  2p /___/___/___/

zur Verfügung stehen, können sie die Bindigkeit (Kovalenz) 4 niemals überschreiten (s. Tab. 13) im Gegensatz zu den höheren Homologen der M-, N- und O-Schale (S. 65).

(Zum Unterschied von $PCl_5$, $AsCl_5$ und $SbCl_5$ gibt es kein $NCl_5$).
Aus Tab. 13 kann entnommen werden, daß isostere Zentralatome
auch übereinstimmende Symmetrien der Wasserstoffverbindungen
zur Folge haben. So bilden $(NH_4)^+$ und $(BH_4)^-$ wie Methan ein regel-
mäßiges Tetraeder.

Tabelle 13  **Bindigkeit (Kovalenz) und formale Ladung von Wasserstoffverbindungen**

| Valenzzustand | $sp^2$ | $sp^3$ | $p^3$ | $p^2$ | $p^1$ |
|---|---|---|---|---|---|
| Bindigkeit | 3 | 4 | 3 | 2 | 1 |
| Formale Ladung des Zentralatoms | | | | | |
| +1 | | $(NH_4)^+$ | $(OH_3)^+$ | $(FH_2)^+$ | |
| 0 | $BH_3$ | $CH_4$ | $NH_3$ | $H_2O$ | HF |
| −1 | | $(BH_4)^-$ | $-CH_3$ | $NH_2^-$ | $OH^-$ |
| Geometrie: | trigonal-planar | tetra-edrisch | pyramidal | gewinkelt | gestreckt |

# G. 8.  Die metallische Bindung

Die hohe Zähigkeit der echten Metalle, ihre große Duktilität und
thermische Belastbarkeit läßt auf relativ feste Bindungen zwischen
den Metallatomen schließen, und mit Recht werden metallische Bindungen mit den Mehrfachbindungen in nichtmetallischen Strukturen
verglichen.

Daß es sich im Prinzip um eine Art „Mehrfachbindung" handeln
könnte, ergibt sich schon aus der Überlegung, daß jedes Metallatom
weit mehr Nachbarn erster und höherer Ordnung hat, als Valenzelektronen verfügbar sind. Auch wenn man dem kubisch-raumzentrierten Wolframatom sechs Valenzelektronen zusprechen wollte,
könnte es sich nach den Gesetzen der Atombindung höchstens mit
sechs Nachbar-Atomen vereinigen.

In Wirklichkeit hat jedes Wolframatom allein acht Nachbarn erster
Ordnung und außerdem, wie sich der in Abb. 35 skizzierten Punktlage ergibt, sechs weitere Nachbarn, die um nur 13,5$^0$/$_0$ weiter entfernt
sind als die unmittelbar benachbarten Atome. Die wenigen Valenz-

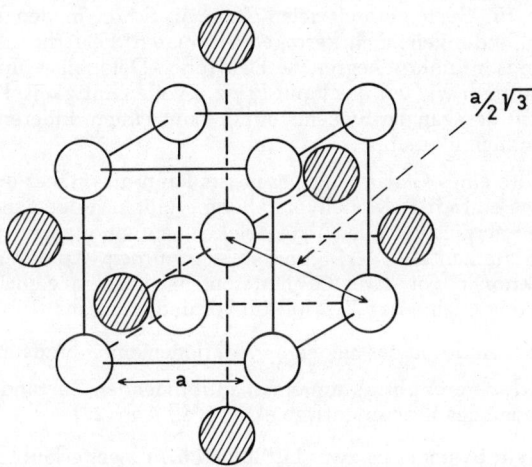

Abb. 35   Zur „Mehrfachbindung" in Metallstrukturen.

Das zentrale Metallatom der kubisch-raumzentrierten Elementarzeile (z. B.
bei Lithium oder Wolfram) hat acht „Nachbarn erster Ordnung" im Abstand a/2. $\sqrt{3}$ (halbe Raumdiagonale des Würfels). Ein Metallatom im
Zentrum der angrenzenden Elementarzelle ist um nur 13,5$^0$/$_0$ weiter entfernt so daß die Bindung mit diesen *sechs* „Nachbarn zweiter Ordnung"
durchaus ins Gewicht fällt.

elektronen der Metallatome haben also relativ viele Nachbaratome gleichzeitig zu binden. Dies können sie nur, wenn sie in vielen Zuständen zugleich sind, d. h., wenn sie weitgehend *delokalisiert* vorliegen.

Eine praktisch unendliche Delokalisation der „freien" Elektronen in einer metallischen Struktur gilt als Ursache für die elektrische Leitfähigkeit der echten Metalle; auch die Wärmeleitfähigkeit hat im Prinzip dieselbe Ursache. Dabei ist die ältere Vorstellung von einem „Elektronen-Gas", welches ohne den thermodynamischen Gasgesetzen zu gehorchen, den Raum zwischen den Metallatom-Rümpfen ausfüllt, von der modernen Theorie der metallischen Bindung („Bändermodell") abgelöst worden.

Um diese näher zu erläutern, ist es nötig, auf das **Paulische Ausschließlichkeitsprinzip** („Pauliverbot", vgl. S. 49) zurückzugreifen. Aus der Forderung, daß in einem isolierten Atom oder Ion sich kein einziges Elektron im gleichen Zustand befinden kann, den ein anderes Elektron bereits eingenommen hat, ergibt eine Besetzung eines Orbitals durch maximal zwei Elektronen (die sich in ihren Spinquantenzahlen unterscheiden).

Das Pauliprinzip gilt jedoch nicht nur für isolierte Atome, sondern ebenso für Systeme aus vielen Atomen. Schon in den konjugierten Doppelbindungen mehrkerniger Aromaten herrscht eine gewisse, allerdings räumlich begrenzte Elektronen-Delokalisierung und auch hier hat nach wie vor das Pauli-Prinzip volle Gültigkeit. Kein einziges Elektron des ganzen Systems stimmt mit einem anderen energetisch vollkommen überein.

Mit Hilfe eines Gedankenexperiments kann dies näher erläutert werden. Die einfachste Modellvorstellung ergibt sich dabei aus der Frage, welche Energiestufen den Valenzelektronen von mehreren vereinigten Lithiumatomen zur Verfügung stehen würden. Kombiniert man die ψ-Funktionen von zwei Lithiumatomen zu einem gemeinsamen System, so liegt eine Art $Li_2$-Molekül vor und man erhält

a) durch Addition der beiden ψ-Funktionen einen bindenden und

b) durch deren Subtraktion einen antibindenden Zustand analog zum Modell des Wasserstoffmoleküls (vgl. Abb. 27).

Wenn ein System aus zwei Lithiumatomen zwei erlaubte molekulare Orbitale besitzt, sind es bei drei Atomen drei, und bei $6,023 \cdot 10^{23}$ Lithiumatomen (= 1 Mol Lithium, ~ 6g) einfach $6,023 \cdot 10^{23}$ energetisch unterschiedliche Orbitale, die den vorhandenen Elektronen zur Verfügung stehen.

Aus dem scharf definierten Elektronenniveau des isolierten Lithiumatoms ist also ein ganzes Band geworden, welches eine scharfe obere Begrenzung auf der Energieskala zeigt. Die N Valenzelektronen

($N = 6{,}023 \cdot 10^{23}$) eines Systems aus N Lithiumatomen füllen im Grundzustand (d. h. bei geringster Energie) dieses „Valenzband" gerade zur Hälfte, weil jedes Orbital zwei Elektronen aufnehmen könnte, sofern diese sich durch ihr Spinmoment ($+ \frac{1}{2}$ und $- \frac{1}{2}$) unterscheiden.

Schon aus diesem Grunde herrscht im Lithiummetall eine völlige Delokalisierung der Elektronen, und die dadurch beweglichen Elektronen können elektrische Impulse übertragen.

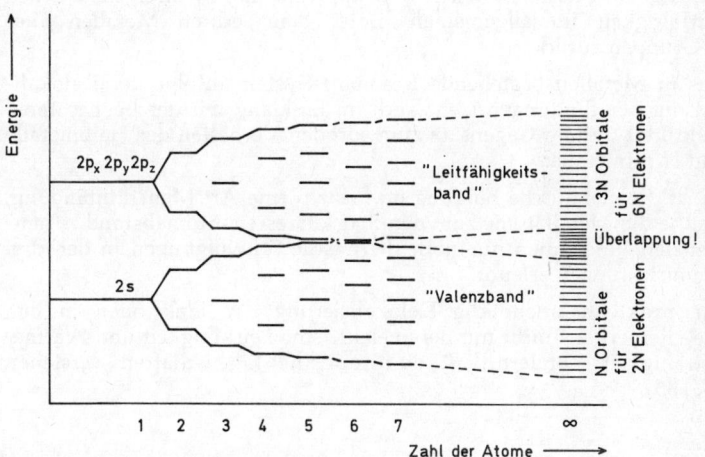

Abb. 36  Elektronendelokalisation in Metallen.

Da nach dem *Pauli*-Prinzip kein Elektron einem anderen energetisch in einem gemeinsamen System völlig gleich sein kann, spalten die erlaubten Orbitale in soviele verschiedene Energiestufen auf, wie es Atome im System gibt. Jedes Energieband besitzt eine scharfe untere bzw. obere Grenze. Soweit sich zwei Energiebänder gegenseitig überlappen und das Metall weniger Valenzelektronen besitzt als es freie Plätze in den Orbitalen gibt, herrscht elektrische Leitfähigkeit infolge Elektronendelokalisation.

Beim einwertigen Lithium wäre das Valenzband im Grundzustand gerade halb besetzt.

Beim Beryllium, dessen Grundzustand mit $2s^2$ besetzt ist, hätte man ein voll besetztes, von 2s abgeleitetes Valenzband anzunehmen. Dennoch ist die Delokalisierung der Elektronen nicht unterbunden, weil das Valenzband bei echten Metallen stets mit einem höheren Energieband, dem „Leitfähigkeitsband" überlapt und dieses infolge seiner

Ableitung aus den drei 2p-Orbitalen über drei delokalisierte Orbitale verfügt, also nochmals 6 N Elektronen aufnehmen könnte.

Trotzdem ist zu erwarten, daß Metalle mit mehreren Valenzelektronen grundsätzlich eine geringere elektrische Leitfähigkeit besitzen, je geringer die Zahl der freien Orbitale wird. Daher gehören, außer den Alkalimetallen, die *ein-wertigen Schwermetalle* Kupfer und Silber ($d^{10}s^1$) zu den besten Leitern der Elektrizität (s. S. 125).

Andererseits wird die elektrische Leitfähigkeit durch Unsymmetrien in der Struktur (niedere Koordinationszahlen, vgl. Abb. 45) beeinträchtigt und deshalb stehen B-Gruppenmetalle in ihrer elektrischen Leitfähigkeit im allgemeinen hinter den „echten Metallen" der A-Gruppen zurück.

Das in Metallen bestehende Resonanz-System infolge der Delokalisierung der Bindungen steht auch im Einklang mit der beobachteten Duktilität und im Gegensatz zum spröden Verhalten der Halbmetalle und Nichtmetalle.

So ist die metallische Bindung im Prinzip eine Art Mehrfachbindung, welche die Metallatome zum denkbar kürzesten Atomabstand zusammenzieht und ihnen nur noch thermische Schwingungen in den drei Raumrichtungen erlaubt.

Die praktisch unendliche Delokalisierung der Elektronen in den Metallen erklärt nicht nur deren elektrische Leitfähigkeit und Wärmeleitfähigkeit, sondern läßt auch optische Eigenschaften verstehen (S. 188).

# Zweiter Teil

# Periodizität

## H. Die periodischen Eigenschaften

Das Periodensystem hat seinen Namen davon erhalten, daß gewisse Eigenschaften der Elemente bei jeweils bestimmten Ordnungszahlen wiederkehren oder wiederzukehren scheinen. So kann man sagen, daß die charakteristischen Elektronenkonfigurationen eines Edelgases in „periodischer" Folge auftreten.

Einige dieser Eigenschaften sind bereits besprochen worden, insbesondere die verschiedenen Wertigkeitsstufen, die sich vielfach aus der Elektronenkonfiguration ableiten oder zumindest verstehen lassen. Aus Zahl und Art der Valenzelektronen erklären sich auch Zahl und Raumrichtung von kovalenten Bindungen (s. S. 98) und die Symmetrie der Moleküle.

Im folgenden sollen zunächst diejenigen Eigenschaften behandelt werden, die man zweckmäßigerweise im Zusammenhang mit *allen* chemischen Elementen diskutiert.

Dazu gehört der Begriff der Atom- bzw. Ionengröße; und die diese Größe beschreibende Atomvolumen-Kurve (Abb. 53) gilt nach dem Periodensystem wohl als wichtigste „Übersichtstabelle" des Chemikers.

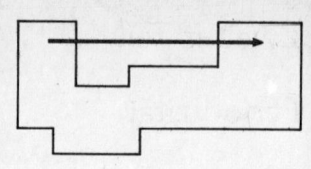

# H. 1.  Die Ionisations-Energie

Die Energie, die nötig ist, einem Atom ein erstes, zweites, drittes usw. Elektron zu entreißen, nennt man die „erste, zweite, dritte usw. **Ionisationsenergie"**.

Ionisationsenergien können einfach aus der „Seriengrenze" der Emissionsspektren entnommen werden (s. S. 33). Da die Spektrallinien eines Atomspektrums mit steigender Anregung immer mehr „zusammenrücken", muß das diskontinuierliche Spektrum eine Grenze haben. Diese entspricht einer Anregung des Elektrons ins Unendliche, also einer echten Ionisation des Atoms.

Aus der Tabelle der Ionisationsenergien (Anhang, Tab. 70—72) lassen sich einige allgemeine Regeln ableiten:

1. Die Ionisationsenergien erweisen sich als typisch periodische Eigenschaften der Elemente mit einem Minimalwert bei den Alkalimetallen und einem Maximum bei den Edelgasen.

2. Innerhalb einer *Gruppe* (chem. Familie) des Periodensystems fallen die Ionisationsenergien im allgemeinen in Richtung der höheren (schwereren) Homologen; ausgenommen sind die Gruppen $A_6$ bis $B_2$ sowie Thallium und Blei. (Das vom Atomkern weiter entfernte Elektron der äußersten Schale „sitzt lockerer").

3. Innerhalb einer *Periode* steigen die Ionisationsenergien von $A_1$ über die B-Gruppen nach $A_0$ vielfach in Form einer Sägezahnkurve (Abb. 37). *Ganz oder halb gefüllte Elektronen-Teilschalen* setzen der Abspaltung eines Elektrons einen etwas größeren Widerstand entgegen.

4. Aus den besonders tiefen Werten der ersten Ionisationsenergie bei Alkali- und Erdalkalimetallen (ohne Be und Mg) erklärt sich auch das Auftreten der Flammenfarben (vgl. Spektralanalyse) dieser Metalle und ihrer verdampfbaren Salze.

   Ganz ähnlich haben diejenigen elektropositiven Metalle, die sich in flüssigem Ammoniak mit *einheitlich blauer Farbe* lösen („solvatisierte Elektronen, $e^-(NH_3)_x$), z. B. Alkalimetalle, Ca, Sr, Ba, sowie einige Lanthanidenmetalle (286) eine relativ niedrige Ionisationsenergie. (Es darf jedoch nicht umgekehrt aus einer minimalen Ionisationsenergie auf das Auftreten dieser beiden Phänomene geschlossen werden).

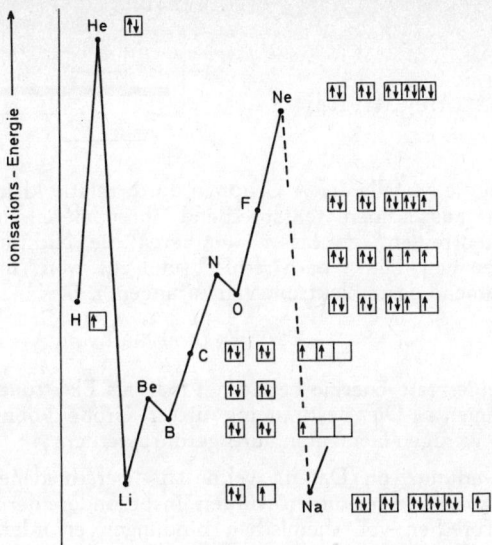

Abb. 37  Relative erste Ionisationsenergie der Elemente H bis Na mit Elektronenkonfiguration der Grundzustände.

Eine sehr ähnliche „Sägezahnkurve" ergibt sich für homologe Elemente der drei folgenden Perioden des Systems.

5. Andererseits erklärt sich aus der maximalen Ionisationsenergie der Edelgase, warum diese Elemente bis in die neueste Zeit als unfähig gegolten haben, echte chemische Verbindungen einzugehen. Als es jedoch gelang, ein Hexafluoroplatinat $[O_2]^+ [PtCl_6]^-$ mit einfach ionisiertem Sauerstoff herzustellen, führte die Überlegung, daß Xenon eine noch geringere Ionisationsenergie als Sauerstoff hat ($O^{2+}$ = 13,61 eV, $Xe^+$ = 12,13 eV!) sofort zur Herstellung der ersten echten Edelgasverbindung, $Xe[PtCl_6]$ (BARTLETT, 1962).

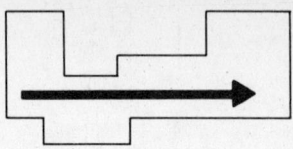

# H. 2. Elektronegativität

Während sich die Metalle der A-Gruppen durch relativ kleine Ionisationsenergien auszeichnen, entsprechend ihrer Bereitschaft, sich Elektronen „entreißen" zu lassen, tendieren die Nichtmetalle im Periodensystem von „links nach rechts" (und ggf. von „unten nach oben") zunehmend dazu, Elektronen einzufangen, z. B.:

$$Cl^0 + e^- \rightarrow Cl^- + E_\Lambda \text{ (kcal/Mol)}$$

Die dabei freigesetzte Energie bezeichnet man als **Elektronenaffinität** ($E_\Lambda$) des Elements. Die Bestimmung dieser Größe konnte jedoch bisher nur an wenigen Elementen durchgeführt werden.

Unter Verwendung von Daten, welche aus verschiedenen Eigenschaften der Moleküle gewonnen wurden, insbesondere der Energien, die zum Aufbrechen von chemischen Bindungen erforderlich sind, lassen sich die Elemente zu einer empirischen Reihe ordnen.

Eine solche Reihe ist die zuerst von Linus Pauling aufgestellte „*Elektronegativitäts-Skala*" wie sie in Abb. 38 in der Form eines Periodensystems wiedergegeben ist. Diese Übersicht läßt erkennen, daß sich die meisten A-Gruppen-Metalle durch eine niedrige Elektronegativität (unterhalb 1,65 nach der Paulingschen Originalskala) auszeichnen, während B-Gruppen-Elemente vorzugsweise recht hohe Elektronegativitäten haben[1].

Obwohl die Elektronegativitätsskala ursprünglich nach der Fähigkeit der Nichtmetallatome, kovalente Bindungen auszubilden, ausgerichtet war, läßt sie sich grundsätzlich auch auf Metalle ausdehnen.

Je weiter die Partner einer binären Verbindung in der EN-Skala auseinanderstehen, desto „ionischer" dürfte die entsprechende Bindung sein. Aus der Differenz der EN-Werte ließe sich damit der Anteil an

---

[1] Der absolute Höchstwert von 4,0 (nach der Paulingschen Originalskala) beim Fluor berechtigt zwar zu der Aussage, daß Difluoroxid $F_2O$ besser als ein Fluorid des Sauerstoffs, $OF_2$, aufzufassen wäre, darf aber die Existenz einer kürzlich aufgefundenen „unterfluorigen Säure" (HOF) nicht in Frage stellen[2]. Elektronegativitäten sind wohl kaum als absolute Größen bestimmbar, sondern können von Fall zu Fall in gewissen Grenzen variieren. Am Prinzip der größeren Elektronegativität bei B-Gruppen-Metallen und Nichtmetallen ändert dies nichts.

[2] Studier und Appelman (1971)

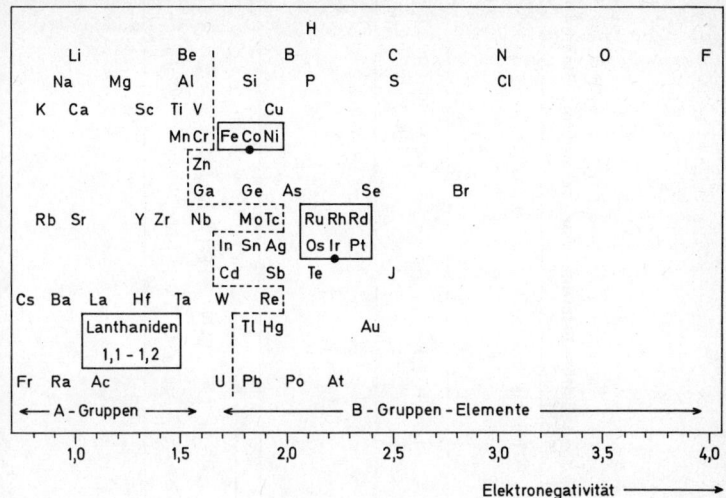

Abb. 38  Die chemischen Elemente (ohne Actiniden) geordnet nach ihrer Elektronegativität entsprechend der Skala von Linus *Pauling*.

Die gestrichelte Linie trennt Elemente der A-Gruppen und der B-Gruppen. Eingerahmte Metalle haben die durch —●— markierte gemeinsame Elektronegativität; die der Lanthaniden liegt zwischen 1,1 und 1,2.

---

ionischer und kovalenter Bindung abschätzen und danach könnte man die Terminologie ausrichten. Einen solchen Vorschlag gibt Tab. 14 wieder.

Nur in völlig symmetrischen Molekülen mit Atomen des gleichen Elements kann streng genommen von einer völlig unpolaren Atombindung gesprochen werden.

Bei relativ geringen Differenzen der Elektronegativitäten bilden Nichtmetalle untereinander Moleküle mit einer gewissen Polarität in der kovalenten Bindung, wie etwa CO ($\Delta$ EN $\approx$ 1,0) oder $NH_3$ ($\Delta$ EN $\approx$ 0,9). Dies gilt auch oftmals bei Elektronegativitätsdifferenzen, die über 1,7 hinausgehen, so daß man eigentlich mit einem 50 prozentigen Ionenbindungsanteil rechnen müßte ($BF_3$ $\Delta$ EN: $\approx$ 2,0; HF $\Delta$ EN: $\approx$ 1,9). Zumeist aber zeigen Verbindungen aus Elementen, deren Elektronegativität sich um mehr als 1,0 unterscheidet, jedoch bereits einen deutlich ionogenen Charakter, wie z. B. $AlCl_3$ ($\Delta$ EN $\approx$ 1,5; $CdJ_2$: $\Delta$ EN $\approx$ 1,3), was man besser mit dem Begriff „polarisierte Ionenbindung" beschreibt.

**Tab. 14   Übersicht zur Bezeichnung des Bindungstyps nach der Elektronegativitätsdifferenz der beteiligten Elemente**

| Differenz der Elektronegativität | 0 bis 0,2 | 0,2 bis ~1,5 | ~1,5 bis 2,0 | 2,0 bis >3,0 |
|---|---|---|---|---|
| entsprechend: | 0 bis ~1 | ~1 bis ~43 | ~43 bis ~63 | >63 % Ionenbindungscharakter |
| Bezeichnung: | unpolare ——— polare ——→ ATOMBINDUNG | | | |
| Beispiele: | $Cl_2$, $N_2$, $P_4$ | CO, $H_2O$, $CF_4$ | $BF_3$ | |
| Bezeichnung: | | polarisierte ——— echte IONENBINDUNG | | |
| Beispiele: | | $CdI_2$ | $AlCl_3$   NaCl | (CsF) |

Erst bei deutlich überwiegendem Ionencharakter sollte man einfach von einer „Ionenbindung" sprechen (NaCl $\Delta$ EN $\approx$ 2,1), wobei aber die Kombination der höchsten Elektronegativitätsdifferenz, nämlich $Cs^+F^-$ ($\Delta$ EN $\approx$ 3,2) kurioserweise fast wieder zur polarisierten Ionenbindung zurückführt, weil hier das große Kation durch das starke Feld des kleinen Anions erheblich beeinflußt wird (s. S. 164).

Die Stellung des Wasserstoffs in der Paulingschen Elektronegativitätsskala ist von besonderer Bedeutung für die Eigenschaften der Wasserstoffverbindungen (Abb. 38). Echte Metallhydride der Alkali- und Erdalkalimetalle enthalten Hydridionen und hydrolysieren unter $H_2$-Entwicklung. Wasserstoffverbindungen mit Nichtmetallen von einer Elektronegativität, die den Wert 2,1 weit übersteigt, kann man hingegen nicht gut als „Hydride" bezeichnen.

Auch die Regeln über die Zumessung von „Oxidationszahlen" sind weitgehend nach der Elektronegativitätsskala ausgerichtet, indem man danach eine formale Aufteilung eines Moleküls in positive und negative Bestandteile vornimmt.

$$\overset{+1\ -1}{H_2\,O_2}, \quad \overset{+1\ -2}{H_2\,O}, \quad \overset{+2\ -1}{O\,F_2}, \quad \overset{+1\ -2}{Cl_2\,O}, \quad \overset{-3\ +1}{N\,H_3}, \quad \overset{+2\ -1}{Ca\,H_2}.$$

# H. 3.  Elektronegativität und Bildungswärme

Da die Elektronegativitätsskala aus thermodynamischen Daten gewonnen worden ist, besteht ein enger Zusammenhang mit diesen Größen, wozu auch die „Bildungswärme" (Bildungsenthalpie) einer binären Verbindung aus den Elementen gehört. Mehr als eine Regel mit gelegentlichen Ausnahmen darf man allerdings hier nicht erwarten.[3].

---

[3] Außerdem muß hier angemerkt werden, daß die Bildungswärme allein kein geeignetes Maß der Reaktivität eines chemischen Elements ist, sondern diese vielmehr durch die „Reaktionsarbeit" („chemische Affinität", $\Delta G$) bestimmt wird, die nach *Gibbs-Helmholtz* durch die Beziehung

$$\Delta G = \Delta H - T \cdot \Delta S$$

gegeben ist. Darin bedeuten $\Delta H$ = Bildungswärme, $\Delta S$ = Änderung der Entropie, T = absolute Temperatur.

Binäre Verbindungen eines Nichtmetalls mit Metallen der A-Gruppen haben in der Regel *höhere* Bildungswärmen als die mit Metallen der B-Gruppen.

Abb. 39 und 40 zeigen dies am Beispiel der Oxide von Metallen der Gruppen $A_3$ und $B_3$ bzw. $A_4$ und $B_4$.

Ein besonderes Interesse verdient hier die Mittlerrolle des jeweils zweiten Elements in den Abb. 39 und 40. Vom Aluminium (vgl. Abb. 39) bzw. vom Silicium (vgl. Abb. 40) aus, scheinen die homologen Elemente in entgegengesetzten Richtungen zu divergieren. In der Tat vereint Aluminium chemische Eigenschaften der $A_3$- als auch der $B_3$-Elemente. Ähnlich kann man Silicium als verbindendes Mittelglied zwischen der chemischen Familie $A_4$ und der familiären „Seitenlinie" $B_4$ ansehen.

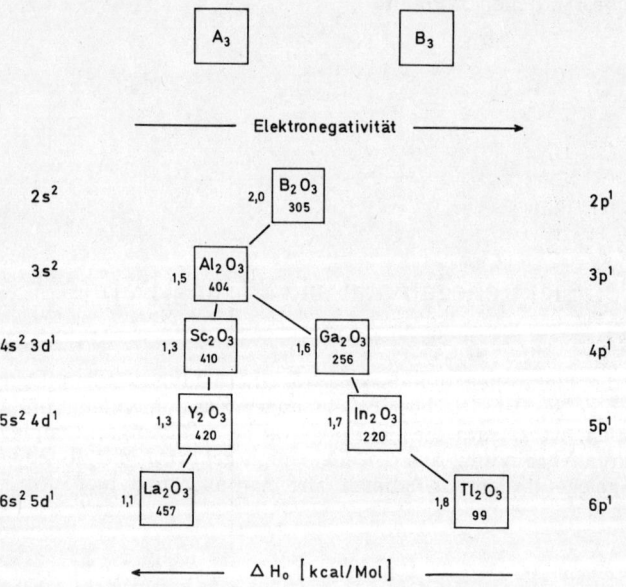

Abb. 39    Elektronegativität und Bildungswärme von Oxiden der dritten Gruppe.

Vergleichbare Verbindungen der B-Gruppenmetalle haben bei *größerer* Elektronegativität des Metalls die *geringere* Bildungswärme. (Ziffern im Kasten = Bildungswärme in kcal/Mol; Ziffern am Kasten = Negativität des Metalls.)

Die Auffassung einer gewissen chemischen Verwandtschaft zwischen Elementen unterschiedlicher Elektronegativität findet eine überzeugende Stütze in der Verwandtschaft der $A_2$- und der $B_2$-Gruppenmetalle (vgl. S. 249).

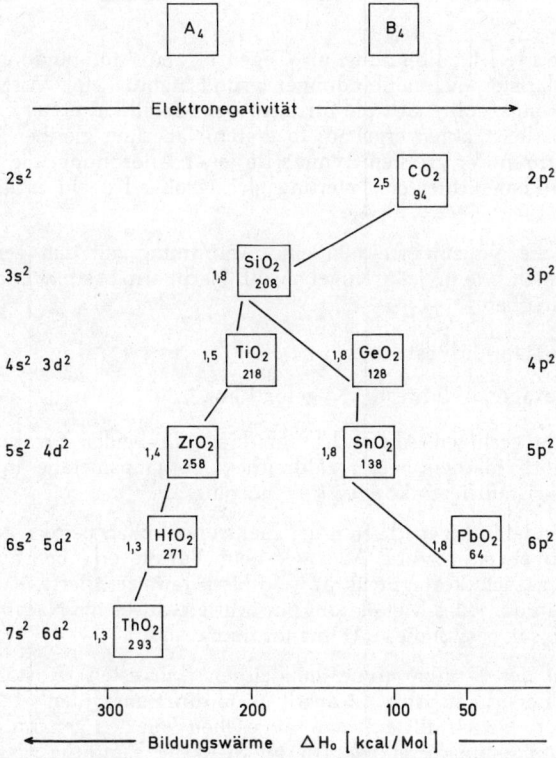

Abb. 40   Elektronegativität und Bildungswärme der Oxide der $A_4$- und $B_4$-Elemente.

(Bedeutung der Ziffern wie Abb. 39.)

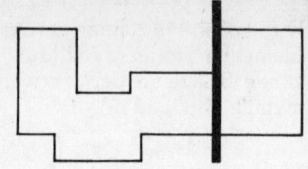

# H. 4. Struktur der Metalle

Da die echte Metallbindung im Gegensatz zu Atombindungen und stark polarisierten Ionenbindungen grundsätzlich keine Vorzugsrichtungen kennt, sollte sich die Struktur der Metalle in erster Linie aus geometrischen Fakten ergeben. In erster Näherung gleichen die Metallstrukturen der größten Symmetrie jener Anordnung, die sich aus einer denkbar dichtesten Lagerung gleichgroßer Kugeln ergibt (Abb. 41).

Gleichgroße Kugeln erreichen eine Anordnung mit den geringsten Hohlräumen, wenn jede Kugel zwölf Nachbarn besitzt. Diese Forderung erfüllen

a) die kubisch-dichteste und

b) die hexagonal-dichteste „Kugelpackung",

wobei die geringen Abstandsunterschiede in beiden Strukturen es verständlich machen, wenn zahlreiche Übergangsmetalle in beiden Formen kristallisieren können („Dimorphie").

Die besonderen Eigenschaften der Elektronenhüllen bei den Metallen der Gruppen $A_1$, $A_5$ und $A_6$ sowie beim Barium erlauben außerdem eine etwas gelockerte Struktur („kubisch-raumzentrierte Kugelpackung"), in der jedes Metallatom nur acht gleichwertige Nachbarn hat. Auch α-Eisen besitzt diese Atomanordnung.

Die Zahl der Nachbaratome im gleichen (kürzesten) Abstand wird in der Übersicht in Abb. 42 durch „Koordinationszahlen" 12, 8 u. a. angegeben. Dabei fällt auf, daß, abgesehen von den genannten Ausnahmen mit kubisch-raumzentrierter Struktur, sämtliche Metalle der Gruppen $A_2$ bis einschließlich $B_1$ die **kubisch-dichteste Kugelpackung** bevorzugen. Davon weicht nur das Mangan wesentlich ab durch seine verschiedenen Modifikationen.

Demgegenüber findet man bei den Lanthaniden (ohne Europium und Ytterbium, die kubisch kristallisieren) (s. S. 201) und bei weiteren 10 bis 12 Übergangsmetallen die **hexagonal-dichteste Kugelpackung,** die auch in der $B_2$-Gruppe auftritt. Genauer betrachtet sind die Strukturen hier jedoch manchmal (z. B. bei Cd) nicht exakt hexagonal, indem nicht 12 Nachbaratome genau den gleichen Abstand haben, sondern sechs Atome etwas näher stehen als die übrigen. In Abb. 42 ist diese Koordination mit 6 + 6 (statt mit 12) angegeben.

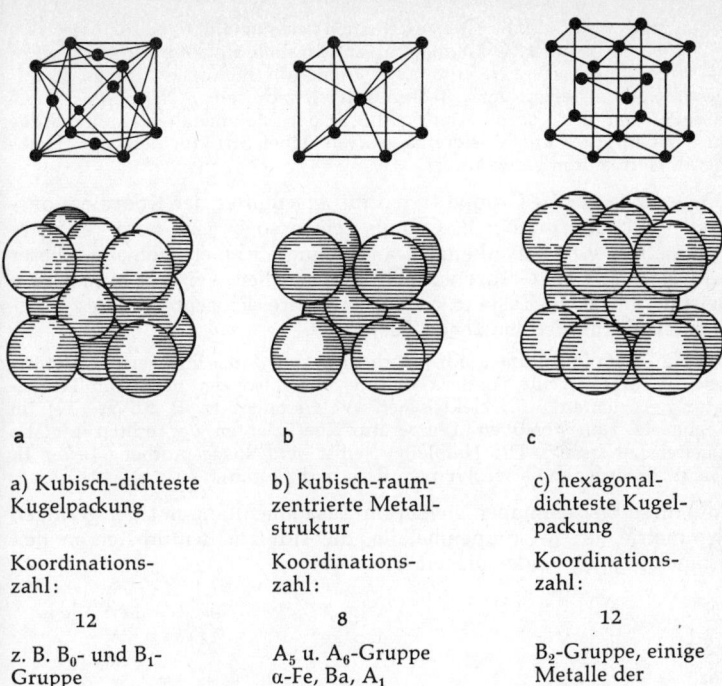

| a | b | c |
|---|---|---|
| a) Kubisch-dichteste Kugelpackung | b) kubisch-raum-zentrierte Metall-struktur | c) hexagonal-dichteste Kugel-packung |
| Koordinations-zahl: | Koordinations-zahl: | Koordinations-zahl: |
| 12 | 8 | 12 |
| z. B. $B_0$- und $B_1$-Gruppe | $A_5$ u. $A_6$-Gruppe $\alpha$-Fe, Ba, $A_1$ | $B_2$-Gruppe, einige Metalle der 3d-Reihe |

Abb. 41 Die wichtigsten Metallstrukturen.

Die Trennlinie zwischen $B_1$ und $B_2$ bildet somit eine **scharfe Grenze der Koordination.** Links davon finden sich die „echten Metalle" mit großer elektrischer Leitfähigkeit, großer Festigkeit der metallischen Bindung (vgl. Schmelzpunkte, Abb. 43) und großer Härte. Rechts dieser Grenze stehen hingegen die ausgesprochen tief schmelzenden Schwermetalle, wobei man Beryllium und Magnesium bei einer solchen Betrachtung nicht in $B_2$ einordnet.

In den B-Gruppen finden sich außer den Nichtmetallen die „Halb-metalle" und, nach einem Vorschlag von Wilhelm KLEMM (1950) die **„Metametalle",** deren elektrische Leitfähigkeit an der unteren Grenze der Leitfähigkeiten von Metallen liegt (Abb. 45).

Eine weitere Abnahme der Koordinationszahlen, die bei den Meta-metallen noch bei 6 + 6 oder 8 + 4 liegen, leitet über zu den typi-schen Halbmetallen (z. B. Si, Ge, Se) mit einer besonders geringen elektrischen Leitfähigkeit.

Wenn man versucht, eine Grenze zwischen Metametallen und Halbmetallen zu ziehen, so kann diese kaum schärfer ausfallen als die unsichere Grenze zwischen Metallen und Nichtmetallen. Immerhin müßte das Zinn genau auf dieser Grenze liegen, denn β-Zinn gehört nach seiner elektrischen Leitfähigkeit und der Koordinationszahl 6 zu den Metametallen, während das im Diamantgitter kristallisierende α-Zinn seiner Struktur nach dem Halbmetall Germanium verwandt ist.

Die Metalle der $B_5$-Gruppe treten im Arsengitter der Koordinationszahl 3 auf, und die der $B_6$-Gruppe zeigen sogar eine noch geringere Symmetrie. Oftmals kennzeichnet eine Schmelzanomalie dieser Schwermetalle die Grenze zu den Nichtmetallen. Wismut nimmt zum Beispiel im festen Zustand ein um etwa drei Prozent größeres Volumen ein als im geschmolzenen Zustand.

Die Halbmetalle zeichnen sich jedoch nicht nur durch ihre geringe elektrische Leitfähigkeit aus, sondern vielfach auch durch den negativen Temperaturkoeffizienten ihres elektrischen Widerstandes (z. B. Si, Se, Te) im Gegensatz zum positiven Temperatur-Koeffizienten der echten Metalle („Leiter I. Klasse"). Die Halbleiter selbst sind ausgesprochene Leiter II. Klasse, ähnlich den Elektrolyten (z. B. Salzschmelzen).

Alle diese Erscheinungen stehen im Zusammenhang mit der geringen Symmetrie der B-Gruppenmetalle, die sich am deutlichsten in den Schmelzpunkten widerspiegelt (Abb. 43).

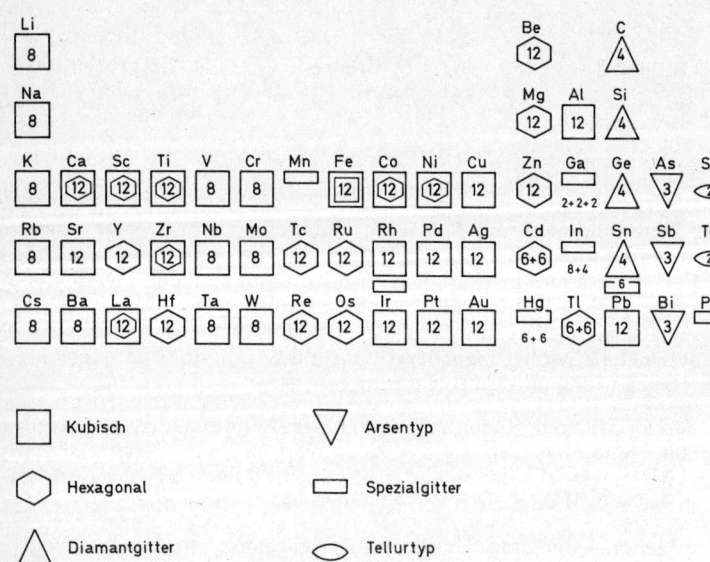

Abb. 42  Kristallstrukturen der Metalle und Halbmetalle. Ziffern = Koordinationszahlen.

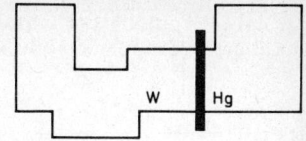

# H. 5.  Die Schmelzpunkte der Metalle

Aus der Übersicht über die Schmelzpunkte der Metalle (ohne Lanthaniden und Actiniden), Abb. 43, ergibt sich zunächst eine auffällige **„Schmelzpunkts-Grenze"** zwischen der $B_1$- und der $B_2$-Gruppe des Periodensystems. Während sich *links* von dieser scharfen Grenze ausschließlich *hochschmelzende Schwermetalle* finden, stehen *rechts* davon die zumeist *tiefschmelzenden* Schwermetalle.

Dies steht im Einklang damit, daß rechts der Schmelzpunktsgrenze die bei echten Metallen gegebene hohe Koordinationszahl 12 bzw. 8 fehlt und auch die Koordinationen der hexagonalen Strukturen in $B_2$ geringer sind. Infolge einer von „oben nach unten" zunehmenden Verzerrung der Metallgitter weichen die Verhältnisse der Achsenabschnitte vom Ideal der echt-hexagonalen Struktur ($c/a = 1.633!$) mehr und mehr ab, bis schließlich das Metallgitter des Quecksilbers nicht mehr als hexagonal beschrieben werden kann.

Daß die Schmelzpunkte der Alkalimetalle und die der „eigentlichen" Erdalkalien „von oben nach unten" sinken, ließe sich evtl. mit den immer größeren Atomabständen verstehen. Aber in den folgenden Gruppen der Übergangsmetalle bis zu den Platinmetallen gilt die eher umgekehrte Regel eines Anstiegs der Schmelzpunkte innerhalb der Perioden 3d — 4d — 5d.

Man muß sich hier vor Augen halten, daß eine Metallbindung mit einer „Mehrfachbindung" verglichen werden darf, deren Stärke einem Zusammenbrechen der Struktur (= Schmelzen) entgegenwirkt. Je höher die „metallische Wertigkeit" nach Pauling, desto stärker kann auch die metallische Bindung eingeschätzt werden.

Es ist daher verständlich, wenn die Schmelzpunkte der Übergangsmetalle in den Gruppen $A_4$ bis $B_0$, konform mit der metallischen Wertigkeit, einem Maximum in der sechsten Nebengruppe ($A_6$) zustreben.

Wenn innerhalb dieser Gruppen ($A_4$ bis $B_0$) der absolute Schmelzpunkts-Rekord bei Wolfram mit $3410^\circ$ Celsius liegt, so darf dies (mit Einschränkungen) mit der in der Reihe Chrom-Molybdän-Wolfram wachsenden *Gesamtzahl der Elektronen* erklärt werden, die am metallischen Resonanzsystem teilnehmen. In ähnlicher Weise steigen die Schmelzpunkte der Übergangsmetalle in den der $A_6$-Gruppe benachbarten Gruppen deutlich „von oben nach unten" an.

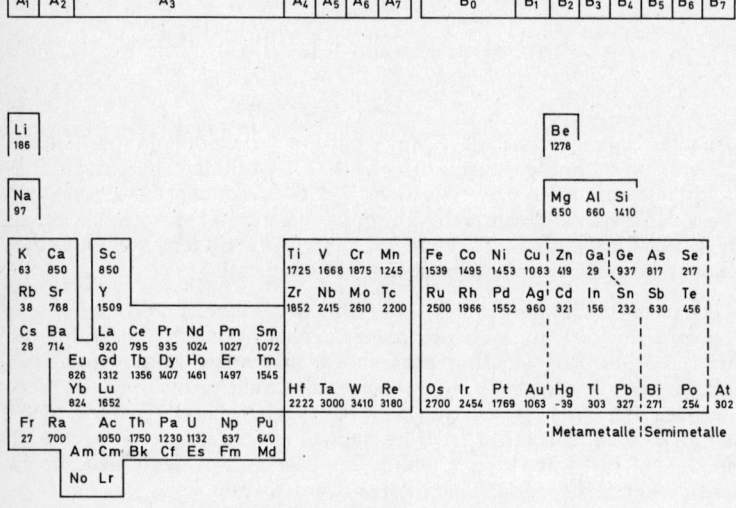

Abb. 43    Schmelzpunkte der Metalle in °C.

Besonders zu beachten ist die scharfe „Schmelzpunktgrenze" zwischen der Kupfer- ($B_1$) und der Zinkgruppe ($B_2$). Die extrem tiefen Schmelzpunkte der Schwermetalle Quecksilber und Gallium erklären sich aus den hier besonders unsymmetrischen Strukturen (vgl. auch Koordinationszahlen in Abb. 42), während sie bei den schweren Alkalimetallen z. B. Rb, Cs, Fr) aus den großen Atomvolumina der kubisch-raumzentrierten Struktur resultieren.

Die tiefen Schmelzpunkte von Europium und Ytterbium im Vergleich zu den übrigen Lanthanidenmetallen sind eine Folge der Elektronenkonfiguration (vgl. Abb. 21), der Atomradien und Atomvolumina (Abb. 53 u. 54) beider Metalle, welche eine kennzeichnende Verwandtschaft zu Calcium und Strontium zeigen (vgl. auch Ionenradientabelle 76).

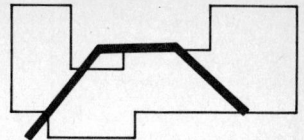

# H. 6. Metallische Wertigkeit

Zum besseren Verständnis der Metalleigenschaften und der Zusammensetzung intermetallischer Verbindungen (s. S. 130 ff) hat Linus Pauling (1948) den Begriff der „metallischen Wertigkeit" eingeführt, der von der Überlegung ausgeht, wieviel Elektronen ein Atom zur Metallbindung tatsächlich zur Verfügung stellt.

Dies führt im Ergebnis (Tab. 15) zu einem Anstieg der „metallischen Wertigkeit" (von links nach rechts im Periodensystem bis zur $A_6$-Gruppe und zu einer Abnahme der metallischen Wertigkeit von der $B_1$-Gruppe an. Für alle Metalle der Gruppen $A_6$, $A_7$ und $B_0$ wird nach Pauling die gleiche metallische Wertigkeit 6 angenommen.

Damit ähnelt die Kurve der metallischen Wertigkeiten innerhalb einer Langperiode des Systems derjenigen Kurve, die man erhält, wenn man die Dichte der betreffenden Metalle, oder besser nach Pauling, die „ideale Dichte" gegen die Ordnungszahl aufträgt. Tab. 15 gibt einen Vergleich dieser „idealen Dichte" der Metalle mit der metallischen Wertigkeit.

Darin wird beispielsweise dem Germanium und allen seinen Homologen die metallische Wertigkeit 2,5 zugesprochen, was jedoch beim Zinn nur für die „metallische" Form des tetragonalen $\beta$-*Zinns* gelten soll, nicht hingegen für die Diamantstruktur des („grauen") $\alpha$-Zinns. $\alpha$-Zinn hat *vier verfügbare Valenzelektronen* in vier Orbitalen wie der nichtmetallische Kohlenstoff.

Tabelle 15   „**Ideale Dichte**" und „**metallische Wertigkeit**" nach PAULING
[a] „Ideale Dichte" = 50, dividiert durch das Molvolumen des Metalls
[b] Nicht gültig für die Diamantstrukturen von Si, Ge und $\alpha$-Sn, bei denen Vierbindigkeit vorliegt

| Gruppen | $A_1$ | $A_2$ | $A_3$ | $A_4$ | $A_5$ | $A_6$ | $A_7$ | $B_0$ | $B_1$ | $B_2$ | $B_3$ | $B_4$ |
|---|---|---|---|---|---|---|---|---|---|---|---|---|
| s+d-Elektronen | 1 | 2 | 3 | 4 | 5 | 6 | 7 | 8 | 9 | 10 | 11 | 12 | | | |
| „Ideale Dichte" [a] | 1,1 | 2,0 | 3,5 | 4,5 | 5,9 | 6,8 | 6,5 | 7,3 | 7,4 | 7,5 | 6,9 | 5,4 | 4,4 | 3,8 |
| „Metallische Wertigkeit" | 1 | 2 | 3 | 4 | 5 | 6 | 6 | 6 | 6 | 6 | 5,5 | 4,5 | 3,5 | 2,5 [b] |

| | $A_1$ | $A_2$ | $A_3$ | $A_4$ | $A_5$ | $A_6$ | $A_7$ | $B_0$ | $B_1$ | $B_2$ | $B_3$ | $B_4$ |
|---|---|---|---|---|---|---|---|---|---|---|---|---|

# H. 7.  Weitere periodische Eigenschaften

## A.  Verdampfungswärme der Elemente

Die **„molare Verdampfungswärme"** ($\Delta$ Hv) der Elemente ist definiert als diejenige Energie, die nötig ist, um ein Mol eines Elements an seinem Siedepunkt in die Dampfform zu überführen. Sie gibt ein anschauliches Maß der „Flüchtigkeit" des Elements. Es ist verständlich, daß dieser Effekt nicht unbeeinflußt sein kann von anderen Parametern wie etwa der Struktur, den Atomabständen, der Stärke und Art der chemischen Bindung, der Größe der Elektronenhülle sowie dem Gewicht der Atome.

Während Wasserstoff mit 0,108 kcal/Mol von Stickstoff, Sauerstoff und Fluor um das Sechs- bis Achtfache übertroffen wird, liegt das *Minimum der Verdampfungswärme* mit 0,02 *beim Helium*, dessen Atome zugleich die geringsten *van-der-Waals*schen Kräfte aufeinander ausüben.

Eine *sehr hohe Verdampfungswärme* wird mit 171,7 kcal/Mol beim *Kohlenstoff* gemessen, dessen Diamantstruktur (analog zur Härte) ganz besonders kleine Atomabstände erlaubt oder erzwingt. Nur sehr hochschmelzende Schwermetalle wie Tantal (Fp = 3000°, $\Delta$ Hv = 180 kcal/Mol) Wolfram (Fp = 3410°, $\Delta$Hv = 185 kcal/Mol) können die Verdampfungswärme des Kohlenstoffs überbieten.

Schließlich ist der abrupte Abfall der Verdampfungswärmen an der „Schmelzpunktsgrenze" zwischen der $B_1$ und der $B_2$-Gruppe bemerkenswert, der mit den gleichen Ursachen wie auf Seite 117 diskutiert werden kann.

Ein Vergleich der Siedepunkte und der Verdampfungswärmen am Siedepunkt der Metalle der $B_1$- und der $B_2$-Gruppe zeigt auch recht deutlich, daß Metalle mit einem *hohen Siedepunkt* eine *hohe Verdampfungswärme* aufweisen und umgekehrt.

Die geringe Verdampfungswärme der Nichtmetalle hängt damit zusammen, daß zwischen den mehratomigen Molekülen (wie bei den einatomigen Edelgasen) nur van-der-Waalssche Kräfte wirksam sind.

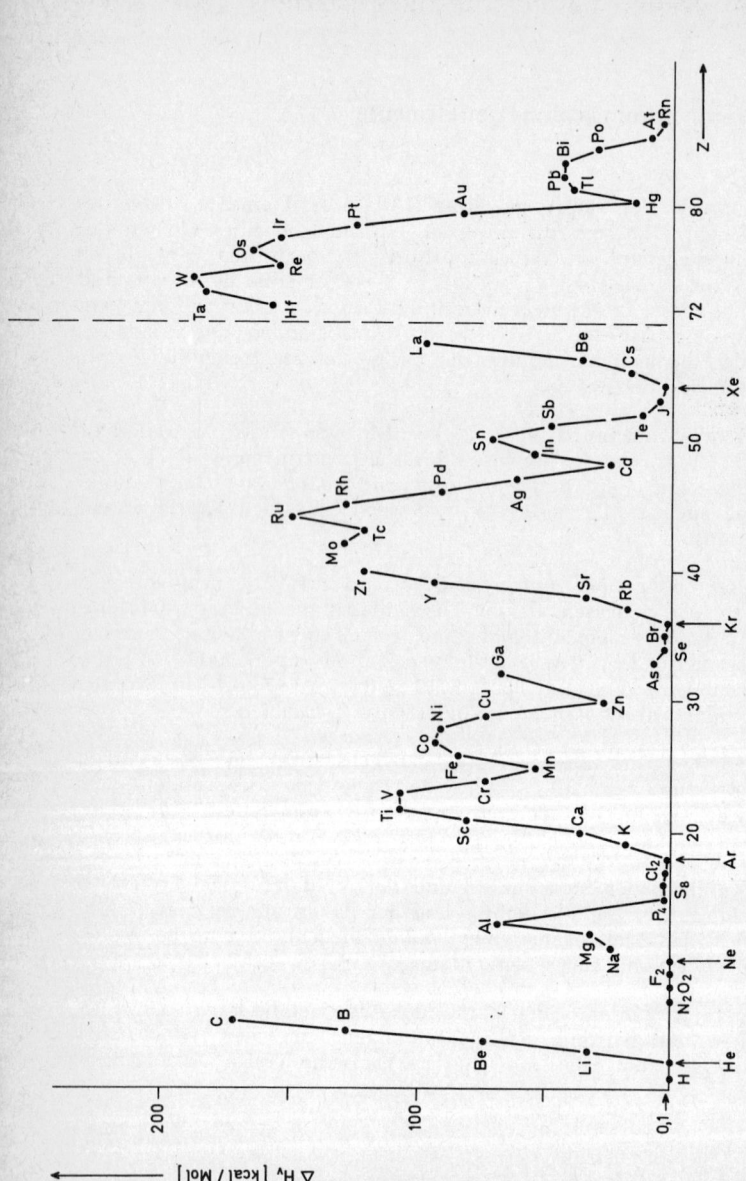

Abb. 44  Verdampfungswärme chemischer Elemente in kcal/Mol. Minima bei Edelgasen und flüchtigen Nichtmetallen. Maxima bei Übergangsmetallen mit relativ großer „metallischer Wertigkeit" (s. S. 121).

Tabelle 16   **Siedepunkte (Kp) und molare Verdampfungswärmen ($\Delta$ Hv) der B$_1$- und B$_2$-Metalle**

| Metall | Cu | Ag | Au |
|---|---|---|---|
| Kp [°C] | 2595 | 2210 | 2970 |
| $\Delta$ Hv [kcal/Mol] | 72,8 | 60,7 | 81,8 |

— — — — — — — „Schmelzpunktsgrenze" — — — — — — —

| Metall | Zn | Cd | Hg |
|---|---|---|---|
| Kp [°C] | 906 | 765 | 357 |
| $\Delta$ Hv [kcal/Mol] | 27,4 | 23,9 | 13,9 |

## B. Elektrische und thermische Leitfähigkeit der Metalle

Da die Metalle, der Natur der metallischen Bindung zufolge, über unendlich viele delokalisierte Elektronen verfügen, ist es nicht weiter erstaunlich, daß sie nicht nur mehr oder minder gute *Leiter des elektrischen Stromes* sind, sondern zugleich auch entsprechend gute *Wärmeleiter*.

Vergleicht man die Werte dieser beiden typischen periodischen Eigenschaften in Abb. 45 und Abb. 46 miteinander, so muß die Ähnlichkeit der beiden Kurven auffallen. Deutliche Unterschiede im Verlauf der beiden Kurven haben vornehmlich strukturelle Ursachen.

Besonders auffällig sind die Maximalwerte bei den drei „Münzmetallen" Kupfer, Silber und Gold. Diese Metalle zeichnen sich sehr im Gegensatz zu den jeweils folgenden Metametallen Zink, Cadmium und Quecksilber durch ihre hohe strukturelle Symmetrie und ihre hohen Schmelzpunkte aus (s. S. 118, 120).

Die in Abb. 43 herausgestellte „Schmelzpunktsgrenze" ist daher zugleich die scharfe Vertikalgrenze im Periodensystem, hinter der die elektrischen und thermischen Leitfähigkeiten der Metalle abrupt abfallen.

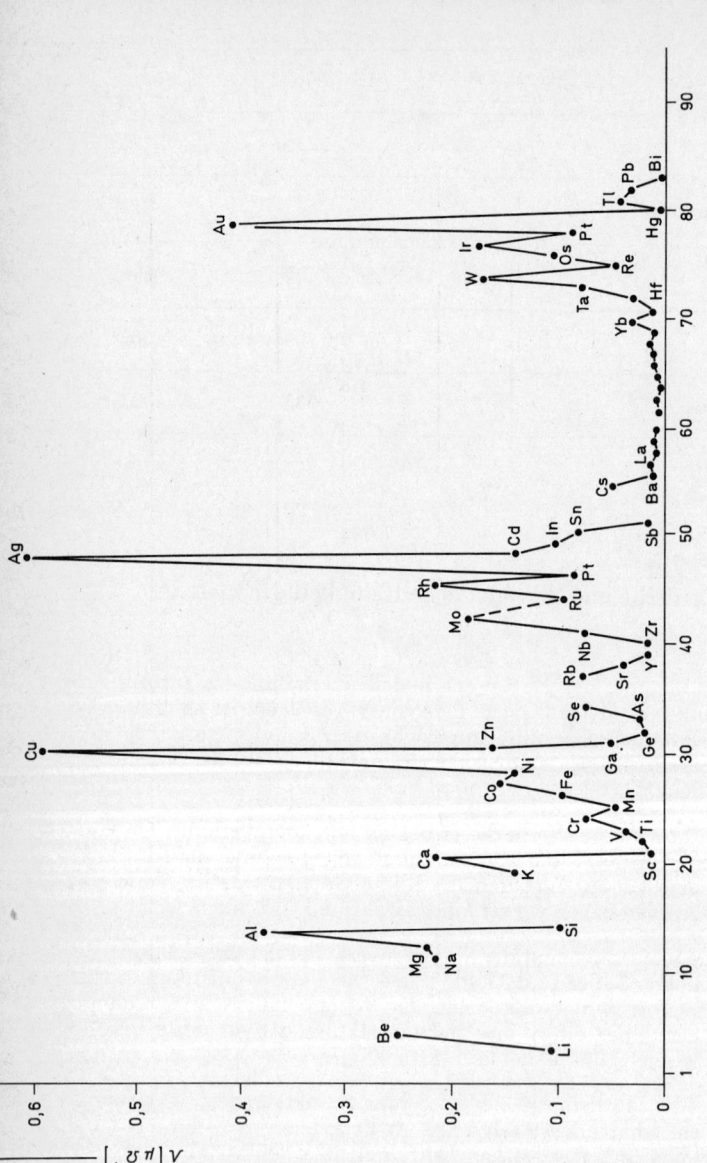

Abb. 45  Elektrische Leitfähigkeit der Metalle in μ Ω$^{-1}$ mit charakteristischen Höchstwerten bei den (einwertigen!) Münzmetallen Kupfer und Silber (vgl. auch thermische Leitfähigkeiten, Abb. 46).

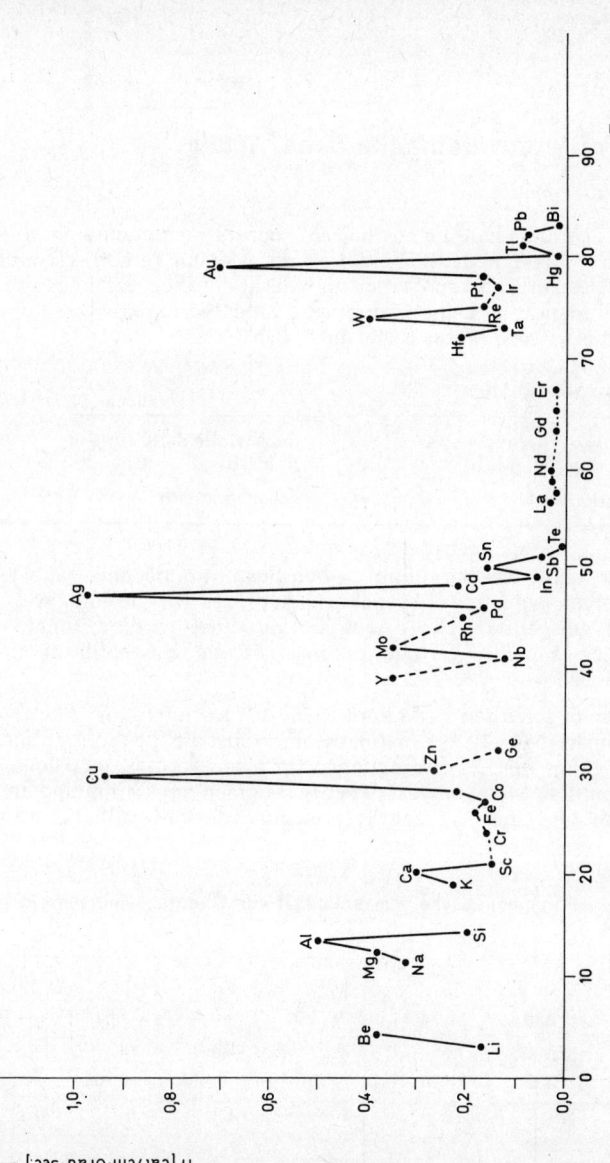

Abb. 46  Thermische Leitfähigkeit der Metalle (in cal/cm · Grad · sec) mit charakteristischen Höchstwerten bei den Münzmetallen Kupfer, Silber und Gold. Geringe Leitfähigkeiten werden gemessen bei Metametallen, den Halbmetallen und den Lanthaniden.

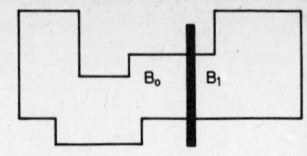

## H. 8. Para- und diamagnetische Metalle

Zu den „periodischen Eigenschaften" der Elemente muß auch das para- oder diamagnetische Verhalten der Metalle gerechnet werden. Obwohl die verfügbaren Daten noch nicht in allen Fällen gesichert sind, weil manchmal keine hochreinen Proben verfügbar waren, kann man dennoch eine einfache Regel aufstellen:

Es sind im allgemeinen

| die Metalle der Gruppen $A_1$ bis $B_0$ (einschließlich) | die Metalle der Gruppen $B_1$ bis $B_6$ |
|---|---|
| *para*-magnetisch | *dia*-magnetisch |

Vielleicht macht das Beryllium, dessen Suszeptibilität mit $-9{,}0 \cdot 10^{-6}$ angenommen wird, eine Ausnahme. Auch das Magnesium, welches chemisch gelegentlich zur $B_2$-Familie gerechnet wird, zeichnet sich durch eine ziemlich geringe paramagnetische Suszeptibilität von $6 \cdot 10^{-6}$ aus.

Andererseits erreichen Palladium ($558 \cdot 10^{-6}$), Plutonium ($627 \cdot 10^{-6}$) und Mangan ($580 \cdot 10^{-6}$) Maximalwerte, wobei die Strukturparameter des Mangangs fast die Bedingungen für einen Ferromagnetismus erfüllen könnten. Mangan wird daher (zusammen mit Chrom und anderen) auch als eine Art „antiferromagnetisches Metall" betrachtet.

Tabelle 17  **Paramagnetische Suszeptibilität von Übergangsmetallen in $10^{-6}$ c.g.s./Mol**

| Ti | V | Cr | Mn | Fe | Co | Ni |
|---|---|---|---|---|---|---|
| +135 | +230 | +140 | **+580** | ← | ferro | → |
| Zr | Nb | Mo | Tc | Ru | Rh | Pd |
| +122 | +209 | +90 | +270 | +144 | +101 | **+558** |
| Hf | Ta | W | Re | Os | Ir | Pt |
| +75 | +153 | +55 | +69 | +9,5 | +35 | +189 |

Eisen, Kobalt und Nickel haben einen strukturbedingten Ferromagnetismus mit den Curie-Temperaturen Fe: 768°; Co: 〉 1130°; Ni: 370°. Außerdem sind bei z. T. sehr tiefen Temperaturen die „schweren Lanthaniden" Europium, **Gadolinium,** Dysprosium, Holmium, Erbium und Thullium ferromagnetisch (vgl. S. 208).

Die paramagnetische Suszeptibilität der übrigen Metalle liegt im allgemeinen in der Größenordnung des Diamagnetismus der B-Gruppenmetalle. Nur Wismuth erreicht einen diamagnetischen Maximalwert von − 284 · $10^{-6}$ bei Zimmertemperatur. α-Zinn und α-Thallium sind − entsprechend der Regel − diamagnetisch, während sich β-Thallium (kub. fl. zentr.) und das tetragonale β-Zinn („weißes Zinn") als paramagnetisch erweisen.

Tabelle 18 **Diamagnetische Suszeptibilität von B-Gruppenmetallen in $10^{-6}$ c.g.s./Mol**

| Cu | Zn | Ga | Ge | As | Se |
|---|---|---|---|---|---|
| − 5,27 | − 11,4 | − 21,7 | − 8,9 | − 5,5 | − 26,5 |
| Ag | Cd | In | Sn | Sb | Te |
| − 22,0 | − 19,7 | − 12,6 | α : − 37 | − 81 | − 40,8 |
| | | | β : +4,5 | | |
| Au | Hg | Tl | Pb | Bi | |
| − 30,0 | − 33,0 | α : − 58 | − 25 | **− 284** | |
| | | β : +44 | | | |

# I. Intermetallische Phasen

## I. 1. Zur Tamann-Regel

Obwohl sich viele Metalle miteinander nicht chemisch verbinden (vgl. Tamann-Regel) gibt es doch zahlreiche Beispiele für echte intermetallische Verbindungen, insbesondere zwischen Metallen sehr unterschiedlicher Elektronegativität (s. S. 111).

---

*Tamann-Regel:*

„Die Metalle verbinden sich nicht mit Metallen der gleichen Gruppe des Periodensystems, vor allem nicht mit solchen der gleichen Untergruppe".

---

Als Beispiel für die Gültigkeit der Tamann-Regel zeigt Abb. 47, daß sich Silber weder mit Kupfer noch mit Gold chemisch verbindet, weil im Zustandsdiagramm dieser Systeme kein „Dystektikum"[1] auftritt, während man gerade an einem solchen scharfen Schmelzpunkt die Existenz der echten intermetallischen Verbindung $MgZn_2$ erkennt. (Abb. 48).

Auch die Alkalimetalle verbinden sich mit Metallen der $B_2$- und $B_3$-Gruppe zu einer relativ großen Zahl verschiedener Phasen, wie etwa $Li_6Hg$, $Li_3Hg$, $LiHg$, $LiHg_2$ oder $LiHg_3$. Von der $B_4$-Gruppe nach rechts beschränkt sich jedoch die Zahl der verschiedenen Phasen auf wenige Verbindungen wie z. B. $Li_{15}Pb_4$, $Li_3Sb$, $Li_2Te$.

Intermetallische Verbindungen wie $Li_{15}Pb_4$ erscheinen in dieser Formulierung zwar als stöchiometrisch zusammengesetzt, doch gehorchen die Verhältniszahlen nicht mehr der DALTONschen Forderung nach *„ganzzahligen und einfachen Proportionen"*[2].

Hinzu kommt, daß viele intermetallische Verbindungen aus der Schmelze nicht unbedingt in reiner Form kristallisieren wie etwa $MgZn_2$, sondern in begrenztem Maße **Mischkristalle** mit anderen

---

[1] Gegenstück zum „Eutektikum", nämlich ein **Schmelz-Maximum** im Zweistoffsystem, z. B. beim System Zink-Magnesium.

[2] Je nach Art der Herstellung können solche Verbindungen eine schwankende, vom stöchiometrischen Ideal abweichende Zusammensetzung haben. Da der GRAF DE BERTHOLLET (1748—1822) der These John DALTONS (1808) von den exakt konstanten Proportionen in chemischen Verbindungen lange Zeit widersprochen hatte, nennt man sie häufig „Berthollide" (oder „nichtdaltonische Verbindungen").

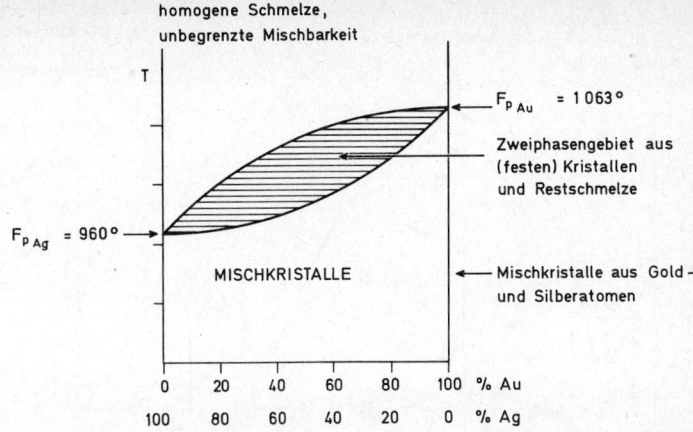

a) Zustandsdiagramm Silber — Gold: Silber verbindet sich nicht mit Gold!

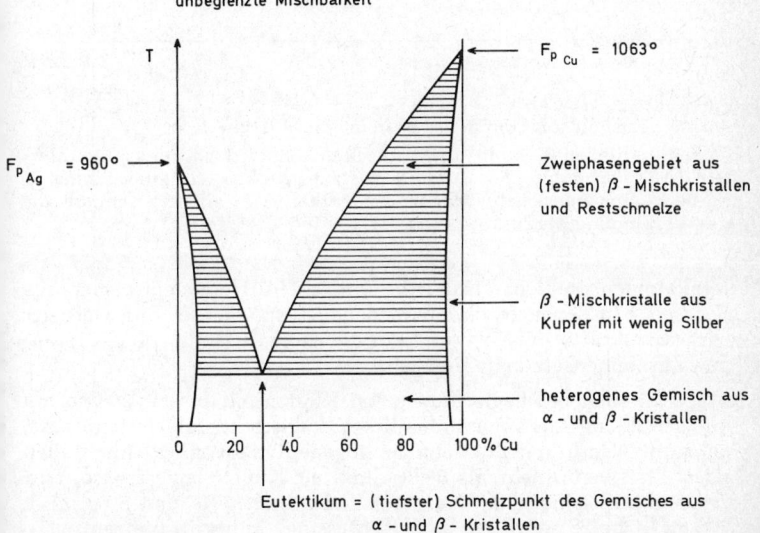

b) Zustandsdiagramm Silber-Kupfer: Silber verbindet sich auch nicht mit Kupfer!

Abb. 47   Zwei Beispiele zur Tamann-Regel: Silber verbindet sich nicht mit den Metallen der gleichen Gruppe des Periodensystems.

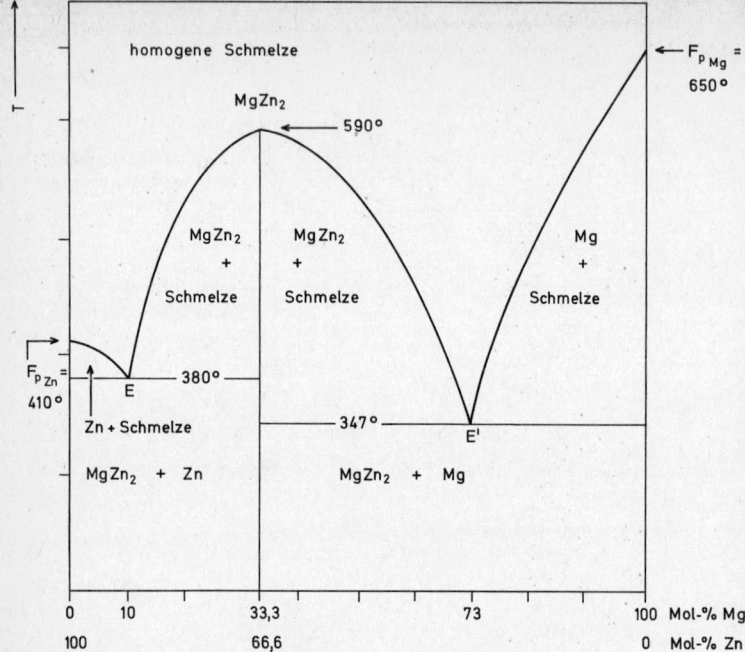

Abb. 48    Zustandsdiagramm des Systems Zink/Magnesium.
Die Senkrechte bei 33,3 Mol-% Magnesium kennzeichnet die exakte intermetallische Verbindung der Zusammensetzung $MgZn_2$. Aus einer Schmelze,
die mehr Zink oder mehr Magnesium enthält, kristallisiert dennoch die
reine Verbindung $MgZn_2$.

Metallatomen bilden. Dadurch entstehen Homogenitätsbereiche
(„Phasen") in denen trotz verschiedener Zusammensetzung stets der
gleiche Strukturtyp vorliegt und nur die Atomabstände von der jeweiligen Zusammensetzung abhängen.

So spricht man bei Legierungen von Kupfer mit bis zu 39% Zink
von „α-Messing" als einer einheitlichen, kubisch kristallisierten Phase,
weil Kupfer darin mit Zink eine homogene Reihe von Mischkristallen
bildet. Erst wenn mehr als 39% Zink mit Kupfer legiert wird, tritt
nach und nach eine neue Phase auf und zwischen 46 und 50% Zink
tritt diese in reiner Form auf (β-Messing, kubisch-raumzentriert).
Auch die γ-Phase dieses Systems entspricht nicht einfach der reprä-
sentativen Formel $Cu_5Zn_8$ mit einem theoretischen Zinkgehalt von
62%, sondern kann in ihrer Zusammensetzung — ohne erkennbare
Verschiedenheit in der Struktur — zwischen 59 und 67% Zink schwan-
ken.

In den wichtigsten Typen intermetallischer Verbindungen **(Hume-Rothery-Phasen, Zintl-Phasen, Laves-Phasen** und **Nickelarsenid-Phasen)** spielen die **B-Gruppenmetalle** eine hervorragende Rolle. Oftmals, z. B. bei den *Zintl*-Phasen, welche eine Art Übergang zwischen Metallbindung und Ionenbindung demonstrieren, kann dies auch als eine Folge der unterschiedlichen Elektronegativität der Verbindungspartner gedeutet werden. Diese Differenz der Elektronegativitäten ist bei den *Zintl*-Phasen besonders groß.

# I. 2. Zintl-Phasen

Zintl-Phasen können sich bilden zwischen einem ausgesprochen elektropositiven Metall, vorzugsweise einem Alkalimetall und einem Metametall von relativ hoher Elektronegativität. Schon bei den intermetallischen Verbindungen LiZn und LiCd fehlt der sonst für Legierungen charakteristische Metallglanz und verrät die rote Farbe eine chemische Bindung mit nicht mehr völlig delokalisierten Elektronen.

Mit Metametallen der $B_3$-Gruppe können die Alkalimetalle Verbindungen von NaTl-Typ bilden, deren Diamantstruktur (vgl. ZnS-Struktur S. 156) sich daraus erklärt, daß das Thalliumatom das Valenzelektron des Alkaliatoms übernimmt und dann über vier Valenzelektronen (analog zum Kohlenstoff, Silicium und Germanium) verfügt. Wenn ein solches, formal negativ geladenes Thalliumatom mit seinen vier Valenzelektronen 4 hybridisierte Bindungen ausbildet und folglich eine Diamantstruktur annimmt, nehmen die formal positiven Natriumatome, die man auch mit Natriumionen vergleichen dürfte, zwangsläufig die gleiche tetraedrische Punktlage ein (Abb. 49).

Demzufolge setzt sich die NaTl-Struktur aus zwei *Teilgittern* zusammen, von denen jedes für sich die Anordnung der Kohlenstoffatome im Diamantgitter besitzt. Einer gegebenen Struktur ist also eine gleiche Struktur mit anderen Atomen überlagert. In diesen Fällen spricht man von einer *„Überstruktur"*.

Je größer nun die Elektronegativität des B-Gruppenmetalls in einer Zintl-Phase ist, desto größer wird auch der ionische Charakter der Bindung, bis schließlich Phasen wie $Li_2Te$ oder $Li_3Sb$ auftreten und bei Kombinationen mit noch elektronegativeren Elementen in salzartige Verbindungen wie $Li_2Se$ übergehen.

Auch Zintl-Phasen, die nicht zum NaTl-Typ gehören, haben ausgesprochene Koordinationsgitter von der Struktur des Calciumfluorids (z. B. $PbMg_2$) oder des Cäsiumchlorids (z. B. LiAg, LiBi), oder Koordinationsgitter von der mit Lanthanfluorid verwandten $Cu_3Al$-Struktur (z. B. $Li_3Bi$, $LiCd_3$ u. a.).

Zintl-Phasen, welche unedle Metalle (z. B. Li, Mg) und B-Gruppenmetalle enthalten, die sich rechts der $B_3$-Gruppe im periodischen Sy-

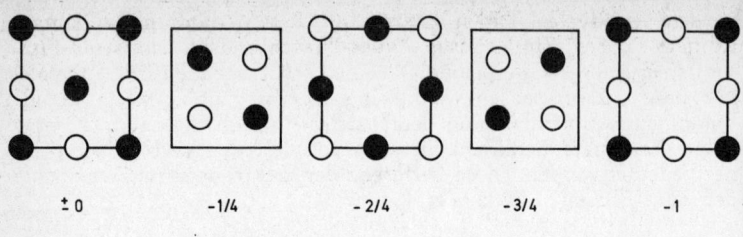

|  ± 0 | −1/4 | −2/4 | −3/4 | −1 |

○  Na⁺          ●  Tl⁻

r  ≈ 1,62 Å       r  ≈ 1,62 Å
statt  1,86 Å     statt  1,66 Å
Δ = −13 %        Δ = −2 %

Abb. 49    Atompunktlage in der ZINTL-Phase NaTl.

Die räumliche Anordnung ergibt sich, wenn man die abgebildeten Quadrate im Abstand von je ¼ der Kantenlänge hintereinander stellt.
Jede Atomart bildet für sich ein Teilgitter mit Diamantsymmetrie. Dabei erfährt das Thalliumatom im Vergleich zu seinem unverbundenen (nachbarlosen) Atom eine Kontraktion (Kompression) um etwa 2, das Natriumatom eine Radiusreduzierung von etwa 13⁰/₀.

stem finden, kristallisieren oftmals in für ionische Salze typischen Gittern. Am Beispiel der aus flüssigem Ammoniak gewinnbaren Phasen, wie Li₁₅Pb₄ konnte gezeigt werden, daß die rechts der „Zintl-Grenze" (zwischen B₃ und B₄) stehenden Schwermetalle tatsächlich echte Anionen in einer solchen Lösung bilden können. Tabelle 19 erläutert die „Zintl-Grenze" am Beispiel der intermetallischen Verbindungen des Magnesiums.

Tabelle 19    **Intermetallische Phasen und valenzmäßig zusammengesetzte Verbindungen des Magnesiums**

| mit Metallen der 1. bis 3. B-Gruppe | | | | und 4. bis 6. B-Gruppe | | |
|---|---|---|---|---|---|---|
| $B_1$ | $B_2$ | $B_3$ | | $B_4$ | $B_5$ | $B_6$ |
| $Mg_2Cu$ | $MgZn_2$ | $Mg_3Ga_2$ | Z I N T L - G r e n z e | $Mg_2Ge$ | $Mg_3As_2$ | $MgSe$ |
| $Mg_3Ag$ | $MgCd_3$ | $MgIn$ | | $Mg_2Sn$ | $Mg_3Sb_2$ | $MgTe$ |
| $Mg_3Au$ | $Mg_3Hg$ | $Mg_2Tl$ | | $Mg_2Pb$ | $Mg_3Bi_2$ | |
| typische Legierungsstrukturen | | | | salzähnliche Koordinationsgitter | | |

# I. 3. Laves-Phasen

Die **Laves-Phasen** lassen im Gegensatz zu den Zintl-Phasen kaum noch einfache valenzchemische Zusammenhänge erkennen. Die chemische Affinität der darin verbundenen metallischen Komponenten scheint im Gegenteil so gering zu sein, daß jede Atomsorte bestrebt ist, ein eigenes Teilgitter zu bilden. Die beiden Teilgitter (z. B. in $MgCu_2$, $MgZn_2$ oder $MgNi_2$) sind dann nach Art einer Überstruktur ineinandergeschachtelt.

Eine der Bedingungen für die Bildung der Laves-Phasen ist außerdem, daß die Radien der beteiligten Atome sich etwa wie 1:1,225 verhalten oder sich dieses Verhältnis durch Deformation der Atomhüllen ausbildet.

Die Struktur der Laves-Phase $MgCu_2$ ist dadurch gekennzeichnet, daß das Magnesium-Teilgitter dem kubischen Gitter der Zinkblende entspricht. In $MgZn_2$ hat das Magnesium-Teilgitter die Symmetrie des hexagonalen Wurzits, und bei der Phase $MgNi_2$ handelt es sich um eine Kombination beider Strukturtypen.

---

| In den Laves-Phasen des Magnesiums vom | $MgZn_2$-*Typ* | $MgCu_2$-*Typ* | $MgNi_2$-*Typ* |
|---|---|---|---|
| hat das Mg-Teilgitter die *Symmetrie von* | *Wurzit* | *Zinkblende* | Kombination |
| | I | II | I + II |
| | hexagonal dichteste | kubisch dichteste | |
| | Kugelpackung | | |

---

# I. 4. Nickelarsenid-Phasen

**„Nickelarsenid-Phasen"** haben einen weniger ionischen Charakter als Zintl- oder Laves-Phasen, weil sie sich aus Metallen mit relativ geringer Differenz der Elektronegativitäten zusammensetzen. Jedes Metallatom ist in verzerrt-oktaedrischer Form von sechs Nachbaratomen umgeben, und dies bedingt beim Prototyp dieser Gruppe, dem Nickelarsenid (NiAs), die ungefähre Zusammensetzung 1:1.

Die tatsächliche Zusammensetzung kann jedoch davon insofern abweichen, als zahlreiche *Fehlstellen im Teilgitter* des $B_0$-Metalls toleriert werden können. Beispielsweise können die Phasen NiTe und

CoTe ihre Nickelarsenid-Struktur weitgehend beibehalten, wenn sich die Zusammensetzung mit zunehmender Zahl der $B_0$-Fehlstellen bis etwa $NiTe_2$ oder $CoTe_2$ verschoben hat.

Nickelarsenid-Phasen setzen sich zusammen aus

| Metallen I. Art | | | | und | Metallen II. Art | | | | |
| $B_0$ | $B_1$ | | | | $B_2$ | $B_3$ | $B_4$ | $B_5$ | $B_6$ |
| --- | --- | --- | --- | --- | --- | --- | --- | --- | --- |
| | | | | | Be | | | | |
| | | | | | Mg | Al | Si | | |
| Fe | Co | Ni | Cu | | Zn | Ga | Ge | As | Se |
| Ru | Rh | Pd | Ag | | Cd | In | Sn | Sb | Te |
| Os | Ir | Pt | Au | | Hg | Tl | Pb | Bi | |

# I. 5.  Hume-Rothery-Phasen

Die Hume-Rothery-Phasen bilden schließlich eine Gruppe intermetallischer Verbindungen, deren Zusammensetzung durch eine bestimmte Zahl von „Valenzelektronen" bestimmt wird.

Man unterscheidet die kubisch-raumzentrierte β-Phase von einer kompliziert-kubischen γ-Phase und der hexagonalen ε-Phase. Das *Verhältnis der Valenzelektronen*, die jede Komponente zur intermetallischen Phase beisteuert, *zur Gesamtzahl der Metallatome* in der Formeleinheit, kann bei Hume-Rothery-Phasen betragen:

| | 21/14 | 21/13 | oder | 21/12 |
| --- | --- | --- | --- | --- |
| z. B. | β-Messing | γ-Messing | | ε-Messing |
| | $\sim CuZn$ | $\sim Cu_5Zn_8$ | | $\sim CuZn_3$ |
| ferner: | $Cu_5Sn$ | $Cu_9Al_4$ | | $Cu_3Sn$ |
| | MnAl (!) | $Cu_7Zn_4Al_2$ | | $Au_5Al_3$ |
| | NiAl | $Fe_5Zn_{21}$ | | |

Die Tatsache, daß Metalle der $B_0$-Gruppe *und Mangan* sich in den Hume-Rothery-Phasen als quasi nullwertig verhalten, kann mit ihrem Charakter als Elektronenakzeptoren der nicht voll gefüllten d-Teilschale interpretiert werden. Beispiele hierfür sind die Phasen $Fe_5 Zn_{21}$,

NiAl, MnAl u. a. Die Zahl der Valenzelektronen der übrigen Komponenten ist im Prinzip gleich dem Gruppenindex des Periodensystems.

Hume-Rothery-Phasen setzen sich zusammen aus

| | *Metallen I. Art* | | | | und | *Metallen II. Art* | | |
|---|---|---|---|---|---|---|---|---|
| | $A_7$ | $B_0$ | | $B_1$ | | $B_2$ | $B_3$ | $B_4$ |
| | | | | | | Be | | |
| | | | | | | Mg | Al | |
| | Mn | Fe | Co | Ni | Cu | Zn | | Si |
| | | Ru | Rh | Pd | Ag | Cd | | Sn |
| | | Os | Ir | Pt | Au | Hg | | |
| „Zahl der Valenzelektronen" | 0 | 0 | 0 | 0 | 1 | 2 | 3 | 4 |

# J. Struktur der Nichtmetalle

Im Gegensatz zu den Koordinationsgittern der echten Metalle und den damit vergleichbaren, jedoch weniger symmetrischen Kristallgittern der Metametalle, neigen schon die *Halbmetalle* zu Strukturen, welche denen der Nichtmetalle ähnlich oder gleich sind, oder sie bilden besondere Resonanzgitter.

*Echte Nichtmetalle* und die nichtmetallischen Modifikationen der Elemente an der Metall-Nichtmetallgrenze kristallisieren hingegen auch in Molekülgittern. Davon ausgenommen sind allerdings die Edelgase, die keine mehratomigen Moleküle bilden können (Abb. 50).

Die *gerichteten Bindungen* der Nichtmetallatome bedingen die charakteristischen Strukturen ihrer Moleküle. Hierbei stellt jedoch das kristallisierte (halbleitende) Bor einen Sonderfall dar. In seiner tetragonalen Modifikation bilden *12 Boratome einen ikosaedrischen Baustein*. Die einzelnen $B_{12}$-Gruppierungen sind jedoch durch weitere Boratome in einem Tetraederzentrum eng miteinander verknüpft.

In der $B_4$-Gruppe tritt bei Kohlenstoff, Silicium, Germanium und α-Zinn die bekannte Diamantstruktur auf. Hier ergibt sich die Koordinationszahl 4 und die streng tetraedrische Anordnung der Atome in einer dreidimensionalen Raumnetzstruktur.

---

**(8-N)-Regel nach Hume-Rothery:**

In den Strukturen der Nichtmetalle (kovalente Bindungen!) ist die Zahl der nächsten Nachbarn im gleichen Abstand („Koordinationszahl") gleich 8 minus Zahl der Außenelektronen N

| z. B.: | $B_4$ | $B_5$ | $B_6$ | $B_7$ |
|---|---|---|---|---|
| N = | 4 | 5 | 6 | 7 |

| | | | | |
|---|---|---|---|---|
| $C_{(Diamant)}$ | | | $F_2$ |
| Si | $P_{schwarz}$ | $S_8$, S | $Cl_2$ |
| Ge | As | $Se_8$, Se | $Br_2$ |
| α-Sn | Sb | Te | $J_2$ |
| | Bi | | |

| | Raumnetz | Flächennetz | Ringe Ketten | Zweiatomige Moleküle |
|---|---|---|---|---|
| KZ = | 4 | 3 | 2 | 1 |

---

Läßt man die Raumnetz-Strukturen der Nichtmetalle noch als „Koordinationsgitter" gelten, so unterscheiden sich die übrigen Nichtmetalle davon durch ihre typischen **Molekülgitter.** Die Struktur der Phosphor-, Arsen-, Schwefel- und Selenmoleküle leitet sich einfach von den Valenzzuständen ab, die ohne Hybridisierung aus den Grundzuständen der Nichtmetallatome hervorgehen (s. S. 91).

So verlangen die drei p-Elektronen des Phosphoratoms im weißen Phosphor beispielsweise drei gleichwertige Bindungen. Da die Bildung eines $P_2$-Moleküls, analog zu $N_2$, nicht möglich ist, sondern Einfachbindungen bevorzugt werden, resultiert für diese Phosphormodifikation ein tetraedrisches vieratomiges Molekül: $P_4$.

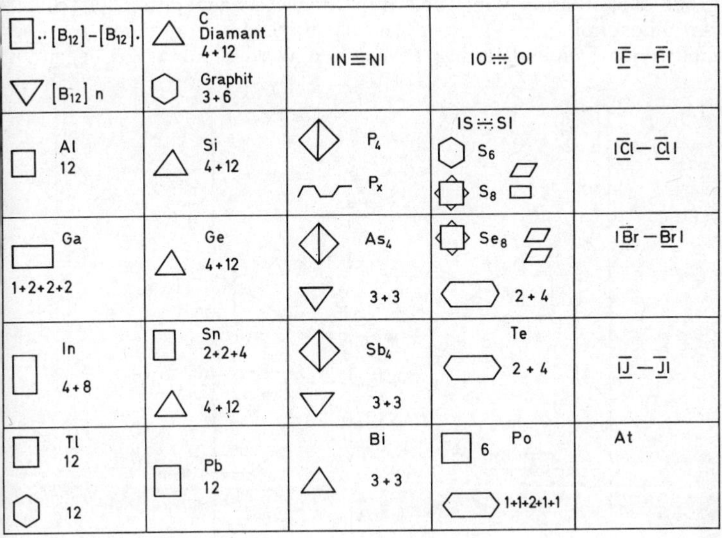

Abb. 50   Struktur und Koordination von B-Gruppen-Elementen[1].

In der Existenz von ikosaedrischen Gruppen mit je 12 Atomen in den Bormodifikationen kann man eine Art Prototyp von Nichtmetallmolekülen erblicken. Es handelt sich jedoch, ebenso wie beim Diamant, um eine Raumnetzstruktur. Die Nichtmetalle der Gruppen $B_5$ bis $B_7$ haben auch im festen Zustand mehratomige Moleküle, im Gegensatz zu den einatomigen Edelgasen.

Eine strukturelle Grenze zwischen den Halbmetallen und den echten Nichtmetallen läßt sich so ziehen, daß Diamant und die Molekülgitter der Nichtmetalle (z. B. $P_4$, $Se_8$) die nichtmetallischen Formen darstellen, während die Halbmetalle gekennzeichnet sind durch die übrigen Diamantstruk-

---

[1] Hochtemperaturmodifikationen und unter Druck erhaltene Modifikationen (z. B. γ-Zinn) sind z. T. nicht berücksichtigt.

turen der Halbleiter Silicium und Germanium und die Resonanzgitter des schwarzen Phosphors ($P_x$) und des grauen Selens.

Außer den Molekülstrukturen $P_4$ und $As_4$ können Phosphor und Arsen „metallartige" Strukturen einnehmen, in denen längs „gewellten Schichten" von Atomen eine gewisse Elektronen-Delokalisierung besteht.

Das zweibindige Schwefelatom hat grundsätzlich die Möglichkeit, sich kettenförmig mit anderen Schwefelatomen zu verbinden, was beim instabilen plastischen Schwefel geschieht. Die kristallinen Modifikationen enthalten jedoch Molekülgitter aus $S_8$-Ringen; das gleiche gilt für die roten Formen des Selens, während die metallischgraue Modifikation vom „Selentyp" dem Resonanzgitter des schwarzen Phosphors ähnelt, insofern als auch hier von einer gewissen Elektronen-Delokalisierung gesprochen werden kann. Es liegen bei

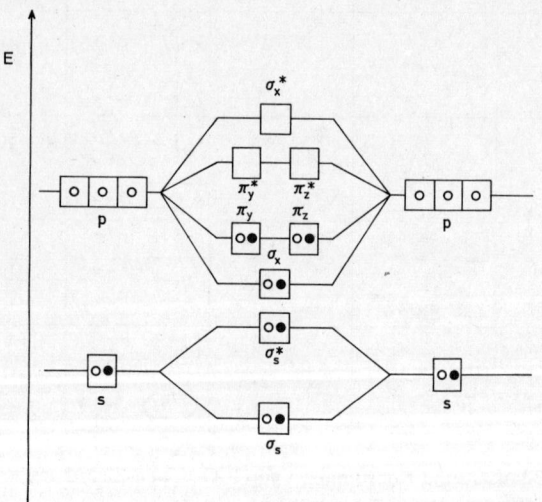

| Atomare | Molekulare | Atomare |
| Orbitale eines | Orbitale des | Orbitale eines |
| Stickstoffatoms | Stickstoffmole- | Stickstoffatoms |
| (Valenzzustand) | küls (Grund- | (Valenzzustand) |
| | zustand) | |

Abb. 51   Energieschema zur Dreifachbindung im $N_2$-Molekül (vereinfacht).

Die Dreifachbindung entsteht aus den insgesamt 6 Valenzelektronen, welche paarweise die „bindenden Elektronenzustände" (molekulare Orbitale) $\sigma_x$, $\pi_y$ und $\pi_z$ besetzen.

diesen „metallischen Modifikationen" der Nichtmetalle dennoch mehr oder minder *gerichtete Bindungen* vor, während eine echte Metallbindung keine Vorzugsrichtung kennt.

Für die Struktur der Halogene bleibt nur das Molekülgitter aus zweiatomigen Molekülen. Die σ-Bindung zwischen den Atomen ergibt sich dabei aus der Überlappung der als Valenzelektronen fungierenden p-Elektronen

Bei Stickstoff kommt es zur Vereinigung von zwei Atomen durch Dreifachbindung. Davon ist eine Bindung die σ-Bindung (p-p-Bin-

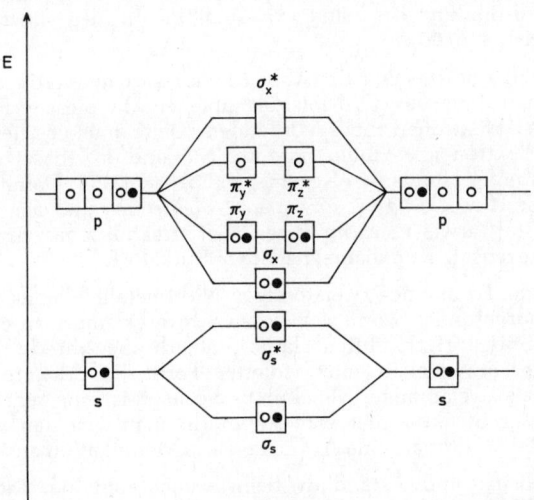

| Atomare | Molekulare | Atomare |
| Orbitale eines | Orbitale des | Orbitale eines |
| Sauerstoffatoms | Sauerstoffmole- | Sauerstoffatoms |
| (Valenzzustand) | küls (Grund- | (Valenzzustand) |
| | zustand) | |

Abb. 52  Energieschema zur Bindung im $O_2$-Molekül (vereinfacht)[2]. Im Vergleich zum $N_2$-Modell stehen zwei p-Elektronen mehr zur Verfügung. Diese besetzen die antibindenden Orbitale $\pi^*_y$ und $\pi^*_z$ *ungepaart*. Das $O_2$-Molekül ist somit paramagnetisch.

---

[2] Die Schemata in Abb. 51 und 52 sind insofern vereinfacht und daher nicht ganz korrekt, als die möglichen Wechselwirkungen zwischen den s- und p-Zuständen (z. B. zwischen s- und pσ-Funktionen) vernachlässigt werden. Auch im exakten Schema sind jedoch die antibindenden Zustände $\sigma^*$, $\pi_y^*$ und $\pi_z^*$ die energiereichsten.

dung in Valenzrichtung), während je zwei andere p-Elektronen die beiden π-Bindungen ausbilden (s. S. 86). Diese Elektronenstruktur ist auch aus dem Energieschema der atomaren und molekularen Orbitale (Abb. 51) abzulesen.

Die beiden 2s-Elektronenpaare der atomaren Orbitale bilden darin die molekularen Zustände $\sigma_s$ und $\sigma^*_s$, die sich in ihrer Wirkung gegenseitig aufheben. Die Dreifachbindung zwischen den beiden Stickstoffatomen besteht aus den molekularen Zuständen $\sigma_x$, sowie $\pi_y$ und $\pi_z$, während die entsprechenden antibindenden Zustände $\sigma^*_x$, $\pi^*_y$ und $\pi^*_z$ im Grundzustand nicht besetzt sind. $\sigma_x$ ist die aus zwei p-Elektronen gebildete $\sigma$-Bindung, $\pi_y$ und $\pi_z$ sind die beiden überlagerten π-Bindungen (s. S. 86).

Aus dem Energieschema nach Abb. 52 läßt sich qualitativ auch die Elektronenstruktur des $O_2$-Moleküls ableiten. In diesem Fall sind jedoch zwei Elektronen mehr vorhanden. Diese müssen die nächsthöheren Elektronenzustände, nämlich $\pi^*_y$ und $\pi^*_z$ besetzen, und zwar — nach der Hundschen Regel (s. S. 52) — *einzeln*. Damit enthält das Sauerstoffmolekül zwei *ungepaarte Elektronen* und der molekulare Sauerstoff erweist sich im Experiment tatsächlich als paramagnetisch, im Gegensatz zum diamagnetischen Stickstoff.

Eine ähnliche Form eines zweiatomigen Nichtmetallmoleküls ist beim Schwefel aufgefunden worden. Werden Schwefeldämpfe an einer mit flüssigem Stickstoff gekühlten Fläche plötzlich abgeschreckt, so kondensiert der Schwefel in einer violetten Form. Da Schwefel in der Gasphase als zweiatomiges Molekül, $S_2$, vorliegt, ist eine dem $O_2$-Molekül analoge Struktur hier wahrscheinlich; man darf den violetten Schwefel daher nicht als eine Art metallische Modifikation ansehen.

Es wäre ebenso mißverständlich, beim elementaren Jod eine metallische Modifikation daraus ableiten zu wollen, daß Jod in seinen Einschlußverbindungen mit Stärke u. ä. („blaues Jod") eine begrenzte Elektronen-Delokalisierung besitzt. In diesen „Kanal-Einschlußverbindungen" liegen statt der Jodmoleküle, $J_2$, *Jod-Atomketten* mit einheitlichem Atomabstand (etwa 3,06 Å) vor. Sie existieren aber nur solange, als das Gitter der einschließenden Komponente (z. B. α-Amylose in „löslicher Stärke") vorhanden ist.

# K. Atom- und Ionenradien

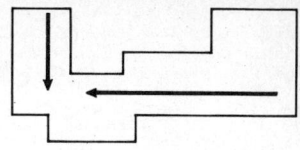

## K. 1. Die Atomvolumenkurve

In der Atomvolumenkurve der chemischen Elemente ist nach Abb. 53 eine überzeugende Periodizität zu erkennen, und diese erklärt sich unter Berücksichtigung der Festkörperstrukturen ohne weiteres aus dem Aufbauprinzip der Atome (50 ff.) und der Struktur der Elektronenhüllen (vgl. S. 91).

So sind zum Beispiel für die Alkalimetalle stets die größten Atomvolumina einer Periode zu erwarten, weil das einzelne s-Elektron der mit dem Alkalimetall gerade begonnenen Auffüllung der Elektronenschale vergleichsweise weniger stark vom Atomkern angezogen wird, als die Elektronen der folgenden, mehrwertigen Elemente.

Die allgemeine Kontraktion der Elektronenhüllen, die man in einer Horizontalreihe (Periode) des Systems feststellt, verteilt sich bei den kurzen Perioden auf nur acht Elemente, bei den langen Perioden jedoch auf 18 bzw. 32 Elemente. Die Folge davon sind deutlichere Größenunterschiede der leichten Elemente in den Kurzperioden im Vergleich zu den Metallen in den Langperioden. Somit ändern sich auch die chemischen Eigenschaften von einem Element zu seinem rechten Nachbarn in den kurzen Perioden prägnanter als in den Langperioden. Jedenfalls ist zwischen Bor, Kohlenstoff und Stickstoff längst nicht eine solch starke Verwandtschaft zu erkennen wie sie zwischen den Schwermetallen Mangan, Eisen und Kobalt oder zwischen den Elementen der Lanthanidenreihe besteht.

Es darf allerdings nicht übersehen werden, daß die Atomvolumina und die daraus abgeleiteten Atomradien aus Bestimmungen der Dichte und der kristallographischen Struktur stammen. So erklärt sich in erster Linie das Wiederansteigen der Atomvolumenkurve, nachdem sie in der Gegend der Eisen- und Platinmetalle ($B_0$) ein Minimum erreicht hat, aus der geringeren Symmetrie der Strukturen von B-Gruppenelementen rechts von der Kupfergruppe.

Extrem große Atomvolumina lassen auch eine große Kompressibilität erwarten. So gilt das Cäsium als das weicheste Metall mit einer Kompressibilität von $61,0 \cdot 10^{-6}$ (Hg: $3,9 \cdot 10^{-6}$), und die Mohs'sche Härte der Alkalimetalle nimmt mit steigendem Atomvolumen von 0,6 (Li) bis 0,2 (Cs) deutlich ab.

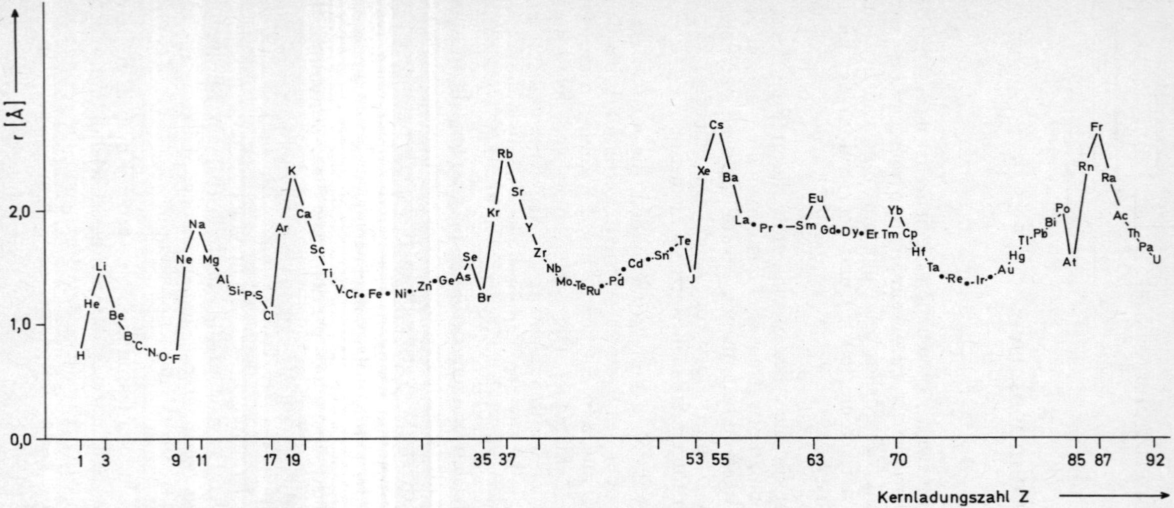

**Abb. 53** Atomradien (r) der Elemente 1 bis 92.

Die Alkalimetalle besitzen stets die größten Atomradien (und Atomvolumina), da ihr Valenzelektron einer relativ geringeren Anziehung durch den Atomkern unterliegt, doch ermäßigt sich der Größenzuwachs mit jeder neuen Langperiode, bis er am Ende des Systems praktisch gleich Null wird.

Der charakteristische periodische Abfall der Kurve nach jedem Alkalimetall ist eine Folge der Kontraktion, welche von den Atomkernen mit wachsenden Kernladungen ausgeht. Für das Wiederansteigen der Kurve hinter den Minima in der Eisen- bzw. Platingruppe sind die weniger symmetrischen Strukturen der B-Metalle verantwortlich (118). Von besonderer Bedeutung sind die auffallend großen Atomradien der Lanthanidenmetalle Europium und Ytterbium (s. S. 200).

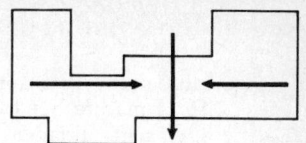

# K. 2. Dichte der Elemente

Mit Kenntnis der Atomgewichte und der Struktur der Elemente ist das *spezifische Gewicht* (Dichte) recht einfach gegeben. Unter der **„Röntgendichte"** versteht man dabei speziell den Wert, den man erhält, wenn das Volumen der kristallographischen Elementarzellen durch Röntgenbeugung vermessen und mit dem Gewicht der darin enthaltenen Atome verglichen wird.

Es versteht sich von selbst, daß eine Kurve der Dichten, die man gegen die Ordnungszahlen der Elemente aufträgt, eine Art Spiegelbild der Atomvolumenkurve (Abb. 53) liefern muß. Ebenso wie die vergleichsweise weniger symmetrischen Strukturen der Metametalle und der Halbmetalle für den Wiederanstieg der Atomvolumina rechts der $B_1$-Gruppe verantwortlich sind, fällt die Dichte der Elemente einer Langperiode zwangsläufig bei den B-Gruppen wieder ab.

Aufgrund der höheren Atomgewichte der schweren Homologen sind die absolut größten Dichten bei den Platinmetallen zu finden. Das Maximum liegt beim Osmium mit 22,6 g/cm³.

Abgesehen von Wasserstoff, Helium und Stickstoff sind nur die Alkalimetalle Lithium, Natrium und Kalium leichter als Wasser ($D \equiv 1,0$), sofern für die gasförmigen Elemente die Dichtewerte herangezogen werden, die für deren flüssige Phase am Siedepunkt gelten. Bei polymorphen („allotropen") Elementen kommt natürlich jeder einzelnen Modifikation eine besondere Dichte zu. Dabei ist die bekannte **„Ostwald**sche **Stufenregel"** jedoch nach VOLLMER so zu verstehen, daß aus dem molekulardispersen Zustand (z. B. Gasphase, Lösung) bei Kondensation oder Kristallisation stets zuerst die Modifikation mit der *geringeren Dichte* auftritt.

Im Lichte der so interpretierten Ostwaldschen Stufenregel wird es verständlich, wenn zum Beispiel die *rote* (Hochtemperatur-) *Modifikation des Selens* ($D = 4,27$) bei der Reduktion der Selenitlösung $(SeO_3)^{2-}$ mit Schwefeldioxid zuerst ausfällt und sich langsam (bei höherer Temperatur beschleunigt[1]) in die *stabile Form des grauen Selens* ($D = 4,8$) umwandelt.

Auch bildet sich bei der thermischen Zersetzung einer Kohlenstoffverbindung keineswegs die Hochtemperatur- und Hochdruckmodifikation Diamant ($D = 3,52$), sondern stets die weniger dichte Form des Graphits ($D = 2,26$).

---

[1] Faustregel: 2- bis 3fache Geschwindigkeit bei etwa 10° höherer Temperatur.

# K. 3. Molvolumina der Verbindungen

Dreißig Jahre nach Veröffentlichung der Döbereinerschen Triaden-
*regel* (s. S. 1) machte SCHRÖDER 1859 darauf aufmerksam, daß man
zu ganz ähnlichen „Triaden" gelangt, wenn die **Molvolumina** homologer Salze miteinander verglichen werden.

Tabelle 20    **Molvolumina [in cm³/Mol] von Halogeniden**
Die in runden Klammern angegebenen Differenzen der Molvolumina sind
von gleicher Größenordnung.

| KCl | 37 | NaCl | 26,5 | AgCl | 26 |
|-----|-----|------|------|------|-----|
|  | (5) |  | (4,5) |  | (3) |
| KBr | 42 | NaBr | 31 | AgBr | 29 |
|  | (10) |  | (9) |  | (10) |
| KJ | 52 | NaJ | 40 | AgJ | 41 |

Solche Linearbeziehungen haben sich im Rahmen *einer* Bindungsart
(z. B. bei den Alkalihalogeniden) vielfach bewährt. Sie versagen
jedoch beim Vergleich von Verbindungen verschiedener Bindungsart,
etwa in der Reihe

$CF_4$    V = 43 cm³ (31,6)    $CCl_4$    V = 74,6 cm³ (13,8)    $CBr_4$    V = 88,4 cm³.

Somit stellen die Molvolumina der Verbindungen grundsätzlich keine
additiven Größen dar.

Man hat dennoch versucht, *„Rauminkremente"* als additive Größen
zur Abschätzung der Molvolumina festzulegen. Dabei ergibt sich z. B.
für das Sauerstoffatom ein Volumeninkrement von etwa 11 cm³,
während Berylliumionen bei diesem Verfahren keinen Beitrag zum
Molvolumen der Berylliumverbindungen liefern, also das zugehörige
Rauminkrement mit 0 angesetzt werden müßte. Ähnliches gilt für das
relativ kleine Lithiumion mit dem Volumeninkrement 0 bis 2.

Die Ursache dafür liegt in der relativen Größe der Anionen, die das
äußerst kleine Berylliumion (r = 0,35 Å) fast in allen Fällen vollständig einhüllen. Das heißt allgemein:

Kleine Metallionen „verschwinden" in den Gitterlücken der aus großen
Anionen aufgebauten Struktur.

Auf diese Weise erklärt sich recht anschaulich die vielleicht überra-
schende Tatsache, daß die *Molvolumina der Metalloxide und Sauer-
stoffkomplexe* zumeist *ein ganzes Vielfaches von 11 cm³* betragen
und der zugehörige Faktor sich einfach aus der Zahl der Sauerstoffatome in der Formeleinheit ergibt.

Tabelle 21 **Molvolumina [cm³/Mol] von Metalloxiden und Oxokomplexen**

| Typ: | $MO_2$ | $M_2O_3$ | $(XO_3)^{n-}$ | $M_3O_4$ | $(XO_4)^{n-}$ | $M_2O_5$ |
|---|---|---|---|---|---|---|
| Beispiele: | $ZrO_2$ | $SO_3$ | $(SiO_3)^{2-}$ | $Fe_3O_4$ | $(AsO_4)^{3-}$ | $Ta_2O_5$ |
| | $SiO_2$ | $CrO_3$ | $(PO_3)^-$ | | $(MoO_4)^{2-}$ | $V_2O_5$ |
| Molvolumen etwa: | 22 | 33 | 33 | 44 | 44 | 55 |

Diese Molvolumenregel leitet sich strukturell daraus ab, daß die Sauerstoffatome ein Gitter mit dichtester Kugelpackung bilden und sich dabei *untereinander berühren*, während die kleineren Metallatome (bzw. Metallionen) ohne Schwierigkeit Platz in den Gitterplätzen *zwischen* den Sauerstoffatomen finden. Deshalb wird durch die individuelle Größe der Metallionen die Größe des Gesamtgitters nur wenig oder überhaupt nicht beeinflußt.

# L. Die Ionenradien

Grundsätzlich hat weder ein nachbarloses Atom noch ein isoliert gedachtes Ion eine definierte äußere Begrenzung. Diese ergibt sich vielmehr erst in der Berührung mit einem Nachbaratom oder Nachbar-Ion, und nur die **„ideale" Ionenbindung** schafft die Voraussetzung dafür, echte Ionenradien zu bestimmen.

Dies ist in den zwanziger Jahren durch röntgenographische Vermessung an typischen Salzen und Oxiden geschehen. Dabei ist man von der röntgenographisch nachweisbaren Berührung der kugelsymmetrischen Ionen ausgegangen unter der Annahme, daß diese sich wie starr-elastische Kugeln verhalten, zumindest in den typischen Salzen.

Die von Linus PAULING vorgeschlagene Bezeichnung **„Gitter-Radien"** statt „Ionen-Radien" unterstreicht deren Gültigkeit für ausschließlich *feste Kristallsysteme*, aus denen die „Gitterradien" ermittelt worden sind.

Bei Ionen mit vergleichbarer Elektronenkonfiguration steigen die Gitterradien *mit steigender Hauptquantenzahl* an. Dieser Effekt ist jedoch bei den höheren Homologen weniger ausgeprägt und für die schwersten Ionen des Systems macht sich außer der **„Lanthanidenkontraktion"** (S. 202) die zunehmende *Polarisierbarkeit der Atomhüllen* ausgleichend bemerkbar. So ist beispielsweise anzunehmen, daß sich die noch nicht ganz gesicherten Radien der Metalle Francium und Radium nur wenig von den genauer bestimmten Werten des Cäsiums und Bariums unterscheiden.

Wieweit bei *hochgeladenen Zentralionen* eines Komplexes noch von „Ionenradien" gesprochen werden darf, hängt davon ab, ob die im Komplex angenommene Ionenbindung nicht bereits weitgehend polarisiert ist und sich dem Charakter einer Atombindung (kovalenter Bindung) angenähert hat (z. B. $Mn^{7+}$ in $KMnO_4$) In den Tabellen im Anhang sind solche problematischen „Ionenradien" trotzdem aufgenommen, um deren Abhängigkeit von der Ionenladung zu demonstrieren (s. „scheinbare Ionenradien", Tab. 79).

Während die „edelgasähnlichen" Ionen der stark elektropositiven A-Metalle ($A_1$ bis $A_3$), wenigstens bei den leichteren Homologen, als ausgesprochen „hart" und starr-elastisch angesehen werden, und sie mit entsprechenden Gegenionen mehr oder minder typische Salze bilden, lassen sich die ebenfalls edelgasähnlichen *Anionen* auf der Nichtmetallseite des Periodensystems vielfach leicht polarisieren und bedingen dann die Bildung weniger typischer Salze. (175)

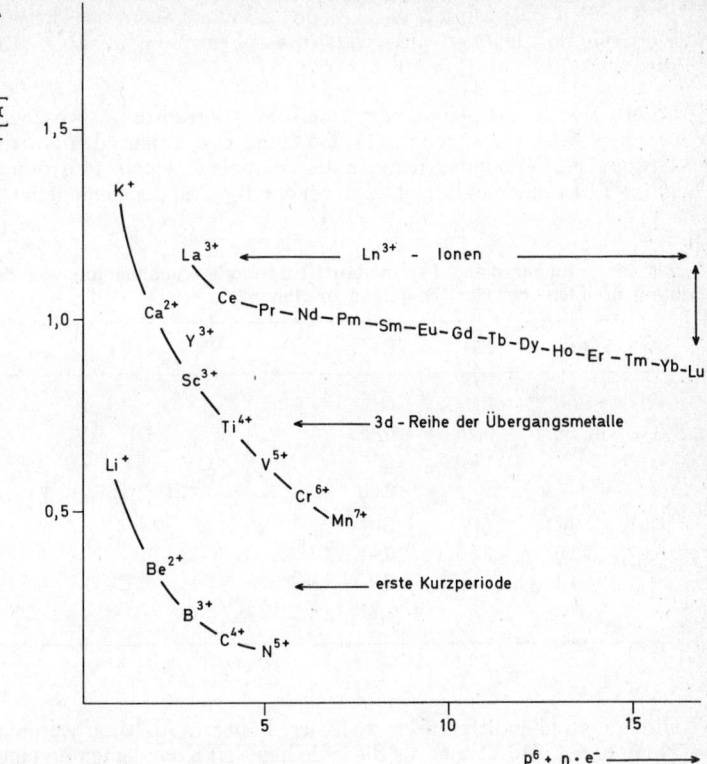

Abb. 54   Ionenradienkontraktionen.

a) der dreiwertigen Lanthanidenionen (Ln$^{3+}$-Ionen)
b) von Ionen der 3d-Reihe mit maximaler Oxidationszahl
c) der Reihe Li$^+$ bis N$^{5+}$
r = Ionenradius

Die Werte stammen aus der röntgenographischen Vermessung von Kristallen mit „Zentralionen" der als Elektrovalenz angegebenen Oxydationszahl, ungeachtet davon, ob „Zentralionen" mit maximaler Ladung noch als Ionen existieren.

Zusammenfassend liefern die Ionenradientabellen im Anhang etwa folgendes Bild:

— Die Ionenradien gehören, ebenso wie die Atomradien, zu den „periodischen" Größen der chemischen Elemente.

— Die Ionenradien nehmen *sprunghaft* zu, sobald eine neue äußere Elektronenschale aufgebaut wird. Im Prinzip haben also die einwertigen Alkali-Ionen die vergleichsweise größten positiven Radien.

— Sofern jedoch auch Anionen in eine solche Betrachtung einbezogen werden, liegt die sprunghafte Zunahme der Ionenradien in *der* Gruppe des Periodensystems, in der erstmals eine *volle Auffüllung der p-Teilschale* möglich ist, d. h. bei den $B_4$-Gruppenelementen.

Tabelle 22    „Ionenradien" [Å] in den Kurzperioden unabhängig von der Existenz dreifach oder vierfach geladener „Ionen"

| | $A_1$ | $A_2$ | $B_3$ | $B_4$ | $B_5$ | $B_6$ | $B_7$ | $A_0$ |
|---|---|---|---|---|---|---|---|---|
| | $Li^+$ | $Be^{2+}$ | $B^{3+}$ | $C^{4+}$ | | | | |
| r = | 0,68 | 0,35 | 0,20 | 0,15 | | | | |
| | | | | $C^{4-}$ | $N^{3-}$ | $O^{2-}$ | $F^-$ | $Ne^0$ |
| | | | | 2,60 | 1,71 | 1,40 | 1,36 | 1,10 |
| | $Na^+$ | $Mg^{2+}$ | $Al^{3+}$ | $Si^{4+}$ | | | | |
| r = | 0,97 | 0,65 | 0,50 | 0,41 | | | | |
| | | | | $Si^{4-}$ | $P^{3-}$ | $S^{2-}$ | $Cl^-$ | $Ar^0$ |
| | | | | 2,71 | 2,12 | 1,84 | 1,81 | 1,50 |

— Die Ionenradiendifferenzen zwischen höheren (d. h. schwereren) Homologen sind kleiner als die zwischen den Kopfelementen einer Gruppe, z. B.:

$Li^+ r = 0,68$ Å            $Be^{2+} r = 0,35$ Å
$\Delta = 0,29$                    $\Delta = 0,3$
$Na^+ r = 0,97$              $Mg^{2+} r = 0,65$
$\Delta = 0,36$                    $\Delta = 0,34$
$K^+ r = 1,33$                $Ca^{2+} r = 0,99$
$\Delta = 0,14$                    $\Delta = 0,13$
$Rb^+ r = 1,47$              $Sr^{2+} r = 1,12$
$\Delta = 0,20$                    $\Delta = 0,22$
$Cs^+ r = 1,67$              $Ba^{2+} r = 1,34$

Da die chemischen Eigenschaften der Metalle vielfach mit dem Radius ihrer Ionen zusammenhängen, folgt daraus oft eine relativ größere chemische Verwandtschaft zwischen den schweren Homologen einer Gruppe (vgl. auch S. 180 ff.).

— Die *gesamte Elektronenhülle* eines Atoms oder Ions unterliegt der *elektrostatischen Anziehung* durch den Atomkern. Dies hat zur Folge, daß Ionen gleicher Konfiguration wie z. B. $F^-$ ($r = 1,33$ Å), $Ne^\circ$ ($r = 1,1$ Å) und $Na^+$ ($r = 0,95$ Å) oder $Cl^-$ ($r = 1,81$ Å), $Ar^\circ$ ($r = 1,5$ Å) und $K^+$ ($r = 1,33$ Å) durchaus nicht den gleichen Radius haben.

— Bei gleicher Kernladung haben Ionen mit höherer Ladung grundsätzlich den kleineren Radius, z. B. $Mn^{2+} = 0,76$ Å, $Mn^{3+} = 0,66$ Å, $Mn^{4+} = 0,60$ Å, $Mn^{7+} = 0,46$ Å.

— Die Ionen unterliegen, ebenso wie die Atome, innerhalb einer Periode (d. h. bei gleicher Hauptquantenzahl n) einer gesetzmäßigen „Kontraktion", welche aus der Anziehung der Elektronenhülle durch den Atomkern resultiert (Abb. 54). Innerhalb einer Horizontalreihe des Periodensystems sollten die Ionenradien — bei konstanter Ionnenladung — von links nach rechts abnehmen, z. B.:

| | $Ti^{2+}$ | $V^{2+}$ | $Cr^{2+}$ | $Mn^{2+}$ | $Fe^{2+}$ | $Co^{2+}$ | $Ni^{2+}$ | $Cu^{2+}$ | $Zn^{2+}$ |
|---|---|---|---|---|---|---|---|---|---|
| r[Å] = | 0,9 | 0,88 | 0,8 | 0,76 | 0,76 | 0,78 | 0,78 | 0,69 | 0,74 |

| | $Ti^{3+}$ | $V^{3+}$ | $Cr^{3+}$ | $Mn^{3+}$ | $Fe^{3+}$ | $Co^{3+}$ | $Ni^{3+}$ |
|---|---|---|---|---|---|---|---|
| r[Å] = | 0,76 | 0,74 | 0,69 | 0,66 | 0,64 | 0,63 | 0,62 |

— Von ganz besonderer Bedeutung ist hier die sogenannte **„Lanthaniden-Kontraktion"** (GOLDSCHMIDT), die eine systematische Abnahme der Basizitäten der Lanthanidenoxide zur Folge hat. (202)

— Der Effekt der „Ionenkontraktion" bewirkt oft eine Angleichung der Ionenradien zwischen chemischen Elementen, die im periodischen System schräg untereinander stehen (sogen. **„Diagonalregel"** von GOLDSCHMIDT, oftmals mit dem Begriff „Schrägbeziehung" unzulässig verallgemeinert).

— Nach V. M. GOLDSCHMIDT bestehen Zusammenhänge zwischen den Ionengrößen und den chemischen Eigenschaften der Elemente: „Analog gebaute Ionen gleicher Valenz und gleicher Dimension in vergleichbaren Kristallen zeigen Ähnlichkeit auch in bezug auf rein chemische Eigenschaften". Neben dem Paradebeispiel hierfür (chem. Verhalten von $Zr^{4+}$ und $Hf^{4+}$ praktisch identisch) gibt es zahlreiche Fälle von kristallchemischer Verwandtschaft infolge ähnlicher Ionengrößen (s. Tab. 23).

Tabelle 23   **Zur Goldschmidtschen „Diagonalregel"**

Die in den Diagonalen stehenden Ionen verschiedener Ladung zeigen kristallchemische Verwandtschaftsbeziehungen. Infolge der Lanthanidenkontraktion kann die Regel jedoch nicht auf die 5d-Reihe ausgedehnt werden (Radien in Å).

| | | | | | |
|---|---|---|---|---|---|
| $Li^+$ 0,68 | | | | | |
| $Na^+$ 0,97 | $Mg^{2+}$ 0,65 | | | | |
| $K^+$ 1,33 | $Ca^{2+}$ 0,99 | $Sc^{3+}$ 0,68 | $Ti^{4+}$ 0,68 | $V^{5+}$ 0,59 | |
| $Rb^+$ 1,47 | $Sr^{2+}$ 1,12 | $Y^{3+}$ 0,88 | $Zr^{4+}$ 0,8 | $Nb^{5+}$ 0,7 | $Mo^{6+}$ 0,62 |
| | $Ba^{2+}$ 1,34 | $La^{3+}$ 1,14 | | | |

Ganz ähnliche kristallchemische Beziehungen bestehen zwischen den Elementen Silicium, Aluminium, Bor, Gallium und Germanium. Sie zeigen sich z. B. darin, daß $Al^{3+}$-Ionen Siliciumatome in der Raumnetzstruktur des Quarz ersetzen können. [„Alumosilikate", wie Kalifeldspat, abgeleitet durch Ersatz jedes vierten Si-Atoms durch Al : $K(AlSi_3O_8)$]. Eine solche Ersetzbarkeit ähnlicher Ionen erklärt auch, warum bestimmte Elemente in die Gesteine anderer Elemente eingebaut und dadurch „getarnt" sind (z. B. Nickel in Magnesiumsilikaten, Gallium in Aluminiumverbindungen, Germanium in Silikaten).

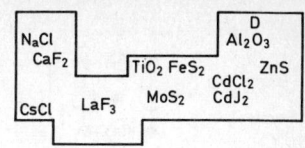

# L. 1. Ionenradius und Struktur

Unter der Voraussetzung der idealen Ionenbindung, in der man annehmen darf, daß sich die starr-elastischen Ionenkugeln gerade eben berühren, sollten sich die Strukturen nur aus geometrischen Bedingungen ergeben (Abb. 157).

So kann man sich z. B. kaum vorstellen, daß sich ein zentrales Kation in der Raummitte eines von großen Anionen gebildeten Würfels befindet, wenn es nicht groß genug ist, das Würfelzentrum auszufüllen. Es würde gewissermaßen „im Ligandenkäfig klappern" (KETELAAR). Daher beobachtet man eine Würfelstruktur der Koordinationszahl 8 nur bei ausgesprochen großen Kationen im Verhältnis zur Anionengröße, zum Beispiel bei den Alkalisalzen CsCl, CsBr, CsJ, sowie den dimorphen Ammoniumhalogeniden $NH_4Cl$ ($< 184°$), $NH_4Br$ ($< 138°$) und $NH_4J$ ($< -18°$).

Sobald das Kation die für die Cäsiumchlorid-Struktur zu fordernde Größe nicht mehr erreicht, muß es sich mit der Koordinationszahl 6 zufrieden geben; für die oktaedrische Anordnung sind Radienverhältnisse $r_{Anion}/r_{Kation}$ zwischen 0,42 und 0,73 geeignet.

Da die Radienverhältnisse zwischen Anionen und Kationen in vielen Fällen innerhalb der genannten Grenzen 0,41 und 0,73 liegen, ist die oktaedrische Struktur bei Salzen und Salzhydraten sehr verbreitet. Nicht nur Steinsalz und die meisten übrigen Alkalihalogenide gehören zum NaCl-Typ, sondern auch zahlreiche binäre zwei-zweiwertige Oxide wie CaO, MgO, MnO, FeO und NiO, ferner PbS, TiN, TiC, VN, VC, CrN u. a., Verbindungen also, denen sicherlich keine Ionenbindung mehr zugrunde liegt.

Andererseits wäre bei extrem kleinen Kationen eine tetraedrische Anionenanordnung zu erwarten. Doch findet man diese kaum bei typischen Salzen mit idealer Ionenbindung, sondern bevorzugt in der dem Diamantgitter analogen „Zinkblende-Struktur", die sich unter Umständen in die hexagonale Wurzit-Struktur umwandeln kann.

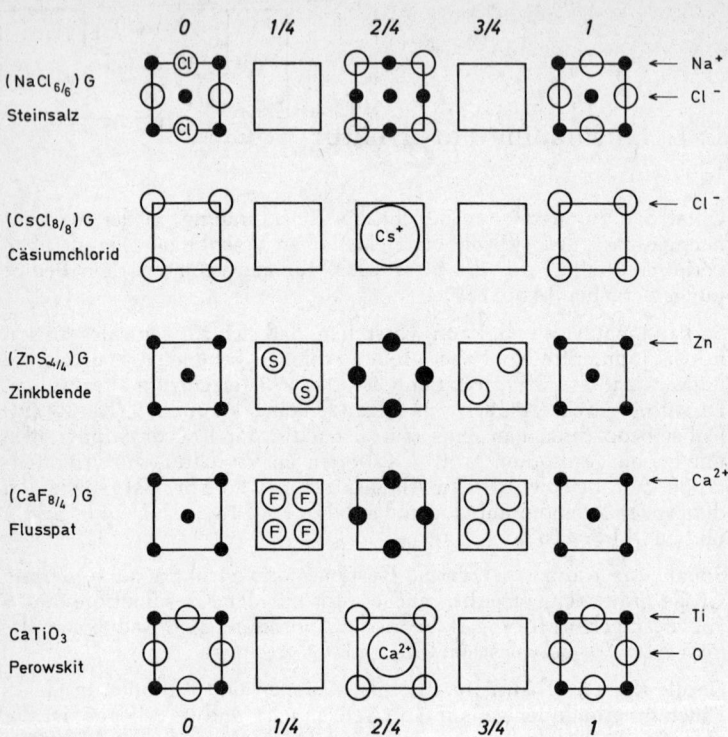

**Abb. 55**   Wichtige kubische Salzstrukturen.

In den „*Niggli-Formeln*" beschreiben die Indices die Koordination. Im $(CaF_{8/4})_G$ ist z. B. jedes Fluorid-Ion von 4 $Ca^{2+}$-Ionen umgeben, ein $Ca^{2+}$-Ion dagegen von 8 $F^-$-Ionen. Die 5 quadratischen Schemata sind im Abstand von je $^1/_4$ der Kantenlänge hintereinander zu stellen, um die räumliche Struktur zu erhalten.

**Tabelle 24** **Grenzradienbedingungen für die Struktur von A-B-Verbindungen**

Salzartige Verbindungen vom Typ A–B können kristallisieren in der kubischen Form von

| **ZnS** | **NaCl** | **CsCl** |
|---|---|---|
| Zinkblende | Kochsalz | Cäsiumchlorid |

wenn das Radienverhältnis $\dfrac{\text{Radius des Kations}}{\text{Radius des Anions}}$ zwischen den Grenzen

| **0,225** | **0,414** | **0,732** | liegt*. |
|---|---|---|---|

Jedes Ion ist in diesem Falle von

| **4** | **6** | **8** |
|---|---|---|

anderen Ionen in Form der folgenden Polyeder umgeben:

| **Tetraeder** | **Oktaeder** | **Würfel** |
|---|---|---|

| Beispiele: | MgTe | 0,37 | SrS | 0,73 | CsCl | 0,91 |
|---|---|---|---|---|---|---|
| | BeO | 0,26 | KBr | 0,68 | CsBr | 0,84 |
| | BeS | 0,20 | CaS | 0,61 | | |
| | | | MgO | 0,59 | | |
| | | | NaCl | 0,54 | | |
| | | | LiCl | 0,43 | | |

* Ausnahmen von Tabelle 24 und 25 erklären sich zumeist daraus, daß die Ionen eine gewisse „Deformation" erfahren, also nicht mehr als ideale Ionenkugeln vorliegen.

**Tabelle 25** **Grenzradienbedingungen für die Struktur von A-B$_2$-Verbindungen**

Verbindungen des Typs A–B$_2$ können kristallisieren in

| | Quarz-Strukturen ($SiO_2$) | Rutil-Struktur ($TiO_2$) | Fluorit-Struktur ($CaF_2$) |
|---|---|---|---|
| mit der Koordination | $^4/_4$ | $^6/_3$ | $^8/_4$ |

wenn das Radienverhältnis $r_A : r_B$ zwischen den Grenzen

| 0,225 | 0,414 | 0,732 | liegt*. |
|---|---|---|---|

| Beispiele: | $SiO_2$ | 0,29 | $TiO_2$ | 0,48 | $CaF_2$ | 0,80 |
|---|---|---|---|---|---|---|
| | $BeF_2$ | 0,26 | $MnO_2$ | 0,39 | $CdF_2$ | 0,74 |
| | $GeO_2$ | 0,36 | $SnO_2$ | 0,56 | $CeO_2$ | 0,77 |
| | | | $MgF_2$ | 0,58 | $UO_2$ | 0,79 |
| | | | $NiF_2$ | 0,59 | $ThO_2$ | 0,83 |
| | | | $PbO_2$ | 0,64 | $PbF_2$ | 0,99 |
| | | | $TeO_2$ | 0,67 | $BaF_2$ | 1,05 |

Das Auftreten der Zinkblendestruktur bei binären Verbindungen kann mit zu den „periodischen Eigenschaften" der Elemente gerechnet werden (107). Die Abbildungen 24 bis 25 beschreiben die Grenzradienverhältnisse bei AB-Verbindungen, sowie eine einprägsame Ableitung der Zinkblendestruktur.

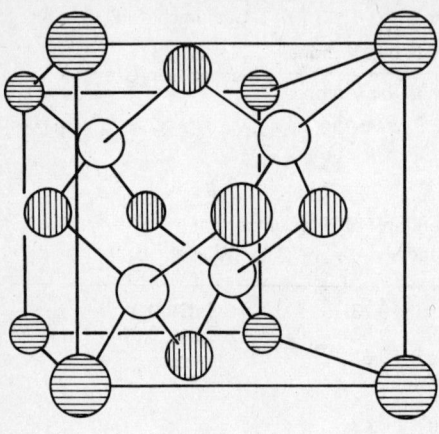

Die senkrecht schraffierten Kugeln stehen im Zentrum der *Würfelflächen* der Elementarzelle (vgl. kubisch-dichteste Kugelpackung der Metalle).

Die Zinkblendestruktur leitet sich von kubisch-flächenzentrierten Gitter dadurch ab, daß *jeder zweite Oktant der Elementarzelle* von einem Fremdatom (S bzw. Zn) besetzt ist. Jedes Atom hat vier Nachbarn in tetraedrischer Anordnung. („Niggli-Formel": $[ZnS_{4/4}]_G$).

Abb. 57    Kristallgitter der Zinkblende.

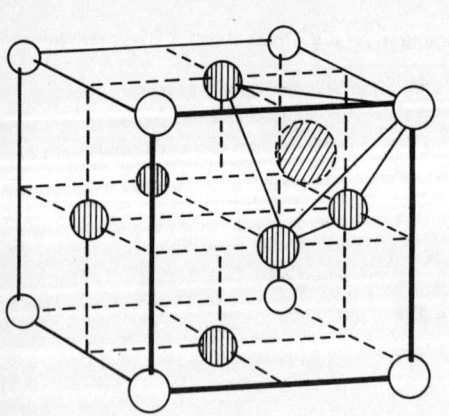

Abb. 58    Ableitung der Calciumfluorid- und der Zinkblende-Struktur. Besetzt man die einer kubisch-dichtesten Kugelpackung entsprechenden Ionenplätze mit Metallionen und alle 8 Oktanten des Elementarwürfels mit Fluorionen, so resultiert die Elementarzelle des $CaF_2$. Stellen die Gitterpunkte der flächenzentrierten Zellen Zinkatome dar, und sind *nur vier* Oktanten *abwechselnd* mit Sulfidionen besetzt, so ergibt sich die Zinkblendestruktur. Die gleiche Anordnung haben die Kohlenstoffatome im Diamant.

Die Zahl der Atome (oder Ionen) in einer Elementarzelle läßt sich abzählen, sofern man berücksichtigt, daß Atome an der Würfel*ecke* nur zu $1/8$ und solche im *Flächen*zentrum zur Hälfte der Elementarzelle angehören.

*Extrem kleines Zentralion* (z. B. in ZnS)

Radienquotient: 0,22 bis 0,41

Koordinationszahl: 4

Tetraedrische Ionenanordnung

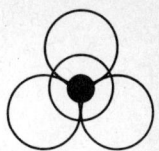

Wegen der relativ großen Ausdehnung der Anionen werden diese jedoch vom kleinen Kation polarisiert, so daß nicht mehr die Idealbedingungen der Ionenbindung gegeben sind.

Infolge Ionenpolarisation können Zinkblende- bzw. Wurzitstrukturen auftreten, auch wenn der Ionenradienquotient nicht innerhalb der Grenze 0,22—0,41 liegt (z. B. α-AgJ (ZnS) und β-AgJ (Wurzit) mit $R_A/R_K = 0,58$).

*Zentralion von mittlerer Größe* (z. B. NaCl)

Radienquotient: 0,42 bis 0,73

Koordinationszahl: 6

Oktaedrische Ionenanordnung

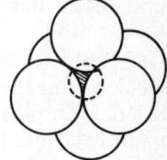

Häufigste Koordination der typischen Salze und Salzhydrate. Im NaCl-Typ kristallisieren alle Alkalihalogenide (mit Ausnahme von CsCl, CsBr und CsJ) sowie viele zwei-zweiwertige Oxide, wie CaO, MgO; aber auch AB-Verbindungen wie PbS, die keine echte Ionenbindung besitzen.

*Besonders großes Zentralion* (z. B. in CsCl)

Radienquotient größer als 0,73

Koordinationszahl: 8

Würfelförmige Ionenanordnung

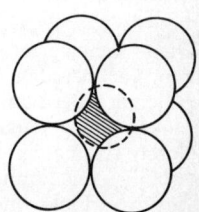

Relativ seltene Struktur bei echten Salzen, weil nur wenige Kationen das geforderte Radienverhältnis gegenüber ihren Anionen erreichen. Bei polarisierten Ionenbindungen werden infolge einer Valenzausrichtung im Raum für die Koordinationszahl 8 meist andere Anordnungen beobachtet. Jedoch findet sich das kubisch-raumzentrierte Gitter bei den Metallstrukturen der Alkali- und Erdalkalimetallen wieder.

Abb. 56   Ionenradien-Verhältnis und Koordination.

Für die im Raum grundsätzlich nicht gerichtete Ionenbindung ergeben sich die Koordinationen praktisch nur aus geometrischen Bedingungen.

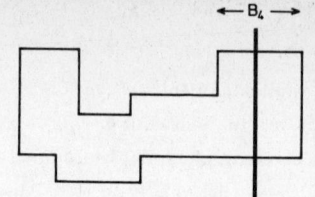

## L. 2.  Die „Zinkblende-Regel"

Ebenso wie im Diamant sind alle Atome in der kubischen Zinkblende-struktur sowie in der hexagonalen Wurzitstruktur von vier Nachbar-atomen in tetraedrischer Anordnung umgeben. Die NIGGLIsche „Koordinationsformel" bringt dies in $(ZnS_{4/4})_G$ durch den Index 4/4 zum Ausdruck (G = „Gitter").

Theoretisch wäre die Radienbedingung dazu ein Quotient zwischen 0,225 und 0,414. Es kristallisieren jedoch nicht alle A-B-Verbindun-gen, deren Ionenradienquotient Q innerhalb dieser Grenzen läge, im Zinkblende- oder Wurzittyp (z. B. nicht LiJ mit Q = 0,316, LiBr mit Q = 0,35, LiCl mit Q = 0,378, VN mit Q = 0,38, TiC mit Q = 0,246 und viele andere). Umgekehrt kennt man zahlreiche Stoffe mit Zink-blende- oder Wurzitstruktur, deren Radienquotienten (nach einschlä-gigen Tabellen berechnet) keineswegs in die Spanne zwischen 0,225 und 0,414 passen (z. B. AgJ mit Q = 0,575, CuCl mit Q = 0,53, CuBr mit Q = 0,491 und CuJ mit Q = 0,44 γ-MnS mit 0,432 u. a.).

Der Grund dafür liegt darin, daß die Ionen in Wirklichkeit nicht in der idealen Kugelform vorliegen, mit der man beim Tetraedermodell rechnet. Infolge von Ionendeformationen und Polarisationseffekten kann beispielsweise ein eigentlich „zu großes" Metall-Ion durch seine Liganden derart zusammengedrückt werden, daß es nun in die Tetra-ederstruktur paßt. Dies setzt allerdings eine ausreichende Polarisier-barkeit (168) des betreffenden Ions voraus, die man bei den „harten", positiven Metallen mit Edelgaskonfiguration in den A-Grup-pen des Periodensystems nicht ohne weiteres erwarten darf. Denn es handelt sich bei den Zinkblende- und Wurzitstrukturen der salzarti-gen Verbindungen um stark polarisierte Ionenbindungen, die einen Übergang zwischen elektrovalenter und kovalenter Bindung dar-stellen.

Bemerkenswerterweise kommt die tetraedrische Atomanordnung nicht nur vor bei den Elementen der $B_4$-Gruppe (Kohlenstoff, Diamant, Silicium, Germanium und α-Zinn), deren Atome über vier Valenz-elektronen verfügen, sondern auch bei Verbindungen vom A-B-Typ, deren Atome *im Mittel* vier Elektronen in ihren äußersten Schalen mobilisieren können. Ein Beispiel hierfür ist die Zinkblende, ZnS, in der zwei Elektronen des Zinkatoms und sechs Außenelektronen des Schwefelatoms zusammen acht Elektronen darstellen, die sich auf zwei Atome verteilen. Dies ist im wesentlichen der Inhalt der **Zink-blende-Regel**[2]:

---

[2] eigentlich „Grimm-Sommerfeldsche Regel"

Zinkblende bzw. Wurzitstrukturen können bei A—B-Verbindungen auftreten, deren Atome aus der $B_4$-Gruppe oder aus zwei, von der $B_4$-Gruppe gleich weit entfernt stehenden Gruppen stammen.

---

Die Zahl der Ausnahmen von dieser an sich recht bewährten Regel läßt sich in erträglichen Grenzen halten ,wenn die Metalle *Beryllium*, *Magnesium* und *Aluminium* zu den *B-Gruppenelementen* gerechnet werden. Auf diese Weise bleiben A-Gruppen-Metalle im allgemeinen außerhalb der Regel (Ausnahme z. B. Manganchalkogenide).

Tabelle 26   **Zinkblende- und Wurzitstrukturen binärer Verbindungen aus B-Gruppenelementen, die gleichweit von der $B_4$-Gruppe entfernt stehen**

| $B_1$ | $B_2$ | $B_3$ | $B_4$ | $B_5$ | $B_6$ | $B_7$ |
|-------|-------|-------|-------|-------|-------|-------|
| CuH | BeO | BN | Diamant | GaN | BeSe | CuH [3] |
| CuCl | MgSe | AlN | SiC | AlP | MgTe | CuCl |
| CuBr | **ZnS** | GaSb | Ge-Si | AlAs | ZnSe | CuBr |
| CuJ | CdS | InSb | α-Sn | GaAs | ZnTe | CuJ |
| β-AgJ | HgS | GaP | Ge-Sn | AlSb | HgTe | β-AgJ |

Zu den wichtigsten Ausnahmen von der **Grimm-Sommerfeldschen Regel** zählen:

1. Die Gold- und Silberhalogenide kristallisieren nicht im Zinkblende-Typ, abgesehen von β-AgJ, welches sowohl in Zinkblende- als auch in Wurzitstruktur auftritt.

2. Während sich BeO (Wurzitstruktur) der Regel anpaßt, kristallisiert MgO (evtl, wegen der großen Elektronegativität des Anions) im im NaCl-Typ.

3. Die Manganchalkogenide MnS, MnSe und MnTe kristallisieren mit tetraedrischer Koordination, scheinbar entgegen der Grimm-Sommerfeldschen Regel, sofern man das Mangan wegen seiner $d^5s^2$-Konfiguration (vgl. S. 49) nicht als einen „Verwandten" des Zinks ($d^{10}s^2$) betrachtet.

Diese Zusammenhänge erläutern die Abhängigkeit von Ionengröße und Struktur und lassen sich mit Hilfe des periodischen Systems übersichtlich einordnen.

---

[3] Im echten Kupferhydrid sollte man das Wasserstoffatom mit einem der Halogene vergleichen und in $B_7$ einordnen.

Dazu gehört schließlich auch die Erfahrung, daß die Atomabstände bei Zinkblendestrukturen *ungefähr gleich* sind, wenn

a) die beteiligten Elemente aus der gleichen Periode des Periodensystems stammen (Tab. 27) oder

b) die Summen der Kernladungszahlen (= Zahl der Elektronen) der Verbindungspartner übereinstimmen (Tab. 28).

Tabelle 27   **Atomabstände in ZnS-Strukturen mit Elementen aus der gleichen Periode des Systems**

|  |  |  |  |
|---|---|---|---|
|  | BeO<br>1,645 | BN<br>1,565 | Diamant<br>1.544 |
|  |  | AlP<br>2,360 | Silicium<br>2.352 |
| CuBr<br>2,460 | ZnSe<br>2,447 | GaAs<br>2,448 | Germanium<br>2,450 |
| AgJ<br>2,815 | CdTe<br>2,807 | InSb<br>2,805 | β-Zinn<br>2,810 |

Tabelle 28   **Atomabstände in ZnS-Strukturen mit gleicher Gesamtsumme der Elektronen (= Summe der Kernladungen Z)**

| Verbindung | Summe Z | Atomabstand [Å] | Strukturtyp |
|---|---|---|---|
| CuCl | 46 | 2,34 | ZnS, kub. |
| ZnS | 46 | 2,35 | ZnS, kub.[a] |
| GAP | 46 | 2,35 | ZnS, kub. |
| AlAs | 46 | 2,43 | ZnS, kub. |
| CuJ | 82 | 2,62 | ZnS, kub. |
| ZnTe | 82 | 2,64 | Wurzit, hex. |
| GaSb | 82 | 2,64 | ZnS, kub. |
| CdSe | 82 | 2,62 | Wurzit, hex. |

[a] und Wurzit, hex.

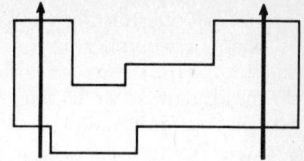

# M. Die Gitterenergie

Ionenradien gehören in der anorganischen Chemie noch stets zu den häufig diskutierten Größen, auch in Fällen, in denen sie bei strenger Betrachtung eigentlich nicht mehr verwendet werden dürften.

Vielleicht liegt dies daran, daß man aus der Kenntnis der Ionenradien der Partner einer salzartigen Verbindung vielfach qualitativ auf deren kristallographische Stabilität schließen kann. So ist beispielsweise überschlägig einzusehen, daß die elektrostatischen Kräfte im Calciumfluorid ($F^-Ca^{2+}F^-$) stärker sein sollten als im Kaliumfluorid ($K^+F^-$), weil im letzteren Fall nur ein einwertiges Kation vorliegt, dessen Coulombsche Kraft nach

$$K = \frac{e_{K^+} \cdot e_{F^-}}{a^2} \cdot \frac{1}{\varepsilon}$$

a = Abstand der Ionen
$e^+$ und $e^-$ = Ionenladungen
$\varepsilon$ = Dielektrizitäts-Konstante (DK), im Vakuum $\equiv 1$.

nicht so groß ist, wie die des doppelt positiv geladenen Calciumions. Tatsächlich erweist sich $CaF_2$ im Gegensatz zu KF als sehr schwerlöslich in Wasser.

Eine solche unterschiedliche Löslichkeit müßte man aber im Lichte der herrschenden Gitterenergien betrachten, insofern als eine salzartige Verbindung mit sehr geringer Gitterenergie im Kontakt mit Wasser ($\varepsilon = 81$) leicht in Lösung geht, sobald die Anziehungskräfte zwischen den Ionen im Kristall durch das Dazwischentreten der Wassermoleküle auf rund $^1/_{80}$ des ursprünglichen Wertes absinken. Entscheidend ist es, ob dieser Einfluß des Lösungsmittels ausreicht, die inneren Kräfte im Kristall zu überwinden, das heißt, ob die **„Gitterenergie"** überwunden wird.

Diese „Gitterenergie" wird definiert als die Energie (Arbeit), die frei werden müßte, wenn sich je ein Mol der isoliert gedachten Kationen und 1 Mol „freier" Anionen aus dem Unendlichen zum Gitterverband der (hier: binären A-B-) Verbindung vereinigten. Dies ist auch zugleich die Arbeit, die aufgebracht werden müßte, ein Grammolekül („Mol") einer chemischen Verbindung in isolierte Ionen zu trennen.

Es versteht sich, daß diese Gitterenergien experimentell nicht direkt gemessen werden können, sondern nur aus direkt zugänglichen Daten (Bildungswärme, Dissoziationsenergie, Elektronenaffinität usw. nach dem „Born-Haber'schen Kreisprozeß") errechnet werden können.

Schon bei oberflächlicher Abschätzung der Gitterenergien als einer Funktion der beteiligten Ionenladungen und des Kehrwerts der Ionenabstände (163) ergeben sich auch ohne genauere Kenntnis exakter thermodynamischer Daten praktische Regeln für das Verhalten salzartiger Verbindungen.

Wenn sich beispielsweise aus einer Lösung des Nickel-hexamminchlorids bei Zusatz einer Silberfluoridlösung nicht das entsprechende komplexe Fluorid bildet, sondern nach

$$[Ni(NH_3)_6]Cl_2 + 2 AgF \longrightarrow 2 AgCl + NiF_2 + 6NH_3$$

neben *Silberchlorid* auch *Nickelfluorid* ausfällt, so kann dies einfach mit der besonders großen Gitterenergie des Nickelfluorids erklärt werden. Diese wiederum beruht auf den geringeren Ionenabständen im binären Nickelfluorid und der stark polarisierten Ionenbindung, da $NiF_2$ ein *Schichtengitter* bildet. (175)

Die besonders hohe Gitterenergie von $NiF_2$ „verbietet" quasi ein Nickel-hexamminfluorid, ähnlich, wie aus einer Calciumlösung mit dem Hydrat $[Ca (H_2O)_6]^{2+}$ auf Zusatz von Fluoridionen sofort das *wasserfreie* Calciumfluorid ausfällt.

Von besonderer Bedeutung ist in diesem Zusammenhang die Möglichkeit, aus der abgeschätzten Gitterenergie der Komponenten eines reziproken Salzpaares auf den Verlauf einer doppelten Umsetzung in der *Salzschmelze* zu schließen. So kann man z. B. röntgenographisch leicht nachweisen, daß äquimolare Gemische der folgenden Salzpaare in der Schmelze von links nach rechts und nicht etwa umgekehrt miteinander reagieren:

| | | | | |
|---|---|---|---|---|
| (1) | $CaCl_2$ | $+ 2 NaF$ | $\longrightarrow$ | $CaF_2$ | $+ 2 NaCl$ |
| (2) | $KCl$ | $+ LiBr$ | $\longrightarrow$ | $KBr$ | $+ LiCl$ |
| (3) | $2 AgCl$ | $+ HgJ_2$ | $\longrightarrow$ | $HgCl_2$ | $+ 2 AgJ$ |
| (4) | $CdSO_4$ | $+ 2 KJ$ | $\longrightarrow$ | $CdJ_2$ | $+ K_2SO_4$ |

In den Beispielen (1) bis (3) gehorchen diese doppelten Umsetzungen der Regel, daß sich bevorzugt das *kleinste Kation* oder dasjenige mit der *höheren* elektrostatischen Ladung mit dem *kleinsten* verfügbaren Anion, bzw. mit dem höchstgeladenen Anion zum Salz vereinigt. Dies entspricht der höchst erreichbaren Gitterenergie (163) als einer Funktion des Produkts aus den Ionenladungen und des Kehrwerts des Abstands.

Es darf allerdings bei solchen Abschätzungen nicht übersehen werden, daß polarisierte Ionenbindungen einen zusätzlichen Beitrag zur Gitterenergie (aus Verkürzung der Atomabstände und aus Elektronen-Wechselwirkungen) liefern. Daher kann man den Reaktionsablauf nicht mehr, wie etwa im vierten Beispiel *allein* aus den einzelnen Ionenradien ableiten. In diesem Fall übertrifft die Gitterenergie des Schichtengitters $CdJ_2$ diejenige des zwei-zweiwertigen Salzes $CdSO_4$.

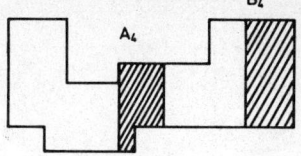

# M. 1. Eigenschaften der Salze

Bei Erhöhung der Temperatur werden die thermischen Schwingungen der Ionen im Kristallverband immer stärker, bis sie eine Energie erreichen, welche die Gitterenergie des Salzes übersteigt.

Sofern in diesem Augenblick *alle* Bindungen in den drei Dimensionen des Raumgitters gleichzeitig zerbrechen, ergibt sich der für reine Stoffe so charakteristische *scharfe Schmelzpunkt*.

Für binäre Salze erhält man gut zutreffende Werte für die Gitterenergie U (kcal/Mol) nach KAPUSTINSKI aus

$$U = 256{,}1 \cdot \frac{n \cdot z_1 \cdot z_2}{(r_1 + r_2)} \quad (1 - \frac{0{,}345}{r_1 + r_2})$$

$r_1, r_2 =$ Ionenradien
$z_1, z_2 =$ Ionenladungen
$n = $ *Gesamtzahl* der Ionen in der Formeleinheit

Man sieht, daß dem *Produkt* der Ionenladungen im Zähler gegebenenfalls ein größerer Einfluß auf die Gitterenergie zukommen kann als der *Summe* der Ionenradien im Nenner. Die binären Salze (einschl. der Oxide) *mehrwertiger* Kationen dürften daher thermisch beständiger sein als die der Alkalisalze. Andererseits sind die vergleichsweise höheren Schmelzpunkte der Natrium-, Kalium-, und Rubidium*fluoride gegenüber* den entsprechenden *Chloriden, Bromiden* und *Jodiden* aus der höheren Gitterenergie, und diese wieder aus den kürzeren Ionenabständen zu verstehen (Abb. 59).

Neben der Lage des Schmelzpunktes sind gewisse Überlegungen über die „Flüchtigkeit" der salzähnlichen Verbindungen manchmal recht nützlich. Im allgemeinen darf man davon ausgehen, daß am Siedepunkt die van-der-Waalsschen Kräfte in der Flüssigkeit (Schmelze) und bei der Sublimation die Gitterkräfte des Festkörpers zugunsten der Dampfphase überwunden werden.

Der Radius des zentralen Metall-Ions ist dafür insofern von Bedeutung, als ein besonders kleines Zentral-Ion schon bei Verbindungen, die man noch als „salzartig" ansieht, oftmals von den ausreichend großen Liganden „eingehüllt" wird. Dies ist nach den im Anhang angegebenen Ionenradien ohne Rücksicht auf die tatsächliche Bindungsart schon bei binären Verbindungen wie $SiCl_4$ (Fp. $= -70°$), $TiCl_4$ (Fp. $= -30°$) oder $GeCl_4$ (Fp. $= -49{,}5°$) der Fall.

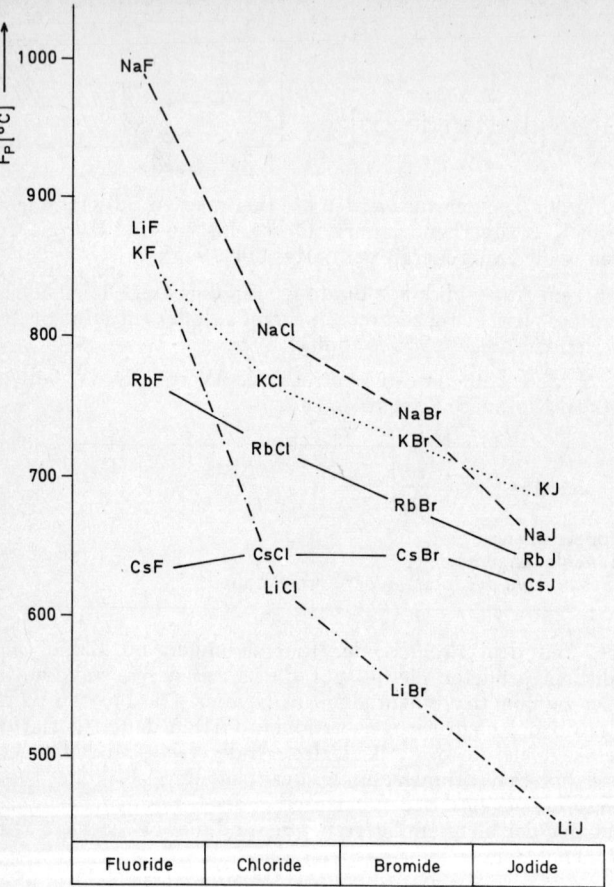

Abb. 59 Schmelzpunkte der Alkalihalogenide.
Fallende Schmelzpunkte mit größerem Anion oder mit größerem Kation (vgl. auch Abb. 66).
Abweichungen von der Regel bei Cäsiumfluorid und Cäsiumchlorid, weil hier (ausnahmsweise) eine polarisierte Ionenbindung durch das extrem große Cäsium-Ion ermöglicht wird.

Die Aluminiumhalogenide liefern ein Schulbeispiel für diese Zusammenhänge. Aluminiumfluorid besitzt, im Gegensatz zu den übrigen Aluminiumhalogeniden, ein Schichtengitter, in welchem die einzelnen Aluminium-Ionen nicht vollständig von Fluorid-Ionen eingehüllt sein können, so daß noch beträchtliche elektrostatische Gitterkräfte wirksam werden, die für die relativ geringe Flüchtigkeit des $AlF_3$ verantwortlich sind (Abb. 60).

**Abb. 60   Schichtengitter des Aluminiumfluorids.**
Im Gegensatz zu den übrigen Aluminiumhalogeniden, die infolge der größeren Polarisation der Anionen und des günstigeren Radienverhältnisses schon fast Molekülgitter bilden, kristallisiert Aluminiumfluorid in einem Schichtengitter.
Die Umhüllung der Aluminiumatome durch die Liganden ist unvollständig, die dadurch entstandenen „Lücken" zwischen den Anionen erlauben einen gewissen elektrostatischen „Durchgriff" zu den Nachbarteilchen. Die Struktur ist daher, im Vergleich zu einem Molekülgitter, elektrostatisch „verfestigt" und durch thermische Bewegung nicht so leicht zu zerreißen.

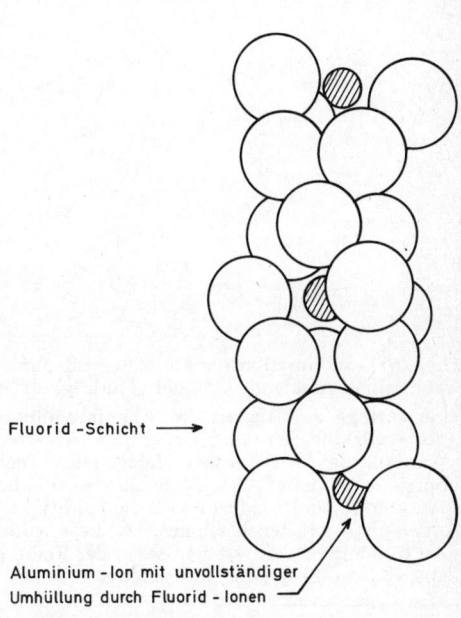

Fluorid -Schicht ⟶

Aluminium -Ion mit unvollständiger
Umhüllung durch Fluorid - Ionen

Demgegenüber sind in den übrigen Aluminiumhalogeniden die Metall-Ionen sehr viel besser umhüllt, insbesondere durch die größeren Bromid- und Jodid-Ionen. Die Umhüllung des Aluminiumatoms durch vier Halogenatome wird geradezu ideal, wenn sich zwei $AlX_3$-Einheiten zu einem dimeren Aggregat der Form $Al_2X_6$ zusammenlagern (Abb. 61).

Die große Flüchtigkeit von Verbindungen mit derartig „umhüllten" Metallatomen erklärt sich daraus, daß die Teilchen im festen und flüssigen Zustand nur noch durch van-der-Waalssche Kräfte zusammengehalten werden. Da diese jedoch Funktionen der gesamten Elektronenhülle sind, steigen die  van-der-Waalsschen Kräfte in der Reihenfolge Chlorid — Bromid — Jodid, und entsprechend wachsen die Siedepunkte (Abb. 61).

Der Zustand einer mehr oder minder vollständigen Umhüllung eines zentralen Metall-Ions durch mindestens vier ausreichend große Liganden ist nach diesem Modell also bereits bei den dreiwertigen Metallen ($A_3$ oder $B_3$) denkbar, doch kommt es erst von der $A_4$- bzw. $B_4$-Grup-

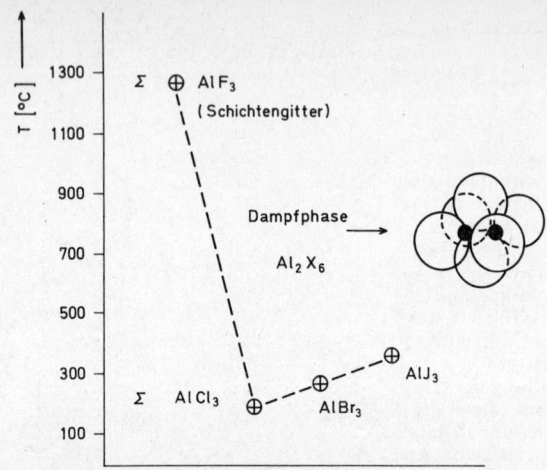

Abb. 61   Sublimationspunkte bzw. Siedepunkte der Aluminiumhalogenide miniumhalogenide als Maß der „Flüchtigkeit".

Die geringe Flüchtigkeit des Aluminiumfluorids ist noch eine Folge der nicht-vollständigen Umhüllung des Al-Atoms im Schichtengitter (vgl. Abb. 60). Bei den übrigen Halogeniden deutet die Dampfdichtebestimmung auf dimere $Al_2X_6$-Moleküle, worin die Al-Zentren vom Halogen gut umhüllt sind. Dadurch wird die Flüchtigkeit praktisch nur von van-der-Waalsschen Kräften bestimmt. Da diese jedoch eine Funktion der *ganzen* Elektronenhülle sind, steigen sie in der Reihe $AlCl_3 — AlBr_3 — AlJ_3$ an, und entsprechend liegen die Siedepunkte.

---

pe an zur Bildung monomerer Halogenid-Moleküle (z. B. $TiCl_4$, $SiCl_4$, $NbCl_5$, $PCl_5$, $MoCl_6$, $SF_6$). Daraus resultieren *zwei* vertikale Grenzlinien im periodischen System, die man zwischen $A_3$ und $A_4$ bzw. zwischen $B_3$ und $B_4$ zu setzen hätte.

Die Halogenide der rechts dieser Grenze stehenden Metalle zeichnen sich, im Vergleich zu denen der $A_3$- oder der $B_3$-Gruppe, durch eine sehr gute Flüchtigkeit aus. Dies kann für Stofftrennungen ausgenutzt werden, und hat bei der Identifizierung der ersten Trans-Actiniden („Superactiniden") (s. S. 59) eine Rolle gespielt.

Natürlich zeigen die „Tetrahalogenide", die aus monomeren voll umhüllten Molekülen bestehen und keine Ionen bilden, im Gegensatz zu den geschmolzenen Salzen keine elektrolytische Leitfähigkeit. Die für die Lage der Schmelzpunkte angedeuteten Grenzlinien zwischen $A_3$ und $A_4$ sowie zwischen $B_3$ und $B_4$ sind daher zugleich die Grenzen, an denen die elektrolytische Leitfähigkeit abrupt auf 0 abfällt (Tab. 29). Innerhalb einer Periode ließe sich für die elektrische Leitfähigkeit demnach eine Art „doppelter Periodizität" feststellen, indem in den Langperioden zweimal ein Leitfähigkeitsminimum auftritt.

**Tabelle 29 Schmelzpunkte und elektrolytische Leitfähigkeit (Basis $MgCl_2 = 1,0$) einiger Chloride am Schmelzpunkt**

Die sehr geringe oder fehlende elektrolytische Leitfähigkeit der Salzschmelzen der Chloride in den Gruppen $A_4$–$A_6$ sowie $B_3$–$B_5$ ist eine Folge der sehr stark polarisierten Ionenbindungen bzw. von polaren Atombindungen (bei Chloriden, in denen hochgeladene Zentralionen von Anionen umhüllt sind). Die Vergleichswerte der Leitfähigkeit beziehen sich auf die angegebenen Temperaturen, die zumeist zugleich die Schmelzpunkte sind.

| $A_1$ | $A_2$ | $A_3$ | $A_4$ | $A_5$ | $A_6$ | $B_1$ | $B_2$ | $B_3$ | $B_4$ | $B_5$ | $B_6$ |
|---|---|---|---|---|---|---|---|---|---|---|---|
| LiCl 600° 5,8 | BeCl₂ 400° $10^{-2}$ | | | | | | BeCl₂ 400° $10^{-2}$ | BCl₃ −107° 0 | CCl₄ −25° 0 | | |
| NaCl 800° 3,5 | MgCl₂ 710° **1,0** | | | | | | | AlCl₃ 190° $10^{-5}$ | SiCl₄ −70° 0 | | |
| KCl 776° 2,1 | CaCl₂ 772° 1,9 | ScCl₃ 939° 0,5 | TiCl₄ −30° 0 | VCl₄ −28° 0 | | CuCl 442° ~0,9 | ZnCl₂ 262° $10^{-2}$ | GaCl₃ 78° $10^{-7}$ | GeCl₄ −50° 0 | AsCl₅ −40° 0 | |
| RbCl 710° 1,5 | SrCl₂ 870° 1,9 | YCl₃ 680° 0,4 | ZrCl₄ 300° 0 | NbCl₅ 194° $10^{-7}$ | MoCl₆ $10^{-6}$ | AgCl 455° ~4,5 | CdCl₂ 568° — | InCl₃ 580° — | SnCl₄ −33° 0 | SbCl₅ +3° 0 | |
| CsCl 620° 1,1 | BaCl₂ 960° 1,5 | LaCl₃ 628° 1,1 | HfCl₄ 0 | TaCl₅ 221° $10^{-7}$ | WCl₅ $10^{-6}$ | AuCl₃ 254° (Zers.) | HgCl₂ 276° — | TlCl₃ 25° $10^{-3}$ | PbCl₄ −15° $<10^{-4}$ | BiCl₃ — | |

# N. Die Polarisierbarkeit

Im elektrostatischen Felde ihrer Nachbarn können insbesondere die größeren Atome und Ionen eine Verschiebung der Elektronenhülle erfahren, und man muß dann das Idealbild der kugelsymmetrischen Atomhülle aufgeben. Es besteht nun vielmehr ein „induziertes Dipolmoment", $\mu'$, welches der herrschenden Feldstärke F proportional ist.

$$\mu' = \alpha \cdot F$$

Der Proportionalitätsfaktor $\alpha$ drückt die **„Polarisierbarkeit"** des betreffenden Atoms oder Ions aus. Sie läßt sich durch Bestimmung der Dielektrizitätskonstanten $\epsilon$ aus der „Verschiebungspolarisation" P errechnen:[1]

$$P = \frac{\epsilon - 1}{\epsilon + 2} \cdot V = {}^4/_3\,\pi \cdot 6{,}023 \cdot 10^{23}\alpha$$
$$= 2{,}54 \cdot 10^{24} \cdot \alpha$$

Der Begriff einer unterschiedlichen Polarisierbarkeit der Atome und Ionen ist zum Verständnis der nicht-idealen Ionenbindung als einer Art Übergang zur kovalenten Bindung unentbehrlich. Er darf nicht verwechselt werden mit der Fähigkeit der Ionen mit hoher Kernladung oder Ionenladung, die Elektronenhüllen *anderer* Ionen (insbesondere des Verbindungspartners) zu polarisieren. Da dies in erster Linie eine Frage des herrschenden elektrostatischen Feldes an der „Peripherie" der Ionen ist, üben besonders die mehrwertigen Schwermetallionen der B-Gruppen eine hohe polarisierende Wirkung auf die mit ihnen verbundenen Anionen aus. Diese Wirkung wird besonders stark, wenn die Anionen leicht polarisierbar ($\alpha > 4{,}0 \cdot 10^{-24}$ [cm³]) sind (Tab. 30).

---

$\epsilon$ = Dielektrizitätskonstante

V = Molvolumen

(Die Dimension der Polarisation $\alpha$ muß mit der Dimension des Molvolumens [cm³] übereinstimmen).[1]

[1] Wenn ein Molekül außerdem eine unsymmetrische Form hat, wird die Größe von $\epsilon$ noch durch die temperaturabhängige „Orientierungspolarisation" ${}^4/_3\,\pi \cdot 6{,}023 \cdot 10^{23} \cdot \mu^2/3kT$ beeinflußt.

$$\text{Molpolarisation } P_M = \frac{\epsilon - 1}{\epsilon + 2}\,V = {}^4/_3\,\pi\,N_L\left(\alpha + \frac{\mu^2}{3kT}\right)$$

**Tabelle 30  Polarisierbarkeit $\alpha$ $(10^{-24}\,cm^3)$ von Elementen und Ionen der Gruppen $B_6$ bis $B_4$**

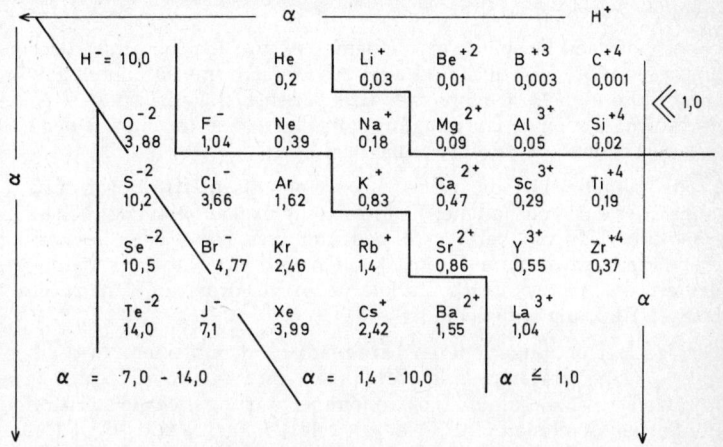

Ionenbindungen mit leicht polarisierbaren Ionen werden zu „**polarisierten Ionenbindungen**"; man wird also eine stets endliche Elektronendichte (80—81) zwischen den Verbindungspartnern annehmen müssen. Zugleich bedeutet eine solche erhöhte Elektronendichte eine gewisse *Verkürzung der Ionenabstände* im Vergleich zur Summe der Ionenradien.

Eine Verkürzung der Ionenabstände muß parallel gehen mit einer *Erhöhung der Dielektrizitätskonstanten* und damit, aufgrund der Maxwell-Beziehung[2] $\varepsilon = n^2$, mit einem höheren Berechnungsindex. Daher haben Salze mit besonders stark polarisierten Bindungen (z. B. $HgJ_2$, $K_2[HgJ_4]$) auch besonders hohe Brechungsindices.

# N. 1.  Polarisation und Farbe

Eine weitere Folge von *starken Ionenpolarisationen* kann unter Umständen die „Deformation" der Elektronenhüllen sein. Diese bewirkt eine besonders deutliche Verschiebung der Ladungsschwerpunkte in diskreten Richtungen (S. 82). Im Zusammenhang mit verkürzten

---

[2] Die Beziehung ist nicht unabhängig von der Wellenlänge, gilt jedoch für genügend lange Wellen. Brechungsindices und Dielektrizitätskonstanten sind stets größer bei verkleinerten Ionenabständen.

Ionenabständen und einer stets endlichen Elektronendichte zwischen den Atomkernen sind dann begrenzte „Elektronenüberführungen"[3] (BRIEGLEB) denkbar, welche durch Licht ausreichender Frequenz angeregt werden.

Damit wird es beispielsweise einem Elektron des Nichtmetallatoms quasi „erlaubt", sich auch im Raum des Metallatoms aufzuhalten. Dies entspräche einer Art *begrenzter* Elektronen-Delokalisierung, was jedoch nicht mit einer Übertragung von Elektronen im Sinne einer Redox-Reaktion verwechselt werden darf.

Wenn zum Beispiel die gelbe Farbe einer Eisen(III)-chlorid-Lösung, wegen der darin enthaltenen Chloro-Komplexe, auf einer solchen Elektronenüberführung beruht, so bedeutet dies nicht, daß die Lösung chemisch nachweisbare Eisen(II)-Ionen enthielte, aber es kann bedeuten, daß sie sich durch Energiezufuhr in Form von Licht zu einer Eisen(II)-Lösung reduzieren läßt[4].

Farbige Verbindungen, deren Farbe sich nicht aus einem „d-d-Übergang" (228) erklären läßt, verdanken ihre selektive Lichtabsorption vielfach einer solchen Elektronenüberführung. Beispielsweise sind die Farben der Ionen $CrO_4^{2-}$ (gelb), $[HgJ_4]^{2-}$ (gelb) und $[BiJ_4]^-$ (orange) zunächst durch derartige Ionendeformationen erklärlich, und die zunehmende Farbtiefe in der Reihenfolge ZnS (farblos, in der Hitze gelb) — CdS (gelb) — HgS (schwarz/rot) deutet auf eine vom Zink-zum Quecksilbersulfid zunehmende Polarisation.

Ähnlich kann man das Auftreten der Farben der Blei-, Thallium und Silberhalogenide in den analogen Reihen

| | | | | | |
|---|---|---|---|---|---|
| $PbCl_2$ | farbl. | TlCl | farbl. | AgCl | farblos |
| $PbBr_2$ | farbl. | TlBr | farbl. | AgBr | gelblich |
| $PbJ_2$ | gelb | TlJ | gelb | AgJ | gelb |

als Folge der zunehmenden *Polarisierbarkeit* der Halogenid-Ionen $F^- < Cl^- < Br^- < J^-$ auffassen.

Wie sehr die hier zitierten „Charge-transfer-Farben" vom elektrostatischen Feld zwischen den Ionen, also von der polarisierenden Wirkung eines Ions oder der Polarisierbarkeit seines Partners abhängen kann, zeigen folgende Gegenüberstellungen:

a) Chrom(VI)-oxid, $CrO_3$, ist tiefrot infolge der hohen polarisierenden Wirkung des sehr kleinen und hoch geladenen Zentralions. Das homo-

---

[3] engl.: charge transfer

[4] Eisen(II)-Salze mit gut polarisierbaren Anionen („weiche Basen") (172) sind in der Tat lichtempfindlich.

loge Wolframoxid, $WO_3$, ist nur noch blaßgelb, wahrscheinlich wegen des sehr viel größeren Zentralions, welches auf seine Liganden nicht mehr so stark polarisierend wirken kann.

b) Hexafluoroferrat(III)-Ionen, $[FeF_6]^{3-}$ sind, im Gegensatz zu Chloroferrat(III)-Ionen, farblos, weil Fluorid sehr viel weniger polarisierbar ist.

c) Bismutate(V) (z. B. $KBiO_2$) absorbieren im Sichtbaren, im Gegensatz zum ebenfalls mit Sauerstoff koordinierten Wismut(III)-oxid. Die höhere Ladung des Zentralions erzeugt ein stärkeres elektrostatisches Feld und bewirkt damit eine stärkere Polarisation.

Aus Tab. 30 ist zu entnehmen, daß die Anionen $S^{2-}$, $Se^{2-}$, $Te^{2-}$ und $J^-$ zu den am besten polarisierbaren Ionen gehören und die Polarisierbarkeit systematisch abnimmt, wenn man zu Elementen der nächsthöheren Kernladungszahl und höher geladenen Ionen der gleichen Periode übergeht.

Umgekehrt haben die Metall-Ionen aus den A-Gruppen eine denkbar geringe Polarisierbarkeit, und die des Protons, $H^+$, dürfte den Wert von $0,001 \cdot 10^{-24}$ [$cm^3$] nicht übersteigen, ganz im Gegensatz zum sehr gut polarisierbaren Hydrid-Ion, $H^-$, z. B. im Lithiumhydrid.

In den freien Säuren „verschwindet" das extrem kleine und extrem wenig polarisierbare *Wasserstoff-Ion* in der Regel in der Elektronenhülle eines großen und gut polarisierbaren Anions. Im Extremfall besteht für das Proton dann eine nur geringe Dissoziationsneigung, woraus eine nur geringe Acidität resultiert.

Mit Vorbehalt kann aus diesem Modell entnommen werden, daß Wasserstoffverbindungen mit ausgesprochen gut polarisierbaren Anionen — zu denen z. B. auch die Carboxylate zählen — zu den schwächeren Säuren gehören.

Die Anionen dieser schwächeren Säuren z. B. Carbonsäuren, Perjodsäure, Tellursäure) haben sich erfahrungsgemäß als gute *Komplexbildner* bewährt, womit sich manchmal die weniger beständigen Valenzstufen eines Metalls stabilisieren lassen.

# N. 2.  Das Konzept der „harten" und „weichen" Säuren

Die genannten Zusammenhänge veranlassen zu einem Vergleich mit dem „HSAB-Konzept" nach *Pearson*[5], worin zwischen „harten" und „weichen" Säuren oder Basen unterschieden wird. Dabei gelten als

---

[5] HSAB = **H**ard and **S**oft **A**cids and **B**ases (R. G. *Pearson*, 1963).

---

| „„harte Säuren" | | | | | „weiche Säuren" | | | | |
|---|---|---|---|---|---|---|---|---|---|
| $H^+$ | $Li^+$ | $Na^+$ | $K^+$ | $Be^{2+}$ | $Cs^+$ | $Cu^+$ | $Ag^+$ | $Au^+$ | $Tl^+$ |
| $Mg^{2+}$ | $Ca^{2+}$ | $Sr^{2+}$ | $Al^{3+}$ | $Ga^{3+}$ | $Hg^{2+}$ | $Tl^{3+}$ | $Pt^{2+}$ | $Cd^{2+}$ | $Au^{3+}$ |
| $In^{3+}$ | $La^{3+}$ | $Ce^{4+}$ | $Si^{4+}$ | $Ge^{4+}$ | | | $J^+$ | $Br^+$ | |
| $Ti^{4+}$ | $Zr^{4+}$ | $Th^{4+}$ | $As^{3+}$ | $Mn^{2+}$ | | | | | |
| $Cr^{3+}$ | $Cr^{6+}$ | $Co^{3+}$ | $Fe^{3+}$ | $Se^{6+}$ | | | | | |

und die „Säuren" (Elektronenakzeptoren)

$$Sn^{2+} \quad Pb^{2+} \quad Sb^{3+} \quad Bi^{3+} \quad Fe^{2+}$$
$$Co^{2+} \quad Cu^{2+} \quad Ni^{2+} \quad Zn^{2+} \quad Ru^{2+}$$
$$Rh^{3+} \quad Ir^{3+}$$

nehmen eine Mittelstellung ein.

---

Unter „Säuren" sind hier ganz allgemein Elektronen-Akzeptoren zu verstehen, ähnlich der Definition der *Lewis-Säuren*, welche jedoch explizit Elektronen*paar*-Akzeptoren sind, wie z. B. die „Lewis-Säure" $BF_3$, die mit der „Lewis-Base", $NH_3$ eine lockere Verbindung $F_3B-NH_3$ eingeht(„Lewis-Salz").

Die „harten" Säuren im Sinne des HSAB-Konzepts haben im allgemeinen eine sehr geringe Polarisierbarkeit, wie es für Ionen mit $p^6$-Konfiguration in den ersten vier A-Gruppen typisch ist.

Demgegenüber verhalten sich die ziemlich gut polarisierbaren Metall-Ionen (z. B. $Cs^+$ mit $\alpha = 2{,}42$ $[cm^3]$) und insbesondere viele Metall-Ionen aus den B-Gruppen als „weiche" Säuren.

Das Gegenstück hierzu sind die „harten" und „weichen" Basen, die als Elektronen-Donatoren (Donoren) bei der Bildung elektrovalenter Bindungen wirken. Man bezeichnet als

---

| „harte Basen" | „weiche Basen" |
|---|---|
| die Ligandenmoleküle | die Ligandenmoleküle |
| $H_2O$   ROH   ROR   $NH_3$   $N_2H_4$<br>$RNH_2$ | RSH   RSR   $R_3P$   $R_3As$   $P(OR)_3$<br>CO |
| die Ionen | die Ionen |
| $OH^-$   $O^{2-}$   $SO_4^{2-}$   $OR^-$   $CO_3^{2-}$<br>$PO_4^{3-}$   $HCO_2^-$   $F^-$   $ClO_4^-$   $NO_3^-$ | $Br^-$   $CN^-$   $J^-$   $SCN^-$   $H^-$ |

---

Im allgemeinen besitzt in den „weichen" Basen das Zentralatom zwar die *geringere Elektronegativität*, aber die relativ *größere Polarisierbarkeit* im Vergleich zu den „harten" Basen, etwa $OH^-$, $O^{2-}$ oder $F^-$.
Das HSAB-Konzept berücksichtigt also ganz besonders die Polarisierbarkeit der Ionen und Moleküle und führt u. a. zu der interessanten Regel:

---

„Harte Säuren" kombinieren bevorzugt mit „harten Basen"

„Weiche Säuren" verbinden sich besser mit „weichen Basen"

---

Beispielsweise sind die Fluoride der „harten Säuren", etwa der edelgasähnlichen Ionen aus den Gruppen $A_1$ bis $A_4$ stabiler als die entsprechenden Jodide („hart" + „hart").

Typisch „weiche Säuren", d. h. Ionen mit hoher Polarisierbarkeit, vor allem aus den *B-Gruppen*, sowie Metall-Ionen mit negativer Oxidationszahl in den Metallcarbonylen, bilden gerade mit den „weichen Basen" Jodid, Cyanid oder Thiocyanat besonders stabile Verbindungen („weich" + „weich").

# N. 3. Ionenpolarisation und Kristallstruktur

Die Ionenpolarisation bestimmt vielfach die Struktur der binären Verbindungen und der davon abgeleiteten Komplexe. Bei rein elektrostatischer Betrachtung und ohne Berücksichtigung der Wirkungen der Verschiebungspolarisation $\alpha$ auf Metall- und Nichtmetallionen im Kristallgitter, müßten beispielsweise *Schichtengitter* wie $MoS_2$, $CdJ_2$, $BiOJ$ u. a. ausgesprochen instabil sein, wenn darin Ionen-Doppelschichten vorliegen und sich dann Schichten gleicher elektrischer Polarität gegenüberstehen (Abb. 62).

Daß solche Schichtengitter dennoch sehr stabil und vielfach strukturell bevorzugt sind, liegt an der Ionenpolarisation, die, von den Kationenschichten ausgehend, die Elektronenhüllen der Anionen derart zur Metallschicht hin kontrahiert, daß diese nach außen keine negative Überschußladung mehr aufweisen und somit das Schichtengitter nicht sprengen können.

So ist schon an der Existenz eines Schichtengitters zu erkennen, daß eine polarisierte Ionenbindung vorliegt, während man umgekehrt aus einem Koordinationsgitter wie Zinkblende oder Perowskit keineswegs entnehmen darf, daß die Ionen darin keiner besonderen Polarisation unterlägen.

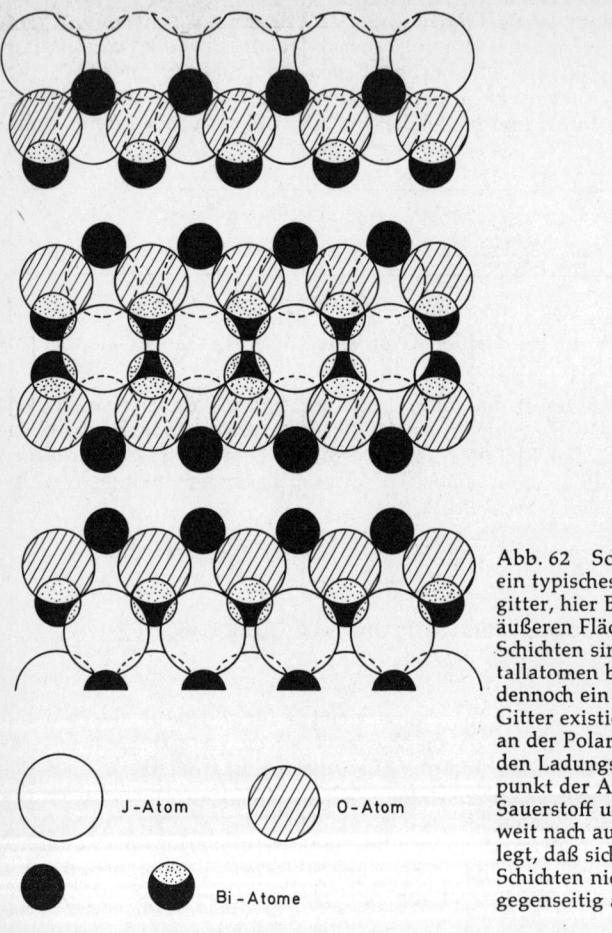

Abb. 62 Schnitt durch ein typisches Schichtengitter, hier BiOJ. Die äußeren Flächen der Schichten sind mit Metallatomen besetzt. Daß dennoch ein solches Gitter existiert, liegt an der Polarisation, die den Ladungsschwerpunkt der Anionen Sauerstoff und Jod so weit nach außen verlegt, daß sich die Bi-Schichten nicht mehr gegenseitig abstoßen.

○ J-Atom   ⊘ O-Atom

● ◓ Bi-Atome

Abb. 62 zeigt schematisch, wie aus typischen *Koordinationsgittern* wie $CaF_2$, $TiO_2$ und $SiO_2$ mit zunehmender Ionenpolarisation zunächst Schichtengitter, im Extremfalle (bei rein kovalenter Bindung) sogar Molekülgitter werden. Dabei ist das „Dreischichtengitter" von $CdCl_2$ und $PbCl_2$ noch etwas ionischer als das „Einschichtengitter"[6] des $CdJ_2$

---

[6] Im „Dreischichtengitter" ist erst die dritte Schicht identisch mit der ersten Schicht, im „Einschichtengitter" sind identische Schichten übereinander gestapelt.

und $PbJ_2$, in welchem die Ionenpolarisation infolge der größeren Polarisierbarkeit des Jodids der Bindung einen stärker kovalenten Charakter verleiht.

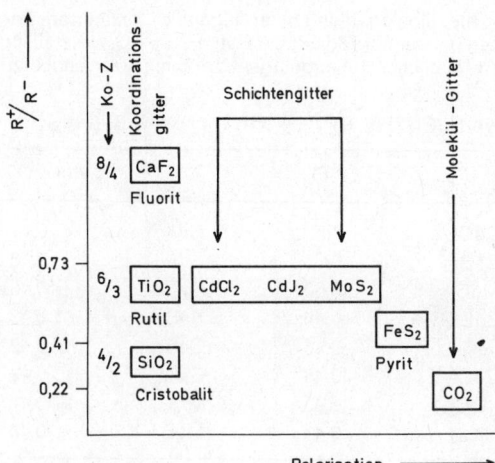

Abb. 63 „Entwicklung" der Koordinationsgitter über verschiedene Schichtengitter zum reinen Molekülgitter mit größerer Ionenpolarisation erläutert am Beispiel von $A-B_2$-Verbindungen.

Ko-Z = Koordinationszahlen, z. B. $(CaF_{8/4})_G$

Ordinate: Radienverhältnis Kation zu Anion.

---

Statt der Schichtengitter treten bei großer Ionenpolarisation und einigermaßen guter „Umhüllung" (166) der Metallionen durch die Anionen bereits Molekülgitter auf, etwa bei $SiCl_4$, $SnCl_4$, $TiCl_4$, aber auch oftmals schon bei den noch „salzartigen" Halogeniden wie $Al_2Br_6$, $HgBr_2$ und $Hg(CN)_2$.

Betrachtet man die Strukturen binärer Halogenide mit den Kationen einer Horizontalreihe des Systems, so wird man stets auf dem *linken* Flügel der Tabelle, im Bereich der ersten A-Gruppen typische *ionische Koordinationsgitter* vorfinden, aber schon in der $A_4$-Gruppe, sowie in den B-Gruppen tiefschmelzende, bzw. leicht flüchtige Halogenverbindungen von geringer oder verschwindend geringer elektrolytischer Leitfähigkeit antreffen (Tab. 29).

Eine Reihe von binären Verbindungen, die nach ihren Ionenradien-Quotienten in einem echten Koordinationsgitter kristallisieren sollten, nehmen in Wirklichkeit die Struktur eines Schichtengitters ein. Auch dies ist eine Folge der Ionenpolarisation (s. Tab. 31).

Tabelle 31　**Radienquotienten Q von Schwermetallhalogeniden, die infolge Ionenpolarisation nicht im Rutilgitter, sondern in einem Schichtengitter kristallisieren**

(Q = Radius des Kations, dividiert durch Radius des Anions)

Die folgenden Metallhalogenide sollten eigentlich nach ihrem Radienquotient Q, der zwischen 0,41 und 0,73 liegt, im Rutilgitter, $TiO_2$, kristallisieren. Wegen einer oftmals erheblichen Ionenpolarisation kommt es jedoch zu Schichtengittern.

| Typ $CdCl_2$ ($PbCl_2$) | | Typ $CdJ_2$ ($PbJ_2$) | |
|---|---|---|---|
| | Q | | Q |
| **$CdCl_2$** | 0,57 | **$CdJ_2$** | 0,47 |
| $CdBr_2$ | 0,53 | $ZrSe_2$ | 0,46 |
| $MnCl_2$ | 0,50 | $MnBr_2$ | 0,46 |
| $ZnCl_2$ | 0,46 | $SnS_2$ | 0,43 |
| $FeCl_2$ | 0,46 | $CoBr_2$ | 0,42 |
| $CoCl_2$ | 0,45 | $FeBr_2$ | 0,42 |
| $MgCl_2$ | 0,43 | $MnJ_2$ | 0,41 |
| $NiCl_2$ | 0,43 | $MgBr_2$ | 0,40 |

# Dritter Teil

# Chemische Verwandtschaft

## O. Chemische Familien

Nach der Diskussion der periodischen Eigenschaften (Kap. H—N) der Elemente sollen nun die praktischen Vorteile beleuchtet werden, die sich bei Benutzung eines rationellen und vollständigen Periodensystems anbieten.

Man hat lange Zeit fast nur diejenigen „chemischen Verwandtschaften" berücksichtigt, welche in den *vertikalen Gruppen* des Systems, den „chemischen Familien" erkennbar sind. Eine praktische Tabelle der Elemente sollte jedoch auch chemische Beziehungen innerhalb der *horizontalen* Perioden aufzeigen, was nicht nur für das Paradebeispiel in der Lanthanidenreihe gilt.

Eine andere, didaktisch bedeutsame Frage ist es, ob man das periodische System der chemischen Elemente nicht bei Bedarf in wenige größere Abschnitte unterteilen sollte, was bereits z. T. schon längst geschieht, wenn von den „Lanthaniden", den „Platinmetallen" oder den „Nichtmetallen" die Rede ist. Ohne übertriebenen Formalismus läßt sich das System in 7 bis 10 Abschnitte unterteilen, deren Mitglieder untereinander bestimmte Gemeinsamkeiten aufweisen.

Außer der klassischen *Gruppe der Edelgase*, $A_0$, die eine scharfe vertikale Grenze zwischen den Nichtmetallen und den Metallen darstellt, umfassen die übrigen Abschnitte des Periodensystems nach Abb. 64 Elemente, die mehr als einer Vertikalspalte des Systems angehören. Dies gilt zum Beispiel ohne weiteres für die Nichtmetalle, die trotz ihrer Stellung in verschiedenen Gruppen ($B_3$ bis $B_7$) viel Gemeinsamkeiten haben.

Ähnliche Verwandtschaften besitzen in groben Zügen die Alkali- und Erdalkalimetalle; wenn man eine Trennlinie zu den rechts anschließenden Lanthaniden ziehen würde, müßte man vielleicht die Metalle Europium und Ytterbium links dieser Grenze stehen lassen.

Auf alle Fälle aber erscheint eine senkrechte Trennwand zwischen den Lanthaniden und Actiniden auf der einen und den restlichen Übergangsmetallen auf der anderen Seite empfehlenswert.

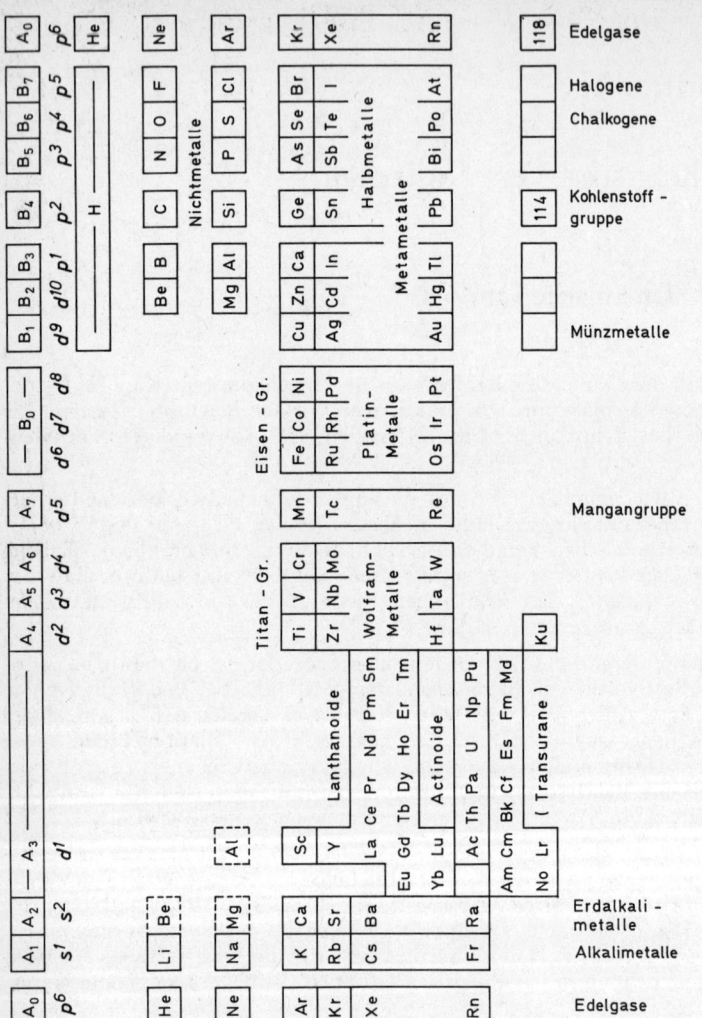

Abb. 64    Die chemischen Familien.

Außer den eingebürgerten Begriffen für vertikale Gruppen (z. B. Halogene, Alkalimetalle) werden die Bezeichnungen „Metametalle" (W. Klemm) sowie „Titangruppe" und Gruppe der „Wolframmetalle" vorgeschlagen.

Es folgen „nach rechts" zunächst drei Vertikalgruppen von Übergangsmetallen ($A_4$ bis $A_6$), worin die Metalle der 4d- und 5d-Reihe eine noch engere chemische Verwandtschaft untereinander besitzen, als dies bei den Platinmetallen der Fall ist.

Mit dem gleichen Recht, mit dem die Metalle Ruthenium, Rhodium, Palladium, sowie Osmium, Iridium und Platin seit jeher als „Platingruppe" zusammengefaßt werden, sollte man die Metalle Zirkon, Niob, Molybdän, Hafnium, Tantal und Wolfram unter dem gemeinsamen Namen *„Wolframmetalle"* zusammenfassen, analog zur Bezeichnung „Platin*metalle"*, d. h. die Gruppe wird ebenfalls nach dem letzten Glied (Wolfram) benannt.

Analog zur eingebürgerten Bezeichnung *„*Eisen*gruppe"* für die Metalle Fe, Co und Ni, wären die leichteren Homologen der „Wolfram-Metalle", nämlich die Reihe Ti, V, Cr als *„Titan-Gruppe"* zu bezeichnen, ein Begriff, der jedoch oftmals schon für die vertikale $A_4$-Gruppe verwendet wird.

Bei einer derartigen Unterteilung der Übergangsmetalle bleiben die Vertikalspalten $A_3$, $A_7$ und $B_1$ ausgeklammert; gerade diesen Gruppen kommt jedoch eine gewisse „zentrale" Stellung im System zu. In der Nachbarschaft der eigentlichen $A_3$-Vertikalen (z. B. Gd, Lu, Cm) drückt sich diese Stellung in der Tendenz der links und rechts davon eingeordneten Metalle zur $f^7$- oder $f^{14}$-Konfiguration aus (S. 57); die $d^5$-Konfiguration der $A_7$-Gruppe spielt eine ähnliche Rolle.

Die $B_1$-Gruppe schließlich umfaßt Edelmetalle mit bereits abgeschlossener d-Schale, die nicht nur den Ionen der $B_2$-Gruppe gemeinsam ist, sondern auch von einigen links benachbarten Elementen der $B_0$-Gruppe angestrebt wird (z. B. $Pd^{\circ} = d^{10}$, $s^{\circ}$).

Eine weitere „zentrale" Vertikale stellt die $B_4$-Gruppe dar, die eine anschauliche Rolle in der Zinkblende-Regel (158) oder bei der Diskussion intermetallischer Phasen (130 ff.) spielt.

Schließlich empfiehlt es sich, die B-Gruppen-Metalle zunächst nach physikalischen Kennzeichen zu unterteilen, etwa in eine Gruppe der *„Metametalle"* und eine *Halbmetall*-Gruppe. Während die Grenze der Metametalle nach links durch die scharfe „Schmelzpunktsgrenze" (120) deutlich gegeben ist, können diese von den Halbmetallen und die Halbmetalle von den echten Nichtmetallen nicht mehr so eindeutig abgegrenzt werden (118).

# O. 1.  Die „Außenseiter"

Bei allen Betrachtungen über die gemeinsamen chemischen Eigenschaften der Elemente einer Vertikalgruppe darf die „Außenseiterrolle" der Kopfelemente in den Hauptgruppen nicht übersehen werden.

In den Gruppen $A_1$ bis $A_3$, sowie $B_3$ bis $B_7$ bestehen unverkennbare Unterschiede im chemischen Verhalten zwischen den Elementen der ersten und zweiten Kurzperiode auf der einen Seite und denen der beiden ersten Langperioden auf der anderen Seite.

In der Familie der Alkalimetalle fallen *Lithium* und bedingt auch *Natrium* als Außenseiter gegenüber den schweren Alkalien auf: Lithium zum Beispiel durch die Schwerlöslichkeit seines Phosphats, durch sein sehr stabiles Hydrid, die hohe Hydratationswärme seiner Salze und den halb kovalenten Charakter seiner Bindung mit Kohlenstoff.

Im Gegensatz zum Lithiumchlorid kristallisiert bereits das Kochsalz bei Normaltemperatur wasserfrei aus wäßriger Lösung. Natrium unterscheidet sich von den schweren Alkalien (Kalium bis Cäsium/Francium) durch viele andere Merkmale, wie z. B. seine Unfähigkeit, Alaune[1] zu bilden, und durch die gute Löslichkeit von Salzen, die bei den schweren Alkalien schwerlöslich sind.

Auch in der Fähigkeit der schweren Alkalimetalle zur Bildung von „Hyperoxiden" der Zusammensetzung $AO_2$ (A = K, Rb, Cs) kann man ein unterscheidendes Merkmal zu den Außenseitern Lithium und Natrium erblicken, insbesondere da das Lithium bei seiner Verbrennung in Sauerstoff nicht einmal ein Peroxid, $Li_2O_2$, liefert.

Wenn es mit Rücksicht auf solche mehr oder minder entscheidenden Unterschiede also berechtigt ist, die Alkalimetalle in die „leichten" Außenseiter Lithium und Natrium und die „schweren" Alkalimetalle zu unterteilen, so ist die ganz entsprechende Unterteilung in der zweiten Gruppe noch mehr berechtigt.

Während nur Calcium, Strontium, Barium und Radium die eigentliche Erdalkalimetall-Gruppe bilden, zeigen die beiden Kopfelemente *Beryllium* und *Magnesium* einige Ähnlichkeiten mit den Metallen der Zinkgruppe $B_2$.

Darüber hinaus nimmt Beryllium im Vergleich zu Magnesium eine Sonderstellung ein. Es bildet das kleinste metallische Zentral-Ion mit niedriger Ionenladung, wenn auch seine Verbindungen gerade infolge der geringen Ionengröße stark polarisierte oder fast kovalente Bindungen aufweisen.

---

[1] Alaune sind Doppelsalze mit *oktaedrischer Kristallform* der Zusammensetzung $[A(H_2O)_6]$ $[M(H_2O)_6]$ $(SO_4)_2$, wobei A = $(NH_4)^+$, $K^+$, $Rb^+$, $Cs^+$ und M = $Al^{3+}$, $Cr^{3+}$, $Mn^{3+}$, $V^{3+}$ u. a.

Die Berylliumoxid-carboxylate der Form $Be_4O(OOC-R)_6$, die als „innere Komplexe", bzw. echte Chelate durch ihre Löslichkeit in organischen Lösungsmitteln auffallen, haben eventuell noch ein weniger stabiles Gegenstück beim Zink; jedoch sind analoge Verbindungen bei anderen Mitgliedern der $A_2$-Gruppe unbekannt.

Beryllium bildet auch kein Peroxid, während die Stabilität der Erdalkali-Peroxide von $CaO_2$ zum $BaO_2$ zunimmt. Durch die aus den Ionengrößen gegebenen chemischen Verwandtschaften der Elemente Beryllium und Magnesium mit den $B_2$-Elementen werden die beiden Kopfelemente Be und Mg zu „Außenseitern" im Vergleich zu den eigentlichen Erdalkalien. Die in der Reihe $CaSO_4 - SrSO_4 - BaSO_4 - RaSO_4$ zunehmende Schwerlöslichkeit und die gute Löslichkeit von Beryllium- und Magnesiumsulfat stellen nur ein Beispiel dafür dar.

In ganz ähnlicher Weise wird *Scandium* gegenüber *Yttrium* und den *Lanthaniden* zum Außenseiter, weil sich Yttrium chemisch eng an die Lanthaniden anschließt (202). Bei den *Actiniden* müßte man die Metalle Nr. 89 bis 94 als Sondergruppe ansehen, die auf eine Art Konkurrenz zwischen 5f- und 6d-Elektronen zurückgeht (57—58).

Weiterhin werden zumindest die Übergangsmetalle der 3d-Reihe zu Außenseitern im Vergleich zu ihren Homologen, insbesondere die Titangruppe Ti-V-Cr gegenüber den Wolframmetallen (179), weil diese infolge der Lanthanidenkontraktion eine besonders große chemische Verwandtschaft untereinander aufweisen. Die Anwendung dieser Beziehung auf die $B_0$-Gruppe ist vielleicht problematisch. Doch könnte man immerhin auf viele Gemeinsamkeiten der Platinmetalle, zum Beispiel auf ihre hohe Elektronegativität hinweisen.

Aber schon in der $B_1$-Gruppe spielt eher das *Gold* gegenüber *Silber* und *Kupfer* die Außenseiterrolle. Dazu gehört vor allem seine stabile dreiwertige Valenzstufe.

Bei der $B_2$-Gruppe fällt das *Quecksilber* durch zahlreiche chemische Abweichungen gegenüber *Cadmium* und *Zink* auf (251), worunter in erster Linie seine „einwertigen" Verbindungen und seine Fähigkeit zur direkten Metall-Stickstoffbindung in wäßrigen Systemen zu nennen sind.

Auch die folgenden Schwermetalle der 6p-Reihe (Tl-Pb-Bi-Po-At) unterscheiden sich vielfach charakteristisch von ihren beiden leichteren Homologen in den Langperioden, beispielsweise durch die ausgesprochene Tendenz zur niederen Wertigkeit (252). Den entscheidensten Außenseitercharakter verraten jedoch die *Nichtmetalle* der erste Kurzperiode, B-C-N-O-F, im Vergleich zu allen ihren Homologen.

Das *Bor*, als eine Art „Halbmetall im physikalischen Sinne" und eindeutiges Nitchmetall im chemischen Verhalten, kann kaum mit seinen Homologen in der $B_3$-Gruppe verglichen werden. Es unterscheidet sich von seinen Nachbarn außerdem noch durch seine Tendenz zur Einfachbindung und zur Bildung polymerer Strukturen (z. B. in $B_2O_3$ und $[BN]_x$). *Kohlenstoff, Stickstoff* und *Sauerstoff* heben sich von ihren Homologen durch die Fähigkeit zur *Mehrfachbindung* ab (z. B. $O = C = O$, $(C \equiv N)_2$, $H_2C = O$) und die Abwesenheit polymerer Sauerstoffsäuren. Die Wasserstoffverbindungen der Reihe Stickstoff — Sauerstoff — Fluor fallen durch ihre besondere Assoziation infolge von Wasserstoffbrücken auf (264).

Wenn sich auch in neuester Zeit eine recht umfangreiche Siliciumchemie herausgebildet hat, übertrifft doch kein anderes Element das *Kohlenstoff* in seiner Fähigkeit, sich in hochpolymeren Ketten „mit sich selbst" zu verbinden. Der besonders kleine Atomradius des Kohlenstoffatoms dürfte hauptsächlich für diese Eigenschaft verantwortlich sein.

Stickstoff-Stickstoff-Ketten und Ozon sind dagegen instabil, während Phosphor immerhin ein $P_4$-Molekül und Schwefel in seinem plastischen Zustand eine ausgedehnte Atomkette bilden kann.

Der Außenseitercharakter der ersten Kurzperiode kommt auch darin zum Ausdruck, daß die Kohlenstoff- und Stickstoffoxide monomer und gasförmig, die der übrigen Nichtmetalle (Bor und folgende Perioden) hingegen fest sind und zumeist Raumnetzstrukturen ausbilden. Man kennt auch keine „ortho-Kohlensäure", $H_4CO_4$ und ortho-Salpetersäure, $H_3NO_4$, in freier Form, sondern nur Formen, die man in der zweiten Kurzperiode als „Metasäuren" bezeichnet. Diese Zusammenhänge werden im allgemeinen mit der **„Doppelbindungsregel"** erklärt, welche besagt, daß die relativ kleinen Nichtmetallatome durch Überlappung von p-Elektronen $\pi$-Bindungen ausbilden können („p$\pi$-p$\pi$-Bindungen"). Die homologen größeren Atome können ähnliche Doppelbindungen nur dann ausbilden, wenn d-Elektronen zur Verfügung stehen („d$\pi$-p$\pi$-Bindungen") wie beispielsweise im Phosphoroxychlorid, $O = PCl_3$.

Den „ortho-Säuren" $H_3BO_3$, Kieselsäure, $H_3PO_4$ und $H_2SO_4$ kann stufenweise Wasser entzogen werden, etwa durch Erhitzen der „sauren Salze" (Hydrogenphosphate, Hydrogensulfat usw.) Dabei bilden sich „Metaborat", $(BO_2^-)_x$, Metasilikat $(SiO_3)^{2-}_x$, und „Metaphosphat", $(PO_3)^-_x$ als hochaggregierte, glasige Substanzen.

# O. 2.  Homolog, aber nicht analog

Seit der Aufstellung des Periodensystems denken die Chemiker vorwiegend in homologen Reihen der Elemente, die sie meist in vertikalen Gruppen anschreiben. Die Mitglieder einer solchen Gruppe („chemische Familie") sind „homologe" Elemente mit meistens übereinstimmender Elektronenkonfiguration.

Die Anschauung, daß Atome mit analoger Elektronenkonfiguration auch analoge chemische Eigenschaften haben müßten, hat sich zu sehr verbreitet, als daß man sie hier übergehen könnte. Homologe Elemente sind noch lange nicht „analoge" Elemente. Besonders bezeichnende Beispiele dafür liefern Vergleiche zwischen Nichtmetallen der ersten und der zweiten Kurzperiode. Der „Außenseiter-Charakter" der Kopfelemente der vertikalen Gruppen wurde im vorigen Kapitel diskutiert.

Stellvertretend für alle diese Fälle und als eine Warnung vor dem leichtfertigen Analogieschluß aus der mehr oder minder willkürlichen Anordnung der Elementsymbole im Periodensystem, sind in Tabelle 32 einige Eigenschaften des Kohlenstoffs denen des angeblich „analogen" Siliciums gegenübergestellt.

Eine Gegenüberstellung der entsprechenden Eigenschaften von *Bor* und *Aluminium* würde ganz ähnliche Unterschiede innerhalb einer Vertikalgruppe des Systems aufzeigen. Mit der typischen Raumnetzstruktur seines Oxids, der Selbstentzündlichkeit, Flüchtigkeit und Hydrolyseempfindlichkeit seiner kovalenten Hydride und Halogenide verrät *Bor* eine gewisse Verwandtschaft zum *Silicium*, entsprechend der GOLDSCHMIDTschen „Diagonalregel" (s. S. 151). Die Übereinstimmungen in dieser Richtung bleiben jedoch absolut formal, in Anbetracht der Oktettlücke am Bor-Atom (vgl. Elektronenmangelverbindungen, S. 189). Mit seiner Fähigkeit zur Bildung von „Cluster-Strukturen" (s. S. 213 ff), vielfach mit dem Bau-Element des Ikosaeders (z. B. in $(B_{12} H_{12})^{2-}$) steht das Bor so eindeutig abseits von den Elementen der folgenden Perioden, wie kein anderes Mitglied der ersten Kurzperiode. Doch sollte dies nach den Hinweisen auf den „Außenseitercharakter" dieser Elemente (s. S. 180 ff) nicht überraschen.

Sehr viel bemerkenswerter sind hingegen Diskrepanzen chemischer Eigenschaften innerhalb vertikaler Gruppen in den Langperioden, deren Mitglieder sich sonst gerade durch eine unverkennbare chemische Verwandtschaft auszeichnen.

Es gibt kaum ein eindrucksvolleres Beispiel dafür, daß homologe Elemente keineswegs chemisch-analog sein müssen als bei den drei Edelmetallen der $B_1$-Gruppe, wofür man übrigens noch keine überzeugende Erklärung hat.

Tabelle 32 a    **Vergleich Kohlenstoff/Silicium**

Trotz „analoger" Elektronenkonfiguration bestehen große Unterschiede im chemischen Verhalten und in den Eigenschaften der sogenannten „analogen" Verbindungen

| Kohlenstoff | Silicium |
|---|---|
| Kohlendioxid, $CO_2$, *monomer* | Siliciumdioxid (Quarz): *Raumnetzstruktur* |
| mittlere Bindungsenergie<br>—C—C—: 85,5 kcal/Mol kleiner als | mittlere Bindungsenergie —Si—O—: (108 kcal/Mol)<br>Silicium-Sauerstoffverbindungen thermisch sehr beständig |
| mittlere Bindungsenergie —C—H (98,8 kcal/Mol) größer als | mittlere Bindungsenergie —Si—H (70,4 kcal/Mol) |
| Koordinationszahl nicht größer als 4 | Koordinationszahl oftmals auch größer als 4 |
| Tetrachlorkohlenstoff, $CCl_4$, *inert* | Siliciumtetrachlorid, $SiCl_4$, *sehr reaktiv* (z. B. mit $H_2O$) |
| zahlreiche Halogenkohlenwasserstoffe | relativ wenig Halogenosilane bekannt |
| Perfluorpolyäthylen („Teflon") chemisch äußerst *inert*, *thermisch sehr beständig* | „Siliciumdifluorid" ($—SiF_2—SiF_2—SiF_2—)_x$, chemisch sehr *reaktiv, thermisch unbeständig* |
| Chloroform, $CHCl_3$, chemisch *inert* | sogenanntes „Silico-Chloroform" = $H(SiCl_3)$; rauchende Flüssigkeit, *leicht oxidierbar* und *hydrolysierbar* |

Tabelle 32 b **Vergleich Kohlenstoff/Silicium (Fortsetzung)**

| Kohlenstoff | Silicium |
| --- | --- |
| Gesättigte Kohlenwasserstoffe (Paraffin), $C_nH_{2n+2}$, *reaktionsträge* | Silane, $Si_nH_{2n+2}$, wenig stabil; für $n > 2$ sind besondere Darstellungsmethoden erforderlich |
| C—H-Bindung ist polar mit (—) beim C-Atom Kohlenwasserstoffe reagieren nicht mit $H_2O$ | Si—H-Bindung ist stark polar, jedoch mit (—) beim H-Atom Daher: $R_3SiH + H-OH \longrightarrow R_3S-OH + H_2$ |
| Methan, $CH_4$, *reaktionsträge*, geruchlos, vergleichsweise ungiftig | Monosilan, $SiH_4$, *reagiert heftig* mit Sauerstoff und Wasser. Starker Geruch, giftig, selbstentzündlich an der Luft |
| Kohlenwasserstoffe mit praktisch unendlicher Kohlenstoffkette existent | Hexasilan, $Si_6H_{14}$ ist gerade noch exergonisch. Höhere Silane zerfallen dagegen in $SiH_4$, Polysilin $(SiH)_n$ und Wasserstoff |
| Cyclohexan, $C_6H_{12}$, stabil, gesättigt | Cyclosilan $(Si_6H_{12})$, unbekannt |
| Benzol, $C_6H_6$, gesättigter aromat. Kohlenwasserstoff | „Silico-Benzol" $(Si_6H_6)$, unbekannt |
| Olefine, $C_nH_{2n}$, und Acetylene, $C_nH_{2n-2}$, ungesättigt, chemisch sehr reaktiv | $(SiH_2)_n$ und $(SiH)_n$ sind *nicht „ungesättigte* Siliciumwasserstoffe", sondern *Hochpolymere* mit Si-Si-Einfachbindungen |
| $H_2C = CH_2$ (Äthylen) mit $p\pi$-$p\pi$-Bindung | Silicium-Kohlenstoff- und Silicium-Silicium-Doppelbindung unbekannt; keine $p\pi$-$p\pi$-Bindungen, weil die Orbitale des (größeren) Si-Atoms nicht mehr genügend überlappen können |
| C—C-Mehrfachbindungen führen zu verkürzten Atomabständen | |

Die Unterschiede zwischen *Kupfer, Silber* und *Gold,* die in Abschnitt T (S. 244—245) näher behandelt werden, beginnen bereits mit den stabilen Valenzstufen (Cu: $+2$, Ag: $+1$, Au: $+3$), welche den Valenzregeln (s. S. 69—72) nicht gehorchen.

Auch unterscheiden sich oftmals die analog zusammengesetzten Verbindungen in ihren physikalischen Eigenschaften, etwa in der Kristallstruktur.

Als man beispielsweise bei Addukten der Zusammensetzung $Cu_4 J_4$. $L_4$ (L = cyclische Stickstoffbase wie Morpholin, Piperidin, Pyridinderivate usw.) das interessante Phänomen einer Lumineszenz-Thermochromie* beobachtete, waren alle Versuche, den gleichen Effekt bei „analogen" Silberverbindungen zu finden, vergeblich. Es spielt möglicherweise die hohe Fähigkeit des Kupfers, in salzartigen Verbindungen auch direkte Metall-Metallbindungen (s. S. 67) und sogar einfache „Cluster" auszubilden, eine entscheidende Rolle. In der oben genannten Verbindung (mit L = Morpholin) bilden 4 Kupferionen ein inneres Tetraeder, welches von einem größeren Tetraeder aus 4 Jodidionen umgeben ist**.

---

* Lumineszenz-Thermochromie = reversible Änderung der Fluoreszenz-bzw. Phosphoreszenzfarben in Abhängigkeit von der Temperatur (Gechnizdjani u. Pierre, [1973])

** Schramm (1974)

# P. Metalle und Nichtmetalle

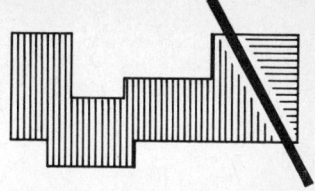

Etwa 85 Elemente gelten als Metalle und die restlichen 19 als Nichtmetalle. Für die Unterscheidung ist es von Belang, ob diese mehr nach physikalischen oder mehr nach chemischen Kriterien vorgenommen wird.

Physikalisch gesehen, gilt beispielsweise die elektrische Leitfähigkeit als unabdingbare Eigenschaft eines Metalls, so daß die Halbmetalle Silicium und Selen, sowie die metallische Modifikation des Arsens nur bedingt zu dieser Gruppe zu rechnen wären.

Nicht zufällig sind alle Metalle (mit Ausnahme von Quecksilber) bei Raumtemperaturen fest und übertreffen in ihrer strukturellen Festigkeit die Nichtmetalle beträchtlich. Die hohe Duktilität der Metalle links der Schmelzpunktsgrenze (119) und einiger Metametalle (z. B. β-Zinn) erklärt sich aus der Eigenart metallischer Bindungen, welche mit Recht mit einem System von *Mehrfachbindungen* verglichen werden können (103).

Demgegenüber können die in Molekülgittern kristallisierenden Nichtmetalle nur van-der-Waalssche Kräfte zwischen den Molekülen ausbilden. Sie sind, ähnlich den typischen Halbmetallen auch bei großer Härte relativ leicht spaltbar und vielfach ausgesprochen spröde.

Wenn die elektrische Leitfähigkeit der Metalle und Halbmetalle als eine Folge der weitgehenden Elektronen-Delokalisierung in der Metallstruktur verstanden wird, so führt diese Erscheinung zugleich zu einer entsprechenden Wärmeleitfähigkeit, die im allgemeinen mit der elektrischen Leitfähigkeit parallel geht (126).

Die gleiche Delokalisierung der Elektronen ist auch verantwortlich für den bekannten Metallglanz und die Undurchsichtigkeit von Metallen in nicht zu dünnen Schichten. Die typischen Metalle zeigen im Gebiet des sichtbaren Lichts einen Frequenzbereich „anomaler Dispersion", der zugleich ein Gebiet „anomaler Absorption und Reflexion" ist. Dies bedeutet: Das Licht ist in der Lage, die Elektronen des Metalls derart anzuregen, daß es zum einen völlig *absorbiert*, zum anderen völlig *reflektiert* wird. Aus diesem Grund haben die meisten echten Metalle einen charakteristischen silberweißen Glanz, der sich bei den weniger symmetrisch gebauten Halbmetallen in ein stumpfes Grau verschiebt.

Die „Resonanz" zwischen der Lichtstrahlung und den quasi mitschwingenden Elektronen führt zu einer Unstetigkeit in der Kurve

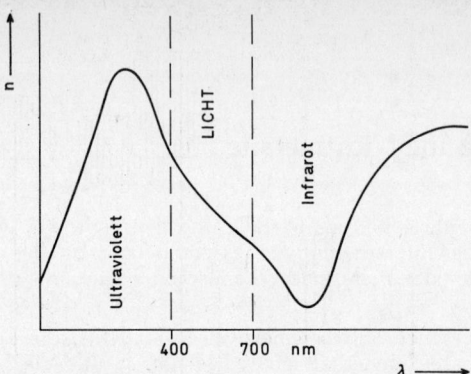

Abb. 65 a   Schematisierte Funktion des Brechungsindex gegen die Wellenlänge eines durchsichtigen Körpers (mit streng lokalisierten Elektronen): **„normale Dispersion"**, d. h. größerer Brechungsindex bei kürzeren Wellenlängen.

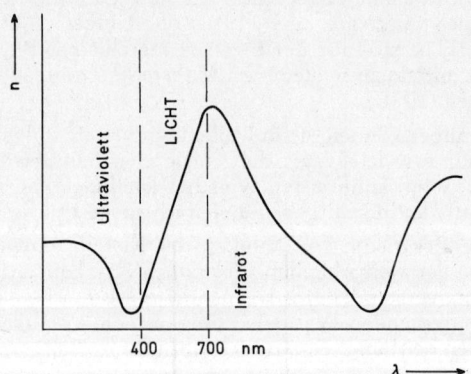

Abb. 65 b   Schematisierte Funktion des Brechungsindex gegen die Wellenlänge eines undurchsichtg-metallischen Körpers (mit unendlich delokalisierten Elektronen): **„Anomale Dispersion"**, d. h. größerer Brechungsindex mit größerer Wellenlänge.

der Brechungsindices gegen die Wellenlänge (Abb. 65 a). Minima und Maxima dieser Kurve müssen durchaus nicht im sichtbaren Gebiet des Spektrums liegen. Normalerweise würde der stets über 1,0 liegende Brechungsindex eines durchsichtigen Körpers mit höherer Frequenz (kürzerer Wellenlänge) ansteigen (*„normale Dispersion"*). Le Roux und Christiansen fanden 1860 beim Joddampf den ersten Fall einer *„anomalen Dispersion"*, wie er auch bei den Metallen im Prinzip vorliegt:

Der Brechungsindex (bzw. die damit verbundene Dielektrizitätskonstante) *fällt* mit steigender Frequenz des Lichts (Abb. 65 b) („anomale Dispersion") Dabei kann der „Brechungsindex" des Metalls sehr wohl auch kleiner als 1 sein (z. B. Silber n = 0,05!).

Die Nichtmetalle haben ihre Valenzelektronen streng in der Bindung lokalisiert. Eine Anregung dieser Elektronen kann jedoch unter Umständen eine Absorption in bestimmten Spektralbereichen zulassen, so daß charakteristische Farben auftreten, wie etwa beim gelben Schwefel, beim roten Selen oder beim gelbgrünen Chlor.

Vom chemischen Standpunkt aus bezeichnet man gern diejenigen Elemente als typische Nichtmetalle, deren Oxide im wäßrigen System eine Säure liefern (Protonendonator). Da dies jedoch zugleich eine Frage der Valenz ist — das Metalloxid $CrO_3$ ist ein echtes Säureanhydrid, und einwertig positives Jod kann Basen bilden — kann auch diese Definition keine klare Abgrenzung sichern.

Mit etwas besserem Erfolg läßt sich eine Unterscheidung nach strukturellen Gesichtspunkten treffen, wenn man die Existenz mehratomiger Moleküle, im Gegensatz zu den Resonanzgittern der Metallstrukturen, als Kriterium des nichtmetallischen Zustands ansieht. Aber auch dann ergeben sich gewisse Widersprüche beim Bor, beim Kohlenstoff und bei den einatomigen Edelgasen.

Im allgemeinen lassen sich die Metalle nur aus Metallschmelzen unverändert rekristallisieren, während sich viele Nichtmetalle in polaren oder unpolaren Lösungsmitteln lösen und daraus zurückgewonnen werden können.

Im Zusammenhang mit den vielfältigen Aspekten der metallischen Bindung können sich zahlreiche Metalle mit anderen Metallen zu einer großen Zahl verschiedener Verbindungen mit nicht immer daltonischer Zusammensetzung vereinigen. Demgegenüber verbinden sich die Metalle mit typischen Nichtmetallen nur zu einer eng begrenzten Zahl binärer Verbindungen.

Natürlich resultieren diese Erscheinungen nicht zuletzt aus der Elektronenkonfiguration und der Elektronegativität der Elemente; aber mit Ausnahme des zu „Elektronen-Mangelverbindungen"[1] neigenden Bors haben doch alle Nichtmetalle eine klare Gemeinsamkeit, indem sie ihre äußerste Elektronenschale durch *Aufnahme von Elektronen* auf die „Edelgas-Konfiguration" $p^6$, ergänzen können. Dabei kann Energie frei werden (*„Elektronenaffinität"*), während die *Ionisation* von Metallatomen eine Zufuhr von Energie (*„Ionisationsenergie"*) verlangt (s. S. 108).

Sofern aus Metall- und Nichtmetallatomen positive Ionen gebildet werden sollen, ist die dazu nötige erste Ionisationsenergie (287) bei den Nichtmetallen unvergleichlich höher als bei den Metallen und erreicht ein Maximum am Ende der Periode, d. h. beim Edelgas.

---

[1] Zahl der Valenzelektronen (3) kleiner als Zahl der möglichen Orbitale (4).

Tabelle 33 a  **Physikalische Unterscheidungsmerkmale zwischen Metallen und Nichtmetallen**

| Metalle | Ausnahmen | Nichtmetalle | Ausnahmen |
|---|---|---|---|
| Bei Raumtemperatur fest | Quecksilber | Bei Raumtemperatur fest oder gasförmig | Brom |
| Im kristallinen Zustand bemerkenswerte Festigkeit und hohe Duktilität | einige Metametalle und Halbmetalle | Im kristallinen Zustand vielfach spaltbar und spröde, jedoch maximale Härte beim Diamant | |
| Als Festkörper: Metallgitter mit überwiegend hoher Symmetrie (kubisch-raumzentriert, kubisch-flächenzentriert, oder hexagonal dichteste Kugelpackung) | | Als Festkörper: Molekülgitter von meist geringer Symmetrie (z. B. monoklin, rhomb., darin mehratomige Moleküle, z. B. $S_8$, $P_4$) | Edelgase einatomig |
| Im Dampfzustand einatomig | evtl. in Nähe des Siedepunktes | Im Dampfzustand mehratomige Moleküle, z. B. $S_2$, $P_4$ | Edelgase einatomig |
| Nicht-gerichtete *Metallbindung* Elektronen extrem delokalisiert | einige Halbmetall-Modifikationen | Streng gerichtete *Atombindung* Valenzelektronen weitgehend in der Bindung lokalisiert | Edelgase: van-der-Waals-Kräfte |

Tabelle 33 b **Physikalische Unterscheidungsmerkmale zwischen Metallen und Nichtmetallen** (Fortsetzung)

| Metalle | Ausnahmen | Nichtmetalle | Ausnahmen |
|---|---|---|---|
| Gute bis sehr gute elektrische Leitfähigkeit. Positiver Temp.-Koeff. d. el. Leitf. (Leiter I. Klasse) | Halbmetalle, Halbleiter, Temp.-Koeff. negativ (Leiter II. Klasse) | Elektrische Isolatoren = Nichtleiter | Metallische Modifikation von Halbleitern, z. B. Se |
| Gute Wärmeleitfähigkeit, etwa analog zur elektrischen Leitfähigkeit | Halbmetalle | Schlechte Wärmeleitfähigkeit | desgleichen |
| Supraleitfähigkeit bei extrem tiefen Temperaturen Sprungtemp. bis zu $+9°$ K (Tc) | zahlreich | — | — |
| Atome überwiegend *paramagnetisch* | Ferromagnetismus bei Fe, Co, Ni (Gd, Dy u. a.) | Moleküle im allg. *diamagnetisch* | $O_2$-Molekül |
| Im Bereich des sichtbaren Lichts: *Anomale Dispersion* und *Reflexion,* daher Metallglanz und Undurchsichtigkeit Metalle silberweiß bis grau | Gold und Kupfer | Im Bereich des sichtbaren Lichts: *Normale Dispersion* (Brechungsindex steigt mit der Frequenz) Vielfach charakteristische *Farben,* z. B. $Cl_2$, $Br_2$, $S_8$, $P_{rot}$. | Jod. (Entdeckung d. anomalen Dispersion 1860 (Roux u. Christiansen)) |

Tabelle 34  **Chemische Unterscheidungsmerkmale zwischen Metallen und Nichtmetallen**

| Metalle | Ausnahmen | Nichtmetalle | Ausnahmen |
|---|---|---|---|
| Metalloxide bilden im ionisierenden Lösungsmittel *Basen*, z. B. $CaO + H_2O \rightarrow Ca^{2+}aq + 2\ OH^-$ | Anhydride der „Metallsäuren" z. B. $(CrO_3)_x$ | Nichtmetalloxide sind im wäßrigen System vielfach *Säureanhydride*, z.B. $SO_2 + 2\ H_2O \rightarrow H_3O^+ + HSO_3^-$ | $F_2O$ ist kein Fluoroxid $F_2O + H_2O \rightarrow$ $2\ HF + O_2$ |
| Ionisierung der Metallatome *erfordert* Energie (Ionisierungsenergie) | | Ionisierung der Nichtmetallatome *liefert* **Energie** (Elektronenaffinität) (z. B. $Cl + e^- \longrightarrow Cl^- + E$), sofern zur evtl. Abspaltung von Elektronen nicht eine, im Vergleich zu den Metallen sehr viel höhere Ionisierungsenergie erforderlich ist (z. B. $O_2 + 13,4\ eV \rightarrow O_2^+$) | |
| Unverändert nur aus Metallschmelzen rekristallisierbar | Alkalimetalle und ähnl. auch aus Lösungen in flüss. $NH_3$ | Aus geeigneten polaren und unpolaren Lösungsmitteln unverändert rekristallisierbar (z.B. $P_4$ und $S_8$ aus Schwefelkohlenstoff) | Kohlenstoff Bor |
| Tendenz zur Bildung von Ionensolvaten im wäßrigen System, z. B. $[Mg(H_2O)_6]^{2+}$ | | Geringe Tendenz zur Bildung definierter Hydrate (z. B. $Cl_2 \cdot 5,75\ H_2O$ = kein Chlorhydrat, sondern Gittereinschlußverbindung) | |
| Bemerkenswert viele intermetallische Verbindungen, z. B. $Li_6Hg$, $Li_3Hg$, $LiHg$, $LiHg_2$, $LiHg_3$ | | Begrenzte Zahl binärer Verbindungen mit anderen Nichtmetallen, z. B. $PJ_3$, $P_2J_4$, $PJ_5$ | |

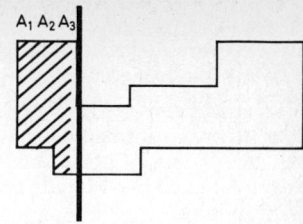

# Q. Leichtmetalle

Mit Ausnahme von Protactinium und Uran besitzen alle Metalle der Gruppen $A_1$, $A_2$ und $A_3$ Elektronegativitäten $< 1{,}35$, während die elektrochemischen Potentiale dieser Metalle gegen ihre 1-normale wäßrige Lösung (vgl. Definition von $E_0$) im allgemeinen $< -1{,}8$ Volt sind.

Vor allem unter Berücksichtigung der Tatsache, daß sowohl die Alkali- und Erdalkalimetalle als auch die Metalle der „eigentlichen" $A_3$-Gruppe (Al, Sc, Y, La, Ac) Ionen mit $p^6$-Konfiguration bilden können, erscheint es sinnvoll, die chemischen Verwandtschaften innerhalb der Gruppen $A_1$ bis $A_3$ gemeinsam zu betrachten.

Gemeinsam sind den Metallen dieser Gruppen (ohne Lanthaniden und Actiniden) ihre *konstanten Elektrovalenzen* entsprechend der Zahl der leicht abtrennbaren Valenzelektronen. Die *ersten Ionisationsenergien* liegen durchweg *unter 160 kcal/Mol* $= 6{,}95$ eV. Dementsprechend bilden diese Metalle ausgesprochen ionische Verbindungen mit Koordinationsgittern von hoher Symmetrie, wovon allenfalls die Uranmetalle sowie die Außenseiter Beryllium und Aluminium Ausnahmen machen. Der Satz vom ionischen Charakter gilt insbesondere für die Lanthaniden, die trotz ihrer teilweise gefüllten f-Teilschale keine Neigung zur Bildung kovalenter Komplexe zeigen.

Außer den systematischen Änderungen der Löslichkeiten vergleichbarer Salze, etwa der Sulfate, läßt sich eine allgemeine Regel über die thermische Zersetzung der „komplexen" Verbindungen aufstellen. In der Reihe Ca—Sr—Ba—Ra und Sc—Y—La sind die Sulfate und andere „komplexe" Verbindungen von „oben nach unten" innerhalb einer Vertikalen *zunehmend* stabil, das heißt, die Verbindung des *leichtesten* Metalls (M) zersetzt sich bei *geringerer Temperatur* in seine Komponenten

$$M\,SO_4 \rightleftarrows M\,O \,+\, SO_3$$

oder $\qquad M_2(SO_4)_3 \rightleftarrows M_2O_3 + 3\,SO_3$

Für die binären Verbindungen gilt natürlich die umgekehrte Folge ihrer thermischen Stabilität. Die Alkalimetallhydride sind beispielsweise vom LiH zum KH und RbH zunehmend unbeständig wegen des zunehmenden Ionenradius des Metallions, wodurch die Ionenabstände größer werden und damit die Gitterenergie der Hydride abfällt. Als einziges Alkalimetallhydrid kann Lithiumhydrid unzersetzt geschmolzen werden (Fp.: $689°$). Seine thermische Beständigkeit wird von keinem anderen salzartigen Hydrid erreicht (vielleicht abgesehen von der Elektronenmangelverbindung Zr $H_{1,92}$).

Von einem gewissen Interesse für die Beurteilung der Reaktionsfähigkeit eines Leichtmetalls ist, außer Elektronegativität, elektrochemischem Potential und Ionisationsenergie, das Verhältnis zwischen Atomvolumen des Metalls und Molvolumen der entstehenden binären Verbindung.

Die *Molvolumina* der Alkalihydride zum Beispiel sind sämtlich kleiner (und die Dichte entsprechend größer, vgl. Tab. 35) als die Atomvolumina der Alkalimetalle. Da es auch mit Wasserstoff zu polarisierten Ionenbindungen kommt, verliert das Alkalimetall gewissermaßen seine äußerste Elektronenschale; das dabei gebildete Hydrid-Ion paßt sich trotz seiner beachtlichen Größe ($r_{H^-}$ = 2,08 Å) raumsparend in das Salzgitter vom NaCl-Typ ein.

Tabelle 35    **Dichte der Alkalimetalle und Alkalihydride**

| Metall: | Li | Na | K | Rb | Cs |
|---|---|---|---|---|---|
| Dichte [g/cm³] | 0,53 | 0,97 | 0,86 | 1,53 | 1,90 |
| Hydrid | LiH | NaH | KH | RbH | CsH |
| Dichte [g/cm³] | 0,82 | 1,39 | 1,47 | 2,60 | 3,40 |

Aus ähnlichen Überlegungen wird die durchgreifende Korrosion der Alkalimetalle durch Sauerstoff verständlich, wenn sich keine rißfreie Oxid-Schutzschicht auf den Metallen bilden kann, weil das Molvolumen der Alkalioxide kleiner ist als das ihrer Metalle.

Die binären Alkaliverbindungen, insbesondere die Halogenide, zeigen oft eine interessante Gesetzmäßigkeit bezüglich ihrer Schmelzpunkte, die recht einfach aus den Gitterenergien und damit letztlich aus den Ionenradien abgeleitet werden können.

So nimmt die Gitterenergie der Alkalimetallhalogenide sowohl mit steigendem Ionenradius des Anions, als auch des Kations ab (s. Abb. 66).

Mit der Abnahme der Gitterenergie in der Reihe Fluorid > Chlorid > Bromid > Jodid fallen in derselben Reihenfolge die Schmelzpunkte. Wenn die Schmelzpunkte der Lithiumhalogenide jedoch tiefer liegen als die der Natrium- und Kaliumhalogenide, so ist dies mit Einschränkung eine Folge von Polarisations-Effekten, welche vom besonders kleinen Lithium-Ion ausgehen.

Die hier verwendete, rein elektrostatische Betrachtungsweise ist manchmal noch qualitativ brauchbar, wenn bereits die Grundlage einer echten Ionenbindung fehlt. Kleine Kationen sollten nach diesem einfachen Modell auf die Dipolmoleküle des Wassers eine stärkere An-

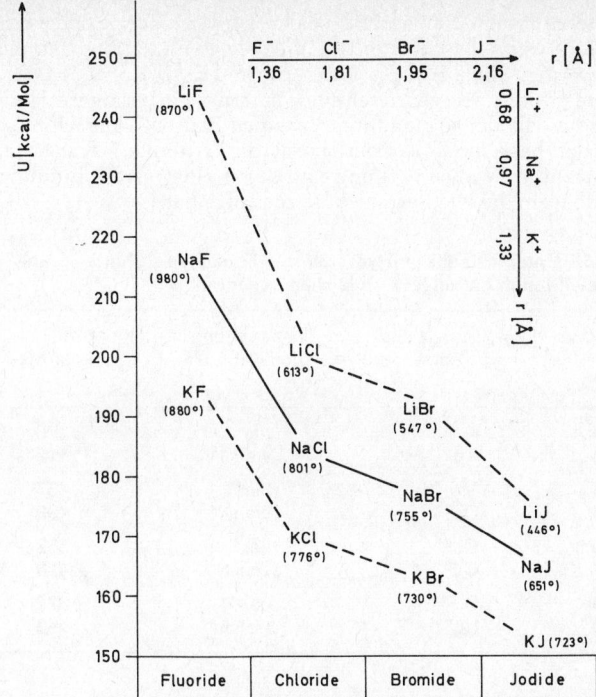

Abb. 66 Gitterenergien U von Alkalihalogeniden als Funktion der Ionen-radien. (Schmelzpunkte in Klammern).

ziehungskraft ausüben als größere Kationen, und mehrwertige Kationen sind stärker hydratisiert als einwertige.

Ein Paradebeispiel hierfür liefern die Metalle der $B_2$-Gruppe: Wasserfreies Berylliumchlorid hydrolysiert so heftig, daß es an feuchter Luft raucht. Magnesium- und Calciumchlorid sind noch sehr hygroskopisch; Bariumchlorid läßt sich relativ leicht in wasserfreier Form erhalten.

Wenn Calciumfluorid, im Gegensatz zu Calciumchlorid aus wäßriger Lösung sofort wasserfrei kristallisiert, läßt sich dies so interpretieren, daß die Gitterenergie von $CaF_2$ infolge des kleineren Anions größer ist als die des Calcium-Hydrats. Auf Zusatz von Fluorid zu einer wäßrigen $CaCl_2$-Lösung, werden die Wassermoleküle sozusagen „verdrängt":

$$[Ca(H_2O)_6]^{2+} + 2\,Cl^- + 2\,Na^+ + 2\,F^- \longrightarrow$$
$$\mathbf{CaF_2} + 2\,Na^+ + 2\,Cl^- + 6\,H_2O$$

Eine Gegenüberstellung von Ionen der gleichen Ionenladung und ungefähr der gleichen Ionengröße (Tab. 36) zeigt nun jedoch, daß im wäßrigen System absolut nicht die gleichen Hydratationswärmen gemessen werden. Diejengen Kationen, die im HSAB-Konzept (s. S. 172) als „harte Säuren" eingeordnet sind, liefern weit geringere Hydratationswärmen als die sogenannten „weichen Säuren". Der Unterschied liegt in der besseren Polarisierbarkeit der „weichen" Kationen, die eine zusätzliche Wechselwirkung und somit eine festere Bindung des Zentral-Ions an die Wassermoleküle zur Folge hat.

**Tabelle 36    Unterschiedliche Hydratationswärmen von „harten" und „weichen" Metall-Ionen bei ungefähr gleichem Ionenradius**

| Ionenradius des Kations [Å] | Hydratisiertes Kation | Bezeichnung des Kations | Hydratationswärme (kcal/Mol) |
|---|---|---|---|
| 1,33 | $K^+$ | „hart" | 76 |
| **1,26** | **$Ag^+$** | **„weich"** | **112** |
| 0,65 | $Mg^{2+}$ | „hart" | 437 |
| **0,69** | **$Cu^{2+}$** | **„weich"** | **499** |
| 0,99 | $Ca^{2+}$ | „hart" | 362 |
| **0,97** | **$Cd^{2+}$** | **„weich"** | **428** |
| 1,13 | $Sr^{2+}$ | „hart" | 327 |
| **1,10** | **$Hg^{2+}$** | **„weich"** | **443** |

# Q. 1. Basizität

Der Ionenradius der A-Gruppen-Metalle kann — mit gewissen Einschränkungen — für die „Basizität" der Hydroxide maßgebend sein. Nach dem Ionenmodell sollte auch die Löslichkeit der Hydroxide mit größerem Radius des Zentral-Ions ansteigen, was auch im allgemeinen in den Gruppen A₁ bis A₃ der Fall ist.[1]

Metallhydroxide mit größerer Löslichkeit müssen auch die stärkeren Basen darstellen, soweit man davon ausgehen darf, daß der gelöste Anteil stets vollständig dissoziiert vorliegt. Man wird allgemein also

---

[1] Löslichkeit LiOH = 11,0,  NaOH = 34,0,  KOH = 52,8,  CsOH = 75,0 g/100 g Lösung.
Löslichkeitsprodukte: $Be(OH)_2 = 1,62 \cdot 10^{-7}$, $Mg(OH)_2 = 1,4 \cdot 10^{-4}$, $Ca(OH)_2 = 1,6 \cdot 10^{-2}$, $Sr(OH)_2 = 5,7 \cdot 10^{-2}$, $Ba(OH)_2 = 2,0 \cdot 10^{-1}$.

eine in den Gruppen „von oben nach unten" zunehmende Basizität annehmen dürfen, mit Ausnahme des Effekts, der auf die „Lanthaniden-Kontraktion" (s. S. 201) zurückgeht.

Tabelle 37 **Übersicht zur thermischen Beständigkeit und Basizität in den Gruppen A₁ bis A₃**

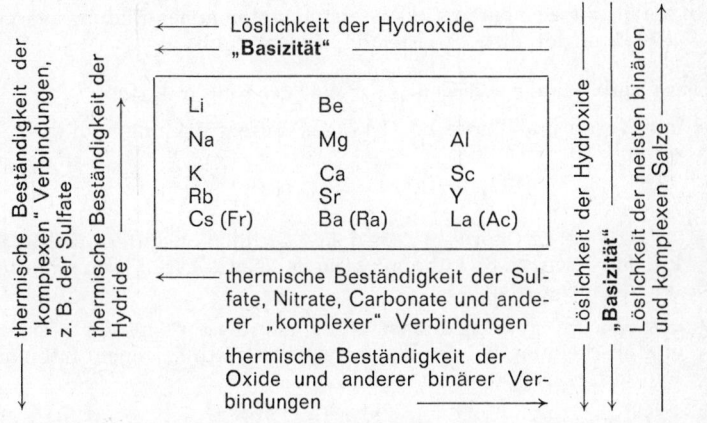

Von links nach rechts gelesen, muß jedoch infolge der generellen Ionenkontraktion (s. S. 149) und der ansteigenden Ladung des Zentral-Ions mit einer schnellen Abnahme der Basizität gerechnet werden, die bald zu einem schwerlöslichen oder amphoteren Hydroxid z. B. $Be(OH)_2$, $Al(OH)_3$ führt.

Wenn man den Begriff der „Basizität" unabhängig vom Lösungsmittel betrachten will, kommt die Rolle des Ionenradius dadurch zum Ausdruck, daß größere Ionenradien einer Bildung saurer Metallat-Komplexe mehr entgegenstehen als ausgesprochen kleine Radien. Schon das extrem kleine Beryllium-Ion erlaubt eine tetraedrische Struktur des $[Be(OH)_4]^{2-}$-Ions mit quasi vollständiger Umhüllung durch die vier Liganden.

Die allgemeine Regel, daß die „Basizität" der Metalle von „links nach rechts" und von „unten nach oben" abnimmt, darf angewendet werden auf den Begriff des „Metallcharakters" eines chemischen Elements. Das Element mit dem extrem größten Metallcharakter wäre demnach in der linken unteren Ecke des Periodensystems zu suchen. Dies ist aber nicht das Francium *allein*, dessen Konstanten man im übrigen noch zu wenig kennt, sondern es müssen wohl, wegen der hohen Polarisierbarkeiten (s. S. 169) die beiden schwersten ·Alkalimetalle, Cäsium und Francium als die Elemente des stärksten Metallcharakters angesehen werden.

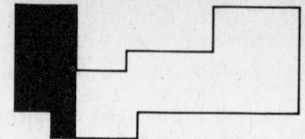

# Q. 2. „Salzartige" Hydride

Alkali- und Erdalkalimetalle, aber auch einige Vertreter der 4f-Reihe reagieren mit elementarem Wasserstoff unter hoher Bildungswärme (40—50 kcal/Mol) direkt zu Metallhydriden.[2]

Diese Verbindungen werden „salzartig" genannt, weil sie:

— mit Wasser und Säuren unter Wasserstoffentwicklung hydrolysieren, z. B.:

$$CaH_2 + 2H_2O \longrightarrow Ca(OH)_2 + 2H_2$$

— als farblose Feststoffe in typischen Koordinationsgittern der Salze kristallisieren, z. B. Lithiumhydrid im NaCl-Typ, Calciumhydrid im Flußspat-Gitter,

— nachweislich Hydrid-Anionen enthalten, was z. B. aus der Wasserstoffabscheidung bei der Elektrolyse von geschmolzenem Lithiumhydrid ($> 750°$) deutlich wird.

Die Metallhydride der Lanthaniden erreichen meist nicht die stöchiometrische Zusammensetzung $MH_3$. Man kennt beispielsweise $LaH_{2.76}$, $CeH_{2.69}$, $PrH_{2.85}$ [3].

Diese Metallhydride stellen einen gewissen Übergang zu den („metallischen") „Einlagerungshydriden" der Gruppen $A_4$ und $A_5$ dar. Statt $ZrH_4$ und $TaH_3$ sind nur $Zr\,H_{1.92}$ und $Ta\,H_{0.76}$ bekannt.

# Q. 3. Erdalkalimetalle und Lanthaniden

Nach der in Abb. 64 getroffenen Anordnung der chemischen Elemente läßt sich eine sinnvolle vertikale Trennlinie zwischen der $A_2$- und der $A_3$-Gruppe ziehen, wobei die Lanthanidenmetalle Europium und Ytterbium eine Übergangsstellung einnehmen.

Trotz vieler chemischer Ähnlichkeiten empfiehlt sich eine strenge Unterscheidung im Sinne dieser Trennlinie wegen der charakteristischen Absorptionsspektren und der teilweise hohen magnetischen Suszeptibilitäten (S. 209) von Lanthanidensalzen.
In Tab. 38 sind weitere Unterscheidungsmerkmale zusammengestellt.

---

[2] In der Elementarsynthese $M + \frac{1}{2}H_2 \rightarrow MH$ ist der Wasserstoff das *Oxidationsmittel*.

[3] $CaF_2$-Struktur.

Tabelle 38  **Unterscheidungsmerkmale zwischen Alkali- und Erdalkalimetallen und den Lanthaniden**

| Alkali- und Erdalkalimetalle | Lanthanidenmetalle |
| --- | --- |
| Kubische Kristallstruktur der Koordinationszahl 8 dominiert | Abgesehen von den erdalkali-ähnlichen Lanthanidenmetallen Europium und Ytterbium, überwiegt die hexagonale Struktur der Koordinationszahl 12 |
| Teilweise extrem geringe Dichte (Li = 0,5 und hohe Kompressibilität (Cs: $61.10^{-6}$) | Mit Ausnahme von Europium und Ytterbium sind die spezifischen Gewichte vergleichbar mit denen der 3d-Übergangsmetallreihe (z. B. Nb, Fe, Cu) |
| Schmelzpunkt $< 1000°$ | Schmelzpunkte (mit Ausnahme von Eu, Yb) $>1000°$ |
| Mit größerer Ordnungszahl abnehmende Ionisationsenergie erlaubt leichtere Anregung von **Emissionsspektren** mit charakteristischen Linien oder Banden, deren Lage von der Art der Liganden **unabhängig** ist | Im Sichtbaren zeigen die Lanthanidensalze, insbesondere der Elemente rechts der „Farbgrenze" typische **Absorptionsspektren** mit selektiver Bandenabsorption, die wenig oder gar nicht von den Liganden beeinflußt werden |
| Salze mit Anionen der $p^6$-Konfiguration farblos, sofern nicht besondere Deformationen (Elektronenüberführungen) auftreten (z. B. $Na_2O_2$, $KO_2$) | Salze der dreiwertigen Ionen links der „Farbgrenze" (S. 204) farblos oder fast farblos, rechts davon ausgeprägt farbig mit selektiver Absorption. |
| Diamagnetische Ionen von $p^6$-Konfiguration. Konstante Valenzen $+1$ oder $+2$. | Größtenteils paramagnetische Ionen. Mit Ausnahme von Cer im wäßrigen System nur dreiwertig, jedoch im übrigen bei vielen Lanthaniden wechselnde Valenzen (vgl. Tab. 9, Seite 76) |

# R. Lanthaniden und Actiniden

Abgesehen von den „Uranmetallen" Protactinium, Uran, Neptunium und Plutonium, gehören die Lanthaniden- und Actinidenmetalle zu den typisch elektropositiven Elementen und bilden daher ionische Salze. Aus ihrer besonderen Elektronenkonfiguration (s. S. 57) und der charakteristischen „Lanthanidenkontraktion" ergeben sich jedoch einige Besonderheiten.

In diesem Abschnitt wird auch begründet, weshalb die Lanthaniden und Actiniden in dem verwendeten Periodensystem in einer beson-

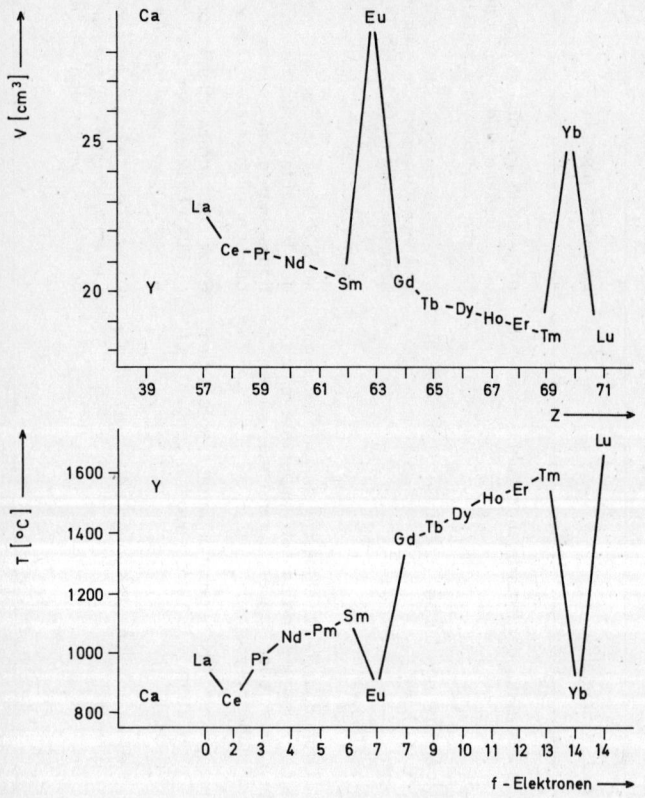

Abb. 67 Atomvolumina (V) und Schmelzpunkte (T) der Lanthaniden-metalle.

Die auffallenden Abweichungen bei Europium und Ytterbium sind eine Folge der Elektronenkonfigurationen Eu: $4f^7$, $6s^2$ und Yb: $4f^{14}$, $6s^2$.

deren Weise *periodisch* angeordnet sind. Dies geschieht nicht aus formalen Gründen, sondern, weil sich viele physikalische und chemische Eigenschaften tatsächlich in der 4f-Reihe zu wiederholen scheinen.

So haben Europium und Ytterbium (nicht nur wegen ihrer möglichen Zweiwertigkeit) eine manchmal frappierende Ähnlichkeit mit den Erdalkalimetallen. Die Atomvolumenkurve der Lanthaniden (Abb. 67)

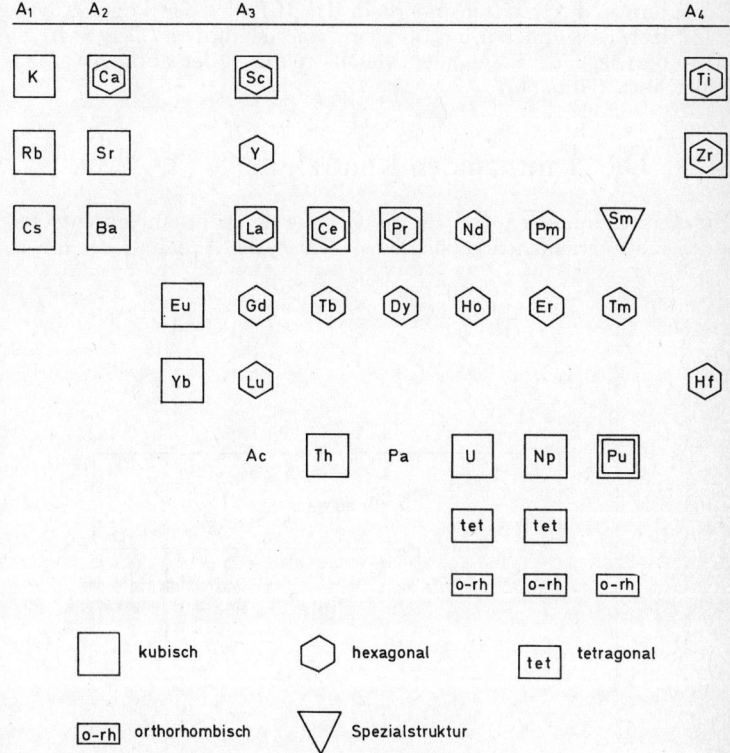

Abb. 68    Kristallstruktur der Metalle in $A_1$ bis $A_4$.
Die Erdalkali-Ähnlichkeit der Lanthanidenmetalle Europium und Ytterbium kommt auch in ihrer kubischen Struktur zum Ausdruck.

zeigt ausgeprägte Maxima bei Europium und Ytterbium und läßt die Lanthanidenkontraktion als nahezu lineare Funktion der Kernladungen erkennen. Die gleiche Periodizität zeigt sich auch in der Kurve der Lanthaniden-Schmelzpunkte (Abb. 67), die bei Europium und Ytterbium ein Minimum zeigt. Dies erklärt sich zum Teil aus der besseren „Abschirmung", welche die Atome durch die halb oder voll besetzte f-Teilschale erfahren. Diese Abschirmung setzt die „metallische Wertigkeit" gegenüber den übrigen $A_3$-Metallen herab und beeinträchtigt somit die Bindungsstärke der Atome zu ihren Nachbarn. Die Vergrößerung des Atomvolumens (entsprechend einer geringeren Dichte) und die Lage der Schmelzpunkte stehen miteinander in Einklang.

Auch in den Metallstrukturen äußert sich die Sonderstellung von Europium und Ytterbium innerhalb der 4f-Reihe. Sie kristallisieren, wie Strontium und Barium, *kubisch*, was deutlich im Gegensatz zu den überwiegend hexagonalen Metallstrukturen der übrigen Lanthaniden steht (Abb. 68).

# R. 1.  Die „Lanthaniden-Kontraktion"

Zu den bekanntesten und für die Chemie der Lanthaniden entscheidendsten Phänomenen gehört die systematische Abnahme der Ionen-

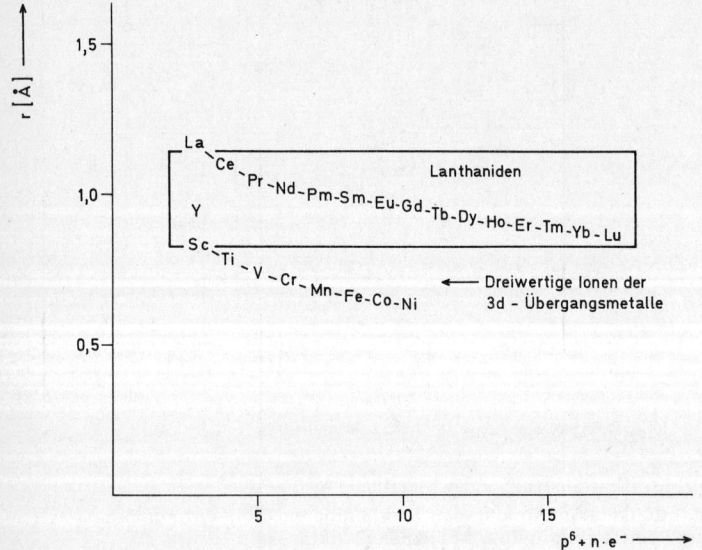

Abb. 69    Ionenradien (Å) der dreiwertigen Ionen der Lanthanidenreihe und der 3d-Übergangsmetallreihe.

Der Gradient der Ionenkontraktion ist in beiden Fällen etwa der gleiche ($\sim 0{,}025$ Å/Z). $Y^{3+}$ hat etwa den Radius von $Dy^{3+}$ od. $Ho^{3+}$ und gehört nach seiner Basizität zu den „Seltenen Erden" im erweiterten Sinne.

radien mit zunehmender Kernladung in der 4f-Reihe, die „Lanthaniden-Kontraktion" (s. Abb. 69). Sie hat u. a. zur Folge, daß die Schwermetalle der 5d-Reihe, die sich anschließen, eine sehr große chemische Ähnlichkeit mit ihren leichteren Homologen der 4d-Reihe aufweisen. Die Kontraktion der Ionenradien bewirkt aber auch eine Abnahme der Basizität der dreiwertigen Hydroxide mit steigender Ordnungszahl, bis die Hydroxide in der Gegend von $Dy(OH)_3$ und $Ho(OH)_3$ etwa die gleiche Basizität zeigen wie Yttriumhydroxid, obwohl das Yttrium 27 bzw. 28 Elektronen weniger besitzt.

Auch die Reihenfolge, mit der eine Serie ähnlicher Ionen mit einem Kationen-Austauscher eluiert werden kann, ist hier eine Funktion der Ionenradien. Da die kleineren Lanthaniden-Ionen am Ende der 4f-Reihe die größere Hydratationswärme besitzen, werden sie mit einem geeigneten Elutionsmittel *zuerst* vom Ionenaustauscherharz abgelöst. Dann erscheinen in der Reihenfolge abnehmender Ordnungszahlen nacheinander die leichteren Lanthaniden-Ionen am Ausfluß der Austauschersäule. Da auch die Metalle der 5f-Reihe („Transurane", „Actiniden") einer analogen Ionenkontraktion unterliegen, konnte der gleiche Effekt bei den Ionenaustauschversuchen der schweren Actiniden (Americium bis Mendelevium) reproduziert werden und wurde so für die Einordnung der Transurane als „Actinidenreihe" maßgebend (S. 206).


# R. 2. Periodizität der Farben

Nicht ganz zufällig bewirkt eine senkrechte Trennlinie rechts von Cer und Terbium eine altbekannte Unterteilung der dreiwertigen Lanthanidensalze in sog. *„farblose" und „farbige" Verbindungen.* Nach Tab. 39 rechnet man die relativ schwach farbigen Europium(III)- und Ytterbium(III)-Lösungen im Vergleich zu den intensiv absorbierenden Lösungen rechts der Farbgrenze zu den „farblosen" Salzen.

Die farbigen Lanthanidensalzlösungen zeichnen sich durch sehr scharfe Absorptionsbanden im Spektrum aus, deren Lage — im Gegensatz zu den Salzlösungen der Übergangsmetalle (insbesondere der 3d-Reihe) wenig oder überhaupt nicht abhängig ist von der Art der Liganden am Zentral-Ion. Während die Farbe einer Kupfer(II)-Lösung von tiefviolett bei $[Cu(NH_3)_4]^{2+}$ über hellblau bei $[Cu(H_2O)_6]^{2+}$ nach gelb in $(CuCl_4)^{2-}$ oder rot in $[CuBr_3]^-$ je nach den mit dem Zentral-Ion koordinierten Liganden variiert, sind alle dreiwertigen Praseodymsalze *grün*[1]. Eine ähnliche grüne Farbe dominiert bei den dreiwertigen Thuliumsalzen; sie ist charakteristisch für die Uran(IV)-Verbindungen, in denen das Uran-Ion ebenfalls zwei ungepaarte Elektronen besitzt.

---

[1] griechisch: prasinos = lauchgrün

Tabelle 39  **Zur „Farbgrenze" der dreiwertigen Lanthanidensalze**

Die auffallend stark und selektiv absorbierenden dreiwertigen Lanthanidensalzlösungen lassen sich von den farblosen oder nahezu farblosen Salzlösungen durch eine Senkrechte zwischen Cer und Praseodym trennen, wenn eine entsprechende periodische Schreibweise gewählt wird.

Lanthaniden(III)-Ionen *links* der „Farbgrenze" haben, entsprechend ihrer Zahl an ungepaarten Elektronen (n), S- oder F-Terme; die Ionen *rechts* dieser Grenze werden mit H- oder I-Spektraltermen beschrieben (nähere Erläuterungen zu den Termsymbolen siehe Anhang).

| | | | | „Farbgrenze" | | | | |
|---|---|---|---|---|---|---|---|---|
| Zahl ungepaarter Elektronen | 6 | 7 | 0 | 1 | 2 | 3 | 4 | 5 |
| Lanthanidenion | $Eu^{3+}$ | $Gd^{3+}$ | $La^{3+}$ | $Ce^{3+}$ | $Pr^{3+}$ | $Nd^{3+}$ | $Pm^{3+}$ | $Sm^{3+}$ |
| Spektralterm | $^7F$ | $^8S$ | $^1S$ | $^2F$ | $^3H$ | $^4I$ | $^5I$ | $^6H$ |
| Farbe | fast farblos | farblos | farblos | farblos | grün | rötlich | rosa | gelb |

| | | | „Farbgrenze" | | | | |
|---|---|---|---|---|---|---|---|
| Zahl ungepaarter Elektronen | 6 | 7 | | 5 | 4 | 3 | 2 |
| Lanthanidenion | $Tb^{3+}$ | $Gd^{3+}$ | | $Dy^{3+}$ | $Ho^{3+}$ | $Er^{3+}$ | $Tm^{3+}$ |
| Spektralterm | $^7F$ | $^8S$ | | $^6H$ | $^5I$ | $^4I$ | $^3H$ |
| Farbe | fast farblos | farblos | | gelb | gelblich | rötlich | grün |

| | | |
|---|---|---|
| Zahl ungepaarter Elektronen | 1 | 0 |
| Lanthanidenion | $Yb^{3+}$ | $Lu^{3+}$ |
| Spektralterm | $^2F$ | $^1S$ |
| Farbe | farblos | farblos |

Tabelle 39 zeigt diese Zusammenhänge deutlicher durch die angegebenen Spektralterme. Lanthaniden(III)-Ionen mit $f^0$-, $f^7$- und $f^{14}$-Konfiguration haben S-Terme und sind ideal kugelsymmetrisch. Ein Elektron mehr oder weniger läßt daraus F-Terme werden. Darunter liefern die Ionen mit der Multiplizität 2 farblose, die der Multiplizität 7 fast farblose verdünnte Salzlösungen.

Bei Lanthaniden(III)-Ionen mit H- und I-Spektraltermen, also mit 2 bis 5 ungepaarten f-Elektronen, treten intensive Farben auf, die — im Gegensatz zu den schwersten Actiniden — einer strengen **Farbregel** gehorchen: Grün bei 2, rötlich bei 3 und gelb bei 5 ungepaarten Elektronen.

Die Absorptionsspektren der farbigen Lanthanidensalzlösungen setzen sich aus scharfen Banden zusammen, ähnlich den Banden (Emissions)-spektren der Erdalkalimetalle. Da die Lage dieser Banden zumeist durch die Art der Liganden am Zentral-Ion *nicht* beeinflußt wird, lassen sich Lanthanidenmetalle am Absorptions- oder Remissionsspektrum ihrer Verbindungen mit der gleichen Eindeutigkeit identifizieren, wie man Barium oder Strontium am Emissionsspektrum erkennt.

# R. 3.  Die Actiniden als Homologe der 4f-Reihe

Über die Chemie der Actinidenmetalle ist noch zu wenig bekannt, um ebenso strenge Regeln über Farbe und Reaktionsfähigkeit aufzustellen wie bei den Lanthaniden. Da man jedoch aus spektroskopischen Daten über die wahrscheinlichsten Elektronenkonfigurationen orientiert ist, erscheint zumindest eine Einordnung des Americium als Homologes des Ytterbiums berechtigt. Eine zur 4f-Reihe analoge periodische Schreibweise der Actinidenreihe ist insofern vorteilhaft, weil sie gerade diejenigen Metalle ausklammert, die sich als „Außenseiter" nicht in eine Reihe dreiwertiger Metalle einordnen.

Interessanterweise ähneln sich die drei „Uranmetalle" Uran, Neptunium und Plutonium untereinander strukturell, indem sie ähnliche Modifikationen aufweisen. Dabei folgen mit fallender Temperatur auf die drei kubischen Strukturen der Koordinationszahl 8 in allen drei Fällen zunächst die tetragonalen Kristallformen (β-Uran, β-Neptunium und δ'-Plutonium) (s. Abb. 70).

Es besteht in der Actinidenreihe auch eine **Periodizität der Schmelzpunkte**, die grob an die Schmelzpunktkurve der Lanthaniden erinnert:

|  | Ac | Th | Pa | U | Np | Pu | Am | Cm |
|---|---|---|---|---|---|---|---|---|
| Fp[°C] | 1050 | 1750 | <1870 | 1132 | 637 | 639 | 995 | 1340 |

Die überzeugendste Gemeinsamkeit der beiden f-Reihen ist jedoch die übereinstimmende Folge, mit der sie aus einem Kationenaustauscher eluiert werden (Abb. 71). Ihre Ionenradien und damit ihre Hydrata-

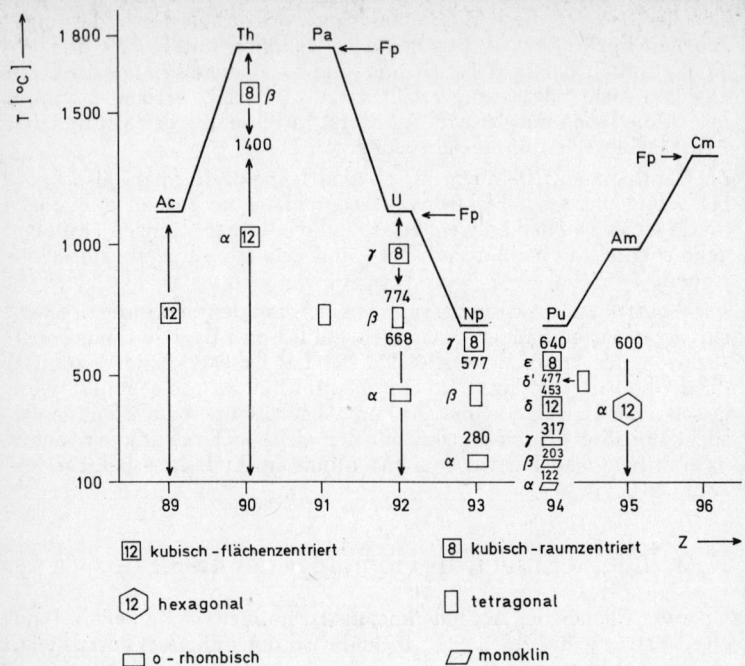

Abb. 70  Schmelzpunkte, Modifikationen und Umwandlungstemperaturen der „Uranmetalle" $Z = 90 - 94$.

tionsenergien sind offenbar strenge Funktion der Kernladungszahlen; somit unterliegen auch die Actiniden einer Ionenkontraktion.

---

Abb. 71  Reihenfolge der Lanthaniden- und Actinidenionen bei Elution aus einem Kationenaustauscher. (Seite 207 →)

oben: Nachdem ein Gemisch von Lanthanidensalzen auf einem Kationaustauscher adsorbiert worden ist, wird mit einer geeigneten Lösung (z. B. Citrat) eluiert. Dabei erscheinen diejenigen Lanthanidenionen als erste, welche die höchste Komplexbildungsenergie mit dem Eluanten haben. Dies sind stets die Ionen des kleineren Ionenradius, und die Reihenfolge entspricht daher streng der Folge fallender Kernladungszahlen (in der Abb. von Lutetium bis Europium).

unten: Der analoge Austauschversuch mit den (radioaktiven) Actiniden(III)-Ionen liefert im Prinzip die gleiche Reihenfolge, indem die schwersten Ionen zuerst, die leichtesten zuletzt im Eluat erscheinen. Diese den Lanthaniden analoge Reihenfolge kann als Beweis für eine ganz ähnliche Ionen-

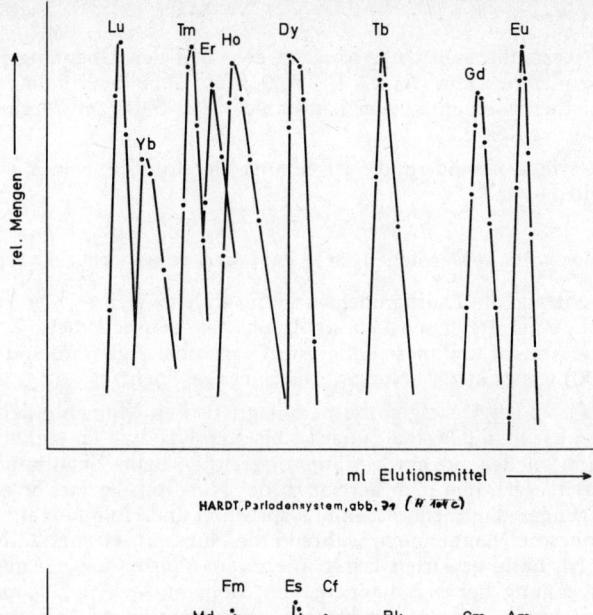

HARDT, Parlodensystem, abb. 74 *(H 107 c)*

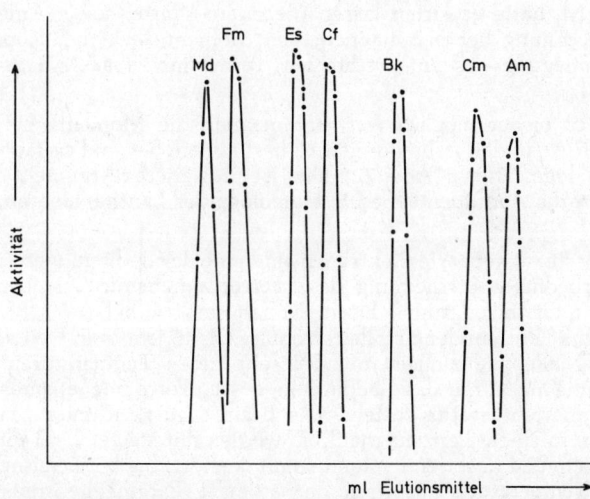

kontraktion („Actinidenkontraktion") gewertet werden, wie sie bei den Lanthaniden bekannt ist.

Die in den beiden Diagrammen erkennbare Übereinstimmung gehört zu den überzeugendsten Argumenten für die Einordnung der Actiniden als homologe Elemente der Lanthanidenreihe in das periodische System.

# R. 4. Paramagnetische Ionen

Zu den wesentlichsten Unterschieden zwischen den Übergangsmetallen im engeren Sinne ($A_4$ bis $B_1$) zählen die auffallend hohen paramagnetischen Momente vieler Lanthaniden(III)-Salze im Vergleich zu denen der 3d-Reihe.

Ähnlich wie in der 4d- und 5d-Reihe ist die einfache „van-Vlecksche **Nur-Spin-Formel**"

$$\mu_{eff} = \sqrt{n(n + 2)}$$

($\mu$ in Bohrschen Magnetonen; n = Zahl der ungepaarten Elektronen)

nicht mehr auf die Lanthanidensalze anwendbar, weil es hier keineswegs zu einer gewissen Ausschaltung der magnetischen *Orbitalmomente* kommt und diese daher nicht vernachlässigt werden dürfen, (s. S. 300) wie es in der „Nur-Spin-Formel" geschieht.

Wie Abb. 72 zeigt, steigen die paramagnetischen Momente der dreiwertigen Lanthanidensalze zunächst bis zum Neodym an, sinken bei Samarium wieder auf ein Minimum, erreichen beim Gadolinium(III) genau den Wert, den man auch nach der Nur-Spin-Formel errechnen würde, steigen dann jedoch beim Dysprosium und Holmium auf über zehn Bohrsche Magnetonen, während die Nur-Spin-Formel höchstens 5–6 B. M. hätte erwarten lassen (genauere Werte, sowie Anleitung zur Berechnung der paramagnetischen Momente bei „L-S-Kopplung und Festlegung des entsprechenden Termsymbols s. Anhang, Tabelle 92).

Soweit es bisher möglich war, paramagnetische Momente bei dreiwertigen Actinidenverbindungen zu bestimmen, liegen diese auf einer ganz analogen Kurve (Abb. 72). Dies ist ein weiteres Argument dafür, daß man die Actiniden als echte Homologe der Lanthaniden ansehen kann.

Lokalisierte, ungepaarte Elektronen sind eine der Bedingungen für die strukturbedingte Erscheinung des **„Ferromagnetismus"**. Neben den Metallen der Eisengruppe Eisen, Kobalt und Nickel (S. 128), sind noch sechs Lanthanidenmetalle ferromagnetisch, jedoch in weit schwächerem Maße und zumeist nur bei sehr tiefen Temperaturen. Eine Ausnahme macht nur das Gadolinium, dessen Ferromagnetismus noch bei Zimmertemperatur besteht. Die Bezirke ausgerichteter Magnetvektoren in einem Ferromagnetikum werden mit steigender Temperatur zunehmend desorientiert und somit zerstört, bis bei Erreichen der **„Curie-Temperatur"** nur noch der atomare Paramagnetismus verbleibt. Die Curie-Temperaturen für die ferromagnetischen Lanthanidenmetalle sind:

| Eu | Gd | Tb | Dy | Er | Tm | |
|----|-----|-----|-----|----|----|-----|
| 15 | 302 | 205 | 150 | 40 | 10 | Grad Kelvin |

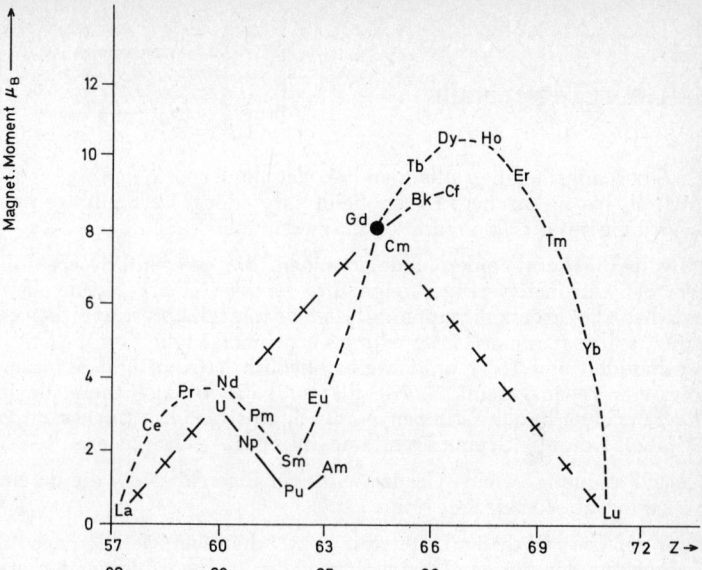

Abb. 72  Paramagnetische Momente in Bohrschen Magnetonen B. M.) für dreiwertige Lanthaniden- und Actiniden-Ionen.

$+\!\!\!+$  $+$  $+\!\!\!-$  berechnete magnetische Momente nach der hier nicht gültigen „Nur-Spin-Formel": Übereinstimmung mit dem Experiment nur bei den Konfigurationen $f^0$, $f^7$ und $f^{14}$ (S-Terme).

Für La$^{3+}$ (p$^6$-Konfiguration) und Lu$^{3+}$ (f$^{14}$) gelten $^1S_0$-Terme und aus g = 1 folgt Diamagnetismus ($\mu$ = 0). Bei Gd$^{3+}$ und Cm$^{3+}$ (mit halbbesetzter f-Teilschale) ergibt sich der *Landé-Faktor* g = 2 und damit hat die Nur-Spin-Formel Gültigkeit.

# S. Übergangsmetalle

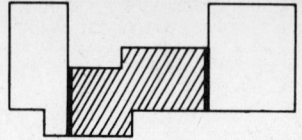

Als Übergangsmetalle sollte man die Metalle der Gruppen $A_4$ bis $A_7$, sowie $B_0$ bis $B_1$ ansehen. Es empfiehlt sich jedoch, Verbindungen der $B_1$-Gruppe mit $d^{10}$-Konfiguration auszuklammern.

Obwohl die Lanthaniden und Actiniden, die gelegentlich ebenfalls über d-Elektronen verfügen, eigentlich zu den „Übergangsmetallen" zwischen der Erdalkaligruppe und der dritten Hauptgruppe ($B_3$) gehören, sollte man eine Unterteilung vornehmen in die Gruppe der 15 Lanthaniden und 15 Actiniden einschließlich Yttrium und Scandium einerseits (= insgesamt 32 Metalle) und die Übergangsmetalle im engeren Sinne in den Gruppen $A_4$ bis $B_1$ einschließlich (insgesamt 24 Metalle), woraus sich eine Trennlinie links der $A_4$-Gruppe ergibt.

Diese Trennlinie ist eine Grenze wichtiger Eigenschaften, die im einzelnen in Tab. 40 skizziert sind.

Einer der wesentlichsten Unterschiede zwischen den Metallen der $A_3$-Gruppe und den übrigen Übergangsmetallen ist die Fähigkeit der letzteren, mehr oder minder kovalente Komplexe mit ausgesprochen **gerichteter Metall-Ligandenbindung** zu bilden, die sich in vielen chemischen und physikalischen Eigenschaften von den Verbindungen der $A_3$-Gruppe auf der einen Seite und den Metametallen auf der anderen Seite abheben.

## S. 1. Übergangsmetalle $A_4$ bis $A_6$

| Ti | V | Cr |
|----|----|----|
| Zr | Nb | Mo |
| Hf | Ta | W |

Auf die große Ähnlichkeit der drei 4d-Metalle *Zirkon, Niob, Tantal* mit den homologen 5d-Metallen *Hafnium, Tantal* und *Wolfram* als Folge der Lanthanidenkontraktion wurde bereits hingewiesen (S. 179). Analog zur eingebürgerten Unterteilung der $B_0$-Gruppe (sog. „achte Nebengruppe") in eine *Eisengruppe* und eine Gruppe der *Platinmetalle* kann hier gesprochen werden von einer Titangruppe (Ti, V, Cr) und von der Sechsergruppe der „Wolframmetalle". Dabei heben sich die Elemente der Titangruppe sicherlich deutlicher von den Wolframmetallen ab als Eisen, Kobalt und Nickel von den Platinmetallen, denn die Lanthanidenkontraktion wirkt sich bei den Wolframmetallen nachhaltiger aus.

**Tabelle 40  Charakteristische Eigenschaften der Lanthanidenmetalle und Übergangsmetalle**

| | Lanthanidenmetalle | Übergangsmetalle |
|---|---|---|
| 1 | Sehr geringe Änderungen der chemischen Eigenschaften innerhalb einer Periode | Geringe Änderungen der chemischen Eigenschaften als Funktion der Kernladungszahl |
| 2 | Erste Ionisationsenergie im allgemeinen < 160 kcal/Mol (d. h. < 6,9 eV) | Erste Ionisationsenergie im allgemeinen > 160 kcal/Mol (> 6,9 eV) |
| 3 | Elektronegativität (Pauling) 1,1 bis 1,3 | Elektronegativität > 1,3 |
| 4 | Metallische Valenz konstant + 3 (max. + 4) | Metallische Valenz ansteigend bis $A_6$ auf 6, konstant bis $B_0$ : 6 |
| 5 | Elektrovalenz im wäßrigen System n u r + 3 (Ausnahme: Cer [IV]) | Lückenloses „Valenzspektrum" mit Maximum bei $A_7$ (3d-Reihe) bzw. $B_0$ (4d- und 5d-Reihe) |
| 6 | Elektrochem. Potential (in $H_2O$) $E_0$: −2,5 bis −2,0 Volt | Elektrochem. Potential (in $H_2O$) von −1,63 (Ti) über −0,44 (Fe) bis +1,0 (Au) Volt |
| 7 | Paramagnetische $Ln^{3+}$-Ionen. Das magnetische Moment berechnet sich unter Berücksichtigung *der Bahnorbitalmomente.* (Vgl. LS-Kopplung); g ≠ 2 | Paramagnetische Ionen (sofern nicht $d^0$- oder $d^{10}$-Konfiguration). Das magnetische Moment kann in der 3d-Reihe mit der „**Nur-Spin-Formel**" (L = 0) berechnet werden; g = 2 |
| 8 | Farblose oder schwach farbige $Ln^{3+}$-Salzlösungen bei Ionen mit F-Termen; intensive, selektive Absorption bei Ionen mit H- und I-Termen. Absorptionsbanden extrem scharf und in ihrer Lage meist unabhängig vom Liganden | Farbige hydratisierte Ionen durch d-d-Übergänge oder Elektronenüberführung (z. B. $CrO_4{}^{2-}$, $MnO_4{}^-$). Breite Absorptionsbanden im Spektrum, deren Lage vielfach deutlich abhängig ist von der Art der Liganden (vgl. Ligandenfeld-Theorie) |
| 9 | Reine Ionenkomplexe mit ungerichteter Bindung. *Hohe Austauschgeschwindigkeit* der Liganden. Keine *cis-trans*-Isomerie. Keine Verringerung des paramagnetischen Moments | Ionenkomplexe und kovalente Komplexe mit stärker polarisierter und daher *gerichteter* Bindung, dadurch Möglichkeit von Isomerie bzw. *verringerter Austauschgeschwindigkeit.* Komplexe mit z. T. ungepaarten Elektronen und Dimere: z. T. verringertes paramagnetisches Moment |
| 10 | Normale Gitterenergie als Funktion von Ionenladung und Ionenabstand | Vielfach zusätzlich **Ligandenfeld-Stabilisierungs-Energie,** sofern nicht $d^0$, $d^5$ oder $d^{10}$-Konfiguration |

Die Titan- und Wolframmetalle unterscheiden sich von den Leichtmetallen und den übrigen Übergangsmetallen beispielsweise durch folgende Eigenschaften:

1. hohe *Affinität zum Kohlenstoff*, so daß wegen der bevorzugten Carbidbildung eine Reduktion der Oxide mit Kohle nicht zum Metall, sondern meistens zu einem Carbid führt,

2. *große Härte der Carbide*, ebenso wie die der Nitride, Boride, Silicide und Phosphide. Dabei ist die elektrische Leitfähigkeit der Monocarbide mit der Leitfähigkeit der entsprechenden reinen Metalle vergleichbar. $TiB_2$ und $ZrB_2$ leiten den elektrischen Strom sogar besser als Zirkon. Tabelle 41 gibt einige Beispiele für Schmelzpunkte und Mikrohärte von Monocarbiden.

Tabelle 41   **Schmelzpunkte (Fp) und Mikrohärte einiger Monocarbide der Titangruppe und Wolframmetalle ($A_4$ bis $A_6$), die sämtlich im NaCl-Typ kristallisieren**

|  | $A_4$ | $A_5$ | $A_6$ |
|---|---|---|---|
|  | TiC | VC |  |
| Fp | 3410° | 2830° |  |
| Mikrohärte [kg/mm²] | 3200 |  |  |
|  | ZrC | NbC | MoC |
| Fp | 3805° | 3500° | 2965° |
| Mikrohärte [kg/mm²] | 2560 |  |  |
|  | HfC | TaC | WC |
| Fp | 4160° | 4150° | 2867° |
| Mikrohärte [kg/mm²] | 2700 | 1800 |  |

3. die Tendenz in binären und komplexen Strukturen Metall-Metallbindungen auszubilden, wobei sich Metallatom-Polyeder (engl.: cluster) bilden können (s. Abb. 73), wie z. B. $[Mo_6O_8]^{4+}$ oder $[Nb_6Cl_{12}]^{2+}$. Auch die oft kompliziert zusammengesetzten „Heteropolysäuren" z. B. $H_3[P(Mo_3O_{10})_4]$ = „1-Phosphor-12-Molybdänsäure") können „Metallsäuren aus den Gruppen $A_5$ und $A_6$ enthalten.

4. die Bildung von metallischen „Einlagerungshydriden", beispielsweise der Phasen $TiH_{1.56}$ und $ZrH_{1.9}$ in exergonischer Elementarsynthese (vgl. S. 197).

5. die Fähigkeit zur Bildung zahlreicher Peroxoverbindungen, die teilweise von analytischer Bedeutung sind (Titan- und Vanadinnachweis) (Tab. 42).

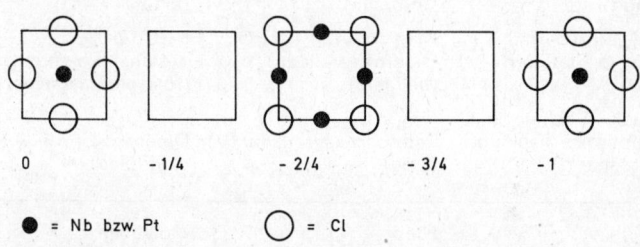

0    −1/4    −2/4    −3/4    −1

● = Nb bzw. Pt        ○ = Cl

Abb. 73   „Cluster"-Struktur von $Nb_6Cl_{12}^{2+}$, zugleich $Pt_6Cl_{12}$ = Platin(II)-chlorid

Die Metallatome bilden in den Ebenen 0, −²/4 und −1 ein inneres Oktaeder mit Metall-Metall-Bindungen, welches von 12 Chloratomen umgeben ist.

(Die räumliche Struktur ergibt sich, wenn man die abgebildeten Quadrate im Abstand von je ¹/4 der Kantenlänge hintereinander stellt.)

Solvatisierte Ionen mit einer höheren Elektrovalenz als +3 existieren praktisch nicht. Titan(IV) bildet im wäßrigen System die polymere Struktur einer gewinkelten -Ti-O-Ti-O-Kette („Titanyl-Ion"). Beim Vanadium kennt man ähnliche Oxid-Ionen in den Valenzstufen +4 und +5; beim Chrom z. B. im „Chromylchlorid", $CrO_2 Cl_2$.

Obwohl hier das Chrom(VI)-Zentralion die Edelgaskonfiguration $p^6$ hat, sind die Chrom(VI)-Verbindungen infolge *Elektronenüberführungen* („charge transfer") durch Polarisation nicht farblos. **Farblose** Chromverbindungen, wie z. B. solvatfreies Chrom(II)-chlorid und Tetramethylammonium-trichlorochromat(II), $N(CH_3)_4 (CrCl_3)$ sind geradezu eine Seltenheit.

Bei den solvatisierten dreiwertigen Kationen, z. B. $[Ti(H_2O)_6]^{3+}$, $[V(H_2O)_6]^{3+}$, $[Cr(H_2O)_6]^{3+}$ ist eine vom Titan zum Chrom ansteigende Ligandenfeld-Stabilisierungsenergie bedeutungsvoll (S. 240).

Andererseits sollte man die keineswegs steigende, sondern eher fallende Tendenz der stabilsten Valenzstufen (Ti und V: +4, Cr: +3) berücksichtigen worin sich die Titangruppe von den Wolframmetallen abhebt.

Tabelle 42   **Einige wichtige Peroxoverbindungen der Übergangsmetalle der Gruppen A₄ bis A₆.** Peroxo-Gruppen, $(O_2)$, sind durch Fettdruck hervorgehoben.

| $A_4$ Titan | $A_5$ Vanadin | $A_6$ Chrom |
|---|---|---|
| $[Ti(O_2)]^{2+}$ „Peroxotitanyl"- (orange) | $[V(O_2)]^{3+}$ Peroxo-Vanadin (V) (rotbraun) | $K_2[Cr_2(O_2)_5O_2]$ Peroxodichromat (VI) (blau) |
| $(NH_4)_3[TiF_5(O_2)]$ Peroxo-pentafluoro-titanat (IV) | $KH_2[VO_2(O_2)_2] \cdot H_2O$ Diperoxo-vanadat (V) (hellgelb) | $K_3[Cr(O_2)_4]$ Tetraperoxo-chromat (V) (rot), **paramagnetisch** |
| $K_2(Ti(O_2)(SO_4)_2) \cdot 3H_2O$ Monoperoxo-disulfato-metatitanat (IV) | $Na_3[V(O_2)_4] \cdot nH_2O$ Tetraperoxo-vanadat (V) (blau) | $CrO(O_2)_2$ Diperoxo-Chrom (VI)-oxid (blau) |
| | Niob | Molybdän |
| | $K_3[Nb(O_2)_4]$ Tetraperoxo-niobat (V) | $[Mo(O_2)_4]^{2-}$ Tetraperoxo-molybdat (VI) $[Mo(O_2)_2 \, O_2]^{2-}$ Diperoxo-molybdat (VI) |
| | Tantal | Wolfram |
| | $K_3[Ta(O_2)_4]$ Tetraperoxo-tantalat (V) | $[W(O_2)_4]^{2-}$ Tetraperoxo-wolframat (VI) |

Wasserstoff wird in die Metallstrukturen in z. T. erheblichem Maße eingebaut (Ti: 1,56 Mol $H_2$/Mol Ti bei 500°; Ta: 0,33 Mol $H_2$/Mol Ta) wobei sich nicht-daltonische Verbindungen und Phasen bilden, deren Struktur sich oftmals von der der reinen Metalle und der „wasserstoffbeladenen" Metalle unterscheidet. Zirkon und wahrscheinlich auch Hafnium bilden dabei eine Phase von hoher thermischer Beständigkeit, die an die Zusammensetzung $ZrH_2$ heranreicht, diese aber nicht überschreitet.

Diese Verbindungen reagieren mit Wasser unter $H_2$-Entwicklung, haben aber dennoch gewisse metallische Eigenschaften. Sie werden zu den sog. *„metallischen Hydriden"* gezählt, deren Vertreter aus der

$A_3$-Gruppe (z. B. $\sim GdH_2$ und $\sim GdH_3$, sowie ggf. das schwarze pyrophore $\sim UH_3$) noch als fast salzartig aufgefaßt werden könnten.

Rechts der $A_4$-Gruppe sind keine definierten Hydride in der 3d-Reihe bekannt. Die Bildung von beispielsweise „$FeH_2$", „$CoH_2$" und „$NiH_2$" durch Umsetzung von Metallsalzen mit Wasserstoff und einem Alkylmagnesiumhalogenid ist umstritten.

Am deutlichsten werden vielleicht die Metalle der Titangruppe und der Wolframmetall-Gruppe unterschieden von der $A_7$ und $B_0$-Gruppe durch ihre binären *Carbide*.

Mit Ausnahme vom Chrom bilden diese Metalle kubisch im NaCl-Typ kristallisierende *Monocarbide* (MC) von großer Härte (vgl. Tab. 43) sowie harte hexagonale Carbide der Form $M_2C$ in den Gruppen $A_5$ und $A_6$. Es handelt sich hier um „metallische Carbide" oder zugleich „Einlagerungscarbide", deren Strukturen durch den regelmäßigen Einbau der extrem kleinen Kohlenstoffatome in die Metallstruktur zustande kommt. (Überstrukturen, S. 133). Der Metallatomradius sollte dazu größer als 1,29 Å sein, was mit Ausnahme von Vanadium und Chrom auch zutrifft.

Die Metalle der $A_7$- und der $B_0$-Gruppe haben wesentlich kleinere Atomradien, die in der 4d- und 5d-Reihe allenfalls 1,28 Å erreichen. Sie bilden keine typischen Einlagerungscarbide mehr, weil jetzt schon die Kohlenstoffatome untereinander in eine gewisse Wechselwirkung treten. Anstelle der kubischen Monocarbide vom Typ MC und der hexagonalen Carbide vom Typ $M_2C$ treten kompliziertere Strukturen auf, wobei Mangan und die Metalle der Eisengruppe unter anderem Carbide der Form $M_3C$( z. B. Zementit, $Fe_3C$) bilden können.

Tabelle 43  **Typische Einlagerungscarbide ($A_4$ bis $A_6$) und andere metallische Carbide der Gruppen $A_7$ und $B_0$** (Atomradien der Metalle in Klammern)

| $A_4$ | $A_5$ | $A_6$ | $A_7$ | | $B_0$ | |
|-------|-------|-------|-------|---|-------|---|
| TiC | VC | $Cr_2C_3$ | $Mn_3C$ | $Fe_3C$ | $Co_3C$ | $Ni_3C$ |
|  | $V_2C$ | $Cr_7C_3$ | $Mn_7C_3$ | $(Fe_2C)$ | $(Co_2C)$ |  |
|  | $VC_2$ | $Cr_{23}C_6$ | $Mn_6C$ |  |  |  |
|  |  |  | $Mn_4C$ |  |  |  |
| (1,32) | (1,22) | (1,18) | (1,17) | (1,17) | (1,16) | (1,15) |
| ZrC | NbC | MoC | Tc | Ru | Rh | Pd |
|  |  | $Mo_2C$ |  |  |  |  |
| (1,45) | (1,34) | (1,30) | (1,27) | (1,25) | (1,25) | (1,28) |
| HfC | TaC | WC | Re | Os | Ir | Pt |
|  | $Ta_2C$ | $W_2C$ |  |  |  |  |
| (1,44) | (1,34) | (1,30 | (1,28) | (1,26) | (1,27) | (1,30) |

Die Schwermetalle der Gruppen $A_5$ und $A_6$ (insbesondere Molybdän und Wolfram) zeichnen sich gegenüber allen anderen Übergangsmetallen durch ihre Neigung aus, polymere ("aggregierte") *„Metallsäuren"* zu bilden, von denen sich Isopolymolybdate (z. B. $[Mo_8 O_{26}]^{4-}$) oder Isopolywolframate (z. B. $[W_{12}O_{39}]^{6-}$, sog. „Metawolframat") ableiten.

Außerdem können „Heteropolysäuren" nach Art der „12-Molybdatophosphorsäure" $H_3 [PO_4(Mo_3 O_9)_4]$ (Dodekamolybdatophosphorsäure), gebildet werden. Grundsätzlich setzen sich solche *Heteropolysäuren* zusammen aus:

a) einer *„Metallsäure"*, z. B. Vanadinsäure, Molybdänsäure, Wolframsäure,

b) einer *„Nichtmetallsäure"*, z. B.: Borsäure, Kieselsäure, Phosphorsäure, Arsensäure, Tellursäure, Perjodsäure.

Dabei bilden die Nichtmetallatome der „Nichtmetallsäure" das Zentralatom einer aus regelmäßigen Polyedern aufgebauten Struktur (z. B. Tetraeder, umgeben von Oktaedern). Anstelle nichtmetallischer Zentralatome sind auch Heteropolymolybdate und Heteropolywolframate möglich mit den *metallischen* Zentral-Ionen

| | | | | | | |
|---|---|---|---|---|---|---|
| $Cu^{2+}$ | $Co^{2+}$ | $Ni^{2+}$ | $Fe^{3+}$ | $Al^{3+}$ | $Cr^{3+}$ | $Rh^{3+}$ |
| $Ti^{4+}$ | $Ce^{4+}$ | $Mn^{4+}$ | $Pt^{4+}$ | $Ge^{4+}$ | $Ni^{4+}$ | $Se^{4+}$ |

## S. 2.  Die $A_7$-Gruppe

Mn
Tc
Re

Die Chemie des Mangans ist sehr gut bekannt, die des Rheniums wegen seiner Seltenheit sehr viel weniger. Über Technetium liegen nur spärliche Angaben vor, die sämtlich auf radiochemischen Untersuchungen von Verbindungen mit Technetiumisotopen beruhen, da dieses Element auf der Erde keine natürliche Quelle hat.

Die $A_7$-Gruppe bietet so ein Beispiel dafür, wie man gezwungen ist, die gesuchten Eigenschaften eines seltenen Elements aus den experimentellen Erfahrungen anderer Elemente quasi zu „extrapolieren". Sicherlich stehen die Eigenschaften des Technetiums nicht genau in der Mitte zwischen Mangan und Rhenium. Es darf, mit Rücksicht auf die Lanthanidenkontraktion, eine größere Verwandtschaft des Technetiums zum Rhenium als zum Mangan angenommen werden.

Zweckmäßigerweise ist die Chemie des Rheniums zu betrachten, um zugleich ein Bild des Technetiums zu erhalten.

Neben Wolfram besitzt Rhenium unter den Metallen den höchsten Schmelzpunkt (3180°) und ähnelt in seinem Aussehen weniger dem Mangan als vielmehr einem Platinmetall. In Sauerstoff kann es zum gelben, sublimierbaren Heptoxid $Re_2O_7$[1] verbrennen, dem Anhydrid der Perrheniumsäure $HReO_4$, von der sich *farblose* Perrhenate (z. B. $KReO_4$) ableiten.

Im Gegensatz zum Mangan verhalten sich Rhenium und Technetium in vielen Verbindungen magnetisch anomal und tendieren derart zur Bildung anionischer Komplexe, daß man keine einfach solvatisierten zweiwertigen Kationen kennt.

Eine echte Chemie der Rhenium oder Technetium-Kationen in wäßriger Lösung existiert kaum. Soweit bisher bekannt, läßt sich das Rheniummetall leichter in die siebente Oxidationsstufe oxidieren als Technetium.

Man findet beim Rhenium vielfach mehrkernige Ionen (z. B. $[Re_2Cl_8]^{2-}$) und Moleküle z. B. $Re_3Cl_9$) mit unmittelbaren Metall-Metallbindungen, welche an „Cluster-Strukturen" der Wolfram- oder der Platinmetalle erinnern (s. S. 213).

Die Bildung von echten Hydridokomplexen, wie $K_2ReH_9$, in denen direkte Metall-Wasserstoffbindungen vorliegen wurde zuerst beim Rhenium beobachtet. Ferner existieren auch komplexe Rheniumhydride evtl. der Zusammensetzung $Li(ReH_4) \cdot 2\,H_2O$, die im Gegensatz zu den komplexen Hydriden des Bors (z. B. Natriumboranat: $NaBH_4$) oder des Aluminiums (z. B. „Lithiumalanat": $LiAlH_4$) wasserbeständig sind.

# S. 3. Metallcarbonyle

Zusammensetzung und Struktur der Metallcarbonyle werden in gewissem Maße von der Stellung des Metalls im Periodensystem und damit von der Elektronenkonfiguration, der Elektronegativität und anderen Faktoren bestimmt. Die Paulingsche Theorie der Valenzstrukturen (valence bond) erklärt befriedigend, warum nur Chrom und Eisen und ihre Homologen sowie Nickel *monomere* Metallcarbonyle bilden.

Die tetraedrische Struktur des Nickeltetracarbonyl-Moleküls leitet sich einfach aus einer $sp^3$-Hybridisierung ab, indem die insgesamt zehn Elektronen der 3d- und 4s-Schale des Nickelatoms die 3d-Schale voll

---

[1] $Re_2O_7$ destilliert auch aus konzentrierter Schwefelsäure.

auffüllen und die Orbitale 4s und 4p den vier Elektronenpaaren der Carbonylgruppen überlassen.

$Ni^0$     3d/O●/O●/O●/O●/O●/     4s/x x /     4p/x x /x x /x x /

     ←————————————→     ←——— 4 q-Bindungen ———→

     10 Elektronen aus          ($sp^3$-Hydride)
     $Ni^0$: $3d^8$, $4s^2$           = Tetraeder

     ←————— Elektronenkonfiguration des Kryptons —————→

Alle Elektronen sind aufgepaart: diamagnetisch.

x x = Elektronenpaar aus $\overset{x}{\underset{x}{C}} \equiv O\,|$

Durch die Aufnahme von fünf, bzw. sechs Elektronenpaaren aus ebensovielen Molekülen Kohlenmonoxid können Eisen und seine Homologen sowie die Metalle der $A_6$-Gruppe ähnliche *monomere* Metallcarbonyle bilden.

## $Fe(CO)_5$

$Fe^0$     3d/O●/O●/O●/O●/x x /     4s/x x /     4p/x x /x x /x x /

     ←————————————→     ←——— 5 p-Bindungen ———→

     8 Elektronen            ($dsp^3$-Hybride)
     aus $Fe^0$: $3d^6 4s^2$        = trigonal-pyramidal

     ←————— Elektronenkonfiguration des Kryptons —————→

## $Cr(CO)_6$

$Cr^0$     3d/O●/O●/O●/x x /x x /     4s /x x /     4p/x x /x x /x x /

     ←————————————→    ←——————— 6 q-Bindungen ———————→

     6 Elektronen            ($d^2sp^3$-Hybride)
     aus $Cr^0$: $3d^5 4s^1$        = oktaedrisch

     ←————— Elektronenkonfiguration des Kryptons —————→

Dabei wird die Synthese der Metallcarbonyle „von rechts nach links" zunehmend schwieriger.

Diejenigen Übergangsmetalle, deren Summe der d- und s-Elektronen *ungerade* ist ($A_7$, Co und Homologe), sind nach dem Modell der Valenzstrukturen nicht mehr in der Lage, so einfach wie z. B. Nickel, eine Edelgaskonfiguration zu erreichen[2]. Sie bilden dennoch diamagnetische Metallcarbonyle, wenn durch Aufbau mehrkerniger Moleküle eine vollständige Aufpaarung erreicht wird, wie z. B. in $Co_2(CO)_8$, $Mn_2(CO)_{10}$ (Tab. 44).

---

[2] Die schwarzen, bei 70° zersetzlichen Kristalle von „$V(CO)_6$" sind *paramagnetisch* und stehen nicht im Widerspruch zur genannten Regel.

Tabelle 44 **Metallcarbonyle und Carbonylwasserstoffe der Übergangs-metalle**

Die Zahl der d-Elektronen ist mit der Summe der d- und s-Elektronen des Metallatoms angenommen. Monomere Metallcarbonyle setzen eine gerade Elektronenzahl voraus. Diese kann in Carbonylwasserstoffen auch durch „Pseudo-Metallatome", z. B. $(FeH_2)$ oder $(CoH)$, zustande kommen (s. S. 220)

| $A_5$ | $A_6$ | $A_7$ | | $B_0$ | |
|---|---|---|---|---|---|
| $d^5$ | $d^6$ | $d^7$ | $d^8$ | $d^9$ | $d^{10}$ |
| $V(CO)_6$ (para-magnetisch) | $Cr(CO)_6$ | | $Fe(CO)_5^{a)}$ | | $Ni(CO)_4^{b)}$ |
| | | $Mn_2(CO)_{10}$ | $Fe_2(CO)_9$ | $Co_2(CO)_8$ | $HCo(CO)_4$ |
| | | | $Fe_3(CO)_{12}$ | $Co_4(CO)_{12}$ | $H_2Fe(CO)_4$ |
| | | | $HMn(CO)_5$ | | |
| — | $Mo(CO)_6$ | — | $Ru(CO)_5$ | $Rh_2(CO)_8$ | — |
| | | | $Ru_2(CO)_9$ | $Rh_6(CO)_{16}$ | |
| | | | $Ru_3(CO)_{12}$ | | |
| — | $W(CO)_6$ | $Re_2(CO)_{10}$ | $Os(CO)_5$ | $Ir_2(CO)_8$ | $HIr(CO)_4$ |
| | | | $Os_2(CO)_9$ | | |
| | | | $Os_3(CO)_{12}$ | | |

[a]) $Kp = 130°\ C$
[b]) $Kp = 43°\ C$

(Keine Metallcarbonyle der Homologen Palladium und Platin; ebenso keine echten Metallcarbonyle in der $B_1$-Gruppe, sondern nur noch Carbonylkomplexe).

Die Zusammensetzung der mehrkernigen Metallcarbonyle erklärt sich durch „Cluster-Strukturen", in denen die Metallatome durch Carbonyl-Brücken (z. B. $Fe_2(CO)_9$), durch Metall-Metallbindungen (z. B. $Fe_3(CO)_{12}$) oder durch beide Bindungsarten miteinander verbunden sind (z. B. $Co_4(CO)_{12}$, $Rh_6(CO)_{16}$).

Viele Metallcarbonyle bilden unter Umständen Hydridokomplexe, in denen Wasserstoffatome unmittelbar mit dem Metallatom verbunden sind, d. h., daß sie in die Elektronenhülle des Metallatoms „eintauchen". Damit entstehen Gruppierungen wie $(CoH)$ und $(FeH_2)$, welche isoelektronisch zu den jeweils rechts benachbarten Metallen im Periodensystem sind. Man könnte $(CoH)$ und $(FeH_2)$ als „Pseudo-Nickelatome" auffassen, da es „Carbonylwasserstoffe" gibt, die strukturell mit den monomeren Metallcarbonylen des jeweils rechten Nachbarn übereinstimmen.

*„Grimmsche Hydrid-Verschiebungsregel":*

z. B.

| Fe(CO)$_5$ | Ni(CO)$_4$ |
|---|---|
| (MnH) (CO)$_5$ | (CoH) (CO)$_4$ |
| (trigonal-pyramidal) | (FeH$_2$) (CO)$_4$ |
| | (tetraedrisch) |

Da das freie Elektronenpaar des Trifluorphosphins, PF$_3$ ähnlich stark „dativ" ist wie das des Kohlenmonoxids, $|C \equiv O|$, kann es carbonyl-analoge Verbindungen bilden, wie z. B. Ni(PF$_3$)$_4$ (farblose Flüssigkeit mit Kp = + 70,7°; vgl. Ni(CO)$_4$, farblos, diamagnetisch, Kp = 43°).

# S. 4. Eisengruppe und Platinmetalle

| Fe | Co | Ni |
|---|---|---|
| Ru | Rh | Pd |
| Os | Ir | Pt |

Der Neunerblock der *„Eisengruppe"* und der *„Platinmetalle"* ist seit langem fast traditionell nur als *eine* Gruppe des Periodensystems aufgefaßt worden, obwohl dabei ein gewisser Formalismus nicht bestritten werden kann. Wenn man die neun Metalle eine „achte Nebengruppe" nennt, so geschieht dies möglicherweise in Parallele zu den acht „Hauptgruppen". Der Index 8 könnte allenfalls auf die mögliche Achtwertigkeit von Osmium und Ruthenium hinweisen; kein anderes Mitglied der Gruppe erreicht sonst diese Valenz.

Mit dem gleichen Recht könnte man den Index 0 verwenden als einen Hinweis auf das oftmals „nullwertige" Verhalten dieser Metalle, beispielsweise in den Hume-Rothery-Phasen (s. S. 137).

Palladium demonstriert dies in der Elektronenkonfiguration seines Grundzustandes d$^{10}$s$^0$. Hier sind quasi die beiden s-Elektronen in die innere d-Schale zurückgezogen, um die stabile d$^{10}$-Konfiguration zu erreichen. Damit wird ein solches Atom verständlicherweise zu einem guten Elektronenakzeptor, insbesondere dann, wenn nur noch zwei Elektronen an der gefüllten d-Teilschale fehlen. Da diese Metalle auch als Elektronen-Donatoren fungieren, können sie zu idealen *Redox-Katalysatoren* werden und es eignen sich insbesondere feinverteiltes Nickel, Palladium oder Platin zur katalytischen Hydrierung (s. S. 224).

## A. Die Eisengruppe

| Fe | Co | Ni |
| --- | --- | --- |

Die große „horizontale Verwandtschaft" der Schwermetalle Eisen, Kobalt und Nickel entspringt vielen Faktoren, darunter der Ähnlichkeit der Atom- und Ionenradien (s. S. 151). Tatsächlich erstrecken sich derartige Verwandtschaften aber noch weiter nach links in der 3d-Reihe bis zum Mangan und Chrom.

Nur scheinbar heben sich die drei Metalle der Eisengruppe aus der Reihe der Übergangsmetalle heraus durch eine besondere, strukturbedingte Eigenschaft: den *Ferromagnetismus*, der noch bei sehr hohen Temperaturen besteht. Die *Curie*-Temperaturen [°C], bei denen infolge thermischer Desorientierung die ferromagnetischen Bezirke zusammenbrechen und nur noch das paramagnetische Moment verbleibt, sind:

| Eisen | Kobalt | Nickel | |
| --- | --- | --- | --- |
| 768 | > 1130 | 370 | °C |

Folgende Bedingungen müssen erfüllt sein, damit in einer metallischen Struktur Ferromagnetismus auftritt:

1. Die Atome müssen ungepaarte, lokalisierte Elektronen haben, deren Wellenfunktion in Kernnähe klein genug ist wie dies bei d- und f-Elektronen der Fall ist.

2. Jedes Metallatom muß mindestens 8 Nachbarn im gleichen Abstand haben.

3. Die Atome dürfen weder allzu weit voneinander entfernt sein, noch dürfen sie zu nahe beisammen stehen. Im ersten Falle würde die Wechselwirkung (Kopplung) zwischen den Elektronen verloren gehen, im zweiten Falle könnten Elektronenpaare gebildet werden.

Neben den drei Metallen der Eisengruppe erfüllen — allerdings in unvergleichlich schwächerem Maße — nur 6 Lanthanidenmetalle (s. S. 208), insbesondere Gadolinium ($T_C = 302°$ K) und Dysprosium ($T_C = 150°$ K), diese Bedingungen.

Andererseits sind zahlreiche Übergangsmetall-Verbindungen bekannt, deren magnetische Suszeptibilität die eines einfachen Paramagnetismus weit überschreitet („Ferrimagnetismus" und „Antiferromagnetismus" mit charakteristischen „Néel-Punkten"). Verbindungen dieser Art kennt man nicht nur in der Eisengruppe, sondern auch bei anderen Metallen der 3d-Reihe.

Die besondere Verwandtschaft der Eisengruppe mit dem links benachbarten Mangan und Chrom kann jedoch darin gesehen werden, daß diese Metalle ferromagnetisch werden können, wenn ihre Atome durch Legieren mit einem diamagnetischen Metall (z. B. Al) auf den idealen Abstand nach Bedingung 3. gebracht werden („Heuslersche Legierungen").

## B. Die Platinmetalle

| Ru | Rh | Pd |
|----|----|----|
| Os | Ir | Pt |

Die Zusammenfassung dieser sechs Edelmetalle zu einer Gruppe wird begründet mit der großen chemischen Verwandtschaft, sowohl der vertikalen Homologen als auch der einzelnen Metalle mit ihren Nachbarn in der gleichen Periode. Es wird auch manchmal unterteilt in die Gruppe der „leichteren" Platinmetalle Ruthenium, Rhodium und Palladium mit spezifischen Gewichten zwischen 12,0 und 12,4 und die Gruppe der „schweren" Platinmetalle Osmium, Iridium und Platin mit spezifischen Gewichten um 22 (Os: 22,6, Ir: 22,5, Pt: 21,4).

Die Platinmetalle verdanken ihre chemische Verwandtschaft u. a. den ähnlichen Ionenradien, welche zum Teil noch durch die Lanthanidenkontraktion bedingt ist. Wegen der verschiedenen Elektronenkonfigurationen und der daraus resultierenden unterschiedlichen Stabilität der einzelnen Valenzen (fallende Tendenz von links nach rechts) ergeben sich jedoch größere Ähnlichkeiten innerhalb der einzelnen „Diaden".

So haben Ruthenium und Osmium eine echte Achtwertigkeit ($RuO_4$, $OsO_4$) gemeinsam. Rhodium und Iridium bilden analoge Metallcarbonyle, die denen des Kobalts homolog sind. Palladium und Platin bilden weder binäre Carbonyle noch Carbide; aber man kennt beim Palladium das mit dem Nickeltetracarbonyl isostere („isoelektronische") Tetra-trifluor-phosphin, $Pd\,(PF_3)_4$.

Das elektrochemische Potential im wäßrigen System für die Reaktion $M^\circ \rightleftarrows M^{2+} + 2\,e^-$ steigt in beiden Perioden von links nach rechts

|        | Ru | Rh | Pd | |
|--------|----|----|----|------|
| $E_0 =$ | + 0,45 | + 0,60 | + 0,83 | Volt |
|        | Os | Ir | Pt | |
| $E_0 =$ | + 0,70 | + 1,0* | + 1,2 | Volt |

\* gültig für $M^\circ \rightleftarrows M^3 + 3e^-$

In ähnlicher Reihenfolge steigt das elektrochemische Potential in der Eisengruppe

Die „*Osmium-Diade*": Ru — Os

Die Metalle werden an der Luft relativ leicht oxidiert (feinverteiltes Osmium sogar schon bei Zimmertemperatur). Das gelbe Ruthenium-

Tetroxid, $RuO_4$, ist weit weniger beständig als das hellgelbe Osmium-Tetroxid, $OsO_4$, welches als Oxidationsmittel in der organisch-präparativen Chemie verwendet wird.

Bemerkenswert ist die große Flüchtigkeit der Tetroxide, die mit der Umhüllung der Zentralatome durch die Sauerstoffatome erklärt werden kann: $RuO_4$ schmilzt bei $+25°$ und zerfällt explosionsartig bei $> 100°$; $OsO_4$ schmilzt bei $+40°$ und siedet unzersetzt bei $134°$.[3]

### Die „Iridium-Diade": Rh — Ir

Rhodium und Iridium werden in kompakter und reiner Form, im Gegensatz zu den übrigen Platinmetallen, bei Raumtemperatur nicht einmal von Königswasser angegriffen, in der Gluthitze reagieren sie jedoch mit Sauerstoff.

Kohlenstoff wird in der Glut gelöst, aber es entsteht kein Carbid, ähnlich wie auch bei den übrigen Platinmetallen keine direkte Kohlenstoff-Metallbindung zustande kommt. Die Bindung zum Sauerstoffatom bleibt nicht bei jeder Temperatur erhalten. So zerfällt z. B. das aus Iridiummetall zunächst gebildete Dioxid beim Glühen wieder in die Elemente.

Rhodium(III) und Iridium(III) bilden, analog zu $Co^{3+}$ diamagnetische Amminkomplexe. Zum Unterschied von Kobalt werden nicht nur Hexa*fluoro*metallate, sondern auch andere Halogenometallate gebildet, z. B. $(IrCl_6)^{3-}$.

### Die „Platin-Diade" Pd — Pt

Die zweiwertigen Ionen mit $d^8$-Konfiguration bilden, analog zu Nickel, Tetrahalogenometallate mit planar-quadratischer Ligandenanordnung, während die Hexachlorometallate (IV), $(PtCl_6)^{2-}$ und $(PdCl_6)^{2-}$ oktaedrische Struktur haben.

Die feinverteilten Metalle adsorbieren bei Zimmertemperatur große Mengen Wasserstoff, und zwar:

> Pd das 350- bis 850fache
>
> Pt mehr als das 100fache

des Metallvolumens. Die Aufnahme von Wasserstoff in das Palladiumgitter führt zunächst — ohne Änderung der Struktur — zu einer kontinuierlichen *Gitteraufweitung*, die dann jedoch diskontinuierlich wird und in eine Phase der angenäherten Zusammensetzung $Pd_2H$ übergeht. Wasserstoffbeladenes Palladiummetall ist somit von einer „Einlagerungsphase" (s. S. 214) zu unterscheiden.

---

[3] Der Name Osmium stammt von griechisch osme = Geruch, wegen des Geruchs des dispergierten Metalls ($\rightarrow OsO_4$).

| (Sc) | Ti | V | Cr | Mn | Fe | Co | Ni | Cu | (Zn) |
|------|----|----|----|----|----|----|----|----|------|

# S. 5. Komplexchemie der 3d-Reihe

Zu den Eigenschaften, welche die Übergangsmetalle von den Metallen der Hauptgruppen unterscheiden, gehört die Farbe ihrer Verbindungen, besonders wenn diese von sogenannten „d-d-Übergängen" herrührt.

Während alle d-Orbitale im *freien* Ion oder Atom „entartet" sind, also die gleiche Energie besitzen (Abb. 77—79), können sich diese Energiestufen unter dem Einfluß der Liganden im Kristall oder im Komplex in charakteristischer Weise verändern.

Die „Kristallfeld-" oder „Ligandenfeld-Theorie" beschreibt diese, vom Feld des Nachbarn abhängigen Zustände in einer eigentlich elektrostatischen Betrachtungsweise, obwohl es sich um Bindungen handelt, die man fast schon als „kovalent" ansehen könnte. Sie geht davon aus, daß in den Komplexen der Übergangsmetalle mehr oder minder stark polarisierte Ionenbindungen zwischen Zentralion und Liganden ausgebildet sind, die trotz ihres *elektrostatischen* Charakters deutliche Vorzugsrichtungen im Raum zeigen, woraus sich die Geometrie des Komplexes ableitet.

Dabei treten Liganden-Polyeder auf, welche oftmals bei einer rein elektrostatischen („ionischen") Bindung nicht zu verstehen wären, wie etwa die planar-quadratische Anordnung der Cyangruppen in den Tetracyano-niccolaten(II), z. B. $K_2$ (Ni[CN]$_4$), oder die verzerrt-oktaedrische Form in Kupfer(II) und Mangan(III)-Komplexen. ·

Besonders häufig tritt bei den Übergangsmetallen die Hexa-Koordination in Oktaederform auf, wenn sie auch oft nicht die gleichen Gründe hat, wie die Oktaeder-Anordnung in einem reinen Ionen-Komplex, z. B. in [AlF$_6$]$^{3-}$. Sechs (negative) Anionen werden ein positives Zentralion — elektrostatisch betrachtet — selbstverständlich in Oktaederform umlagern, weil dann alle sechs Liganden den denkbar kürzesten Abstand zum Zentrum und den größten Abstand zum gleichnamig geladenen Nachbar-Liganden haben.

Ebenso müßten vier negative Ionen ein positives Zentral-Ion in tetraedrischer Form umgeben. Eine planar-quadratische Anordnung müßte nach den Gesetzen der elektrostatischen Anziehung und Abstoßung sofort in die Tetraederform umklappen.

Wenn man bei vielen Komplexen der Übergangsmetalle dennoch Liganden-Polyeder vorfindet, die sich elektrostatisch nicht erklären lassen, so deutet allein dies darauf hin, daß die Bindungen nicht mehr ionisch-ungerichtet sein können (s. S. 82), sondern eine bestimmte Vorzugsrichtung im Raum ausbilden.

Es geht nun zunächst nur um den Nachweis, daß auch ionische Bindungen, ähnlich wie echte kovalente Bindungen, zu im Raum *gerichteten* Bindungen werden können, und daß man diesen Effekt elektrostatisch beschreiben kann (Abb. 74).

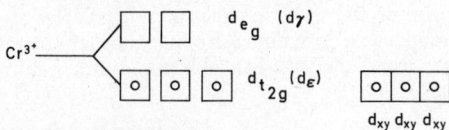

Im oktaedrischen Ligandenfeld sind die drei d-Elektronen des Chrom(III)-Ions nach den $d_\varepsilon$-Zuständen „degeneriert" (s. S. 226).

Die drei unteren Orbitale sind einzeln mit spinparallen Elektronen besetzt („entartet").

Der negative Ligand (Anion) findet in den eingezeichneten Pfeilrichtungen die beste elektrostatische Möglichkeit zur Annäherung an das positive Zentralion im Zentrum der skizzierten d-Elektronenwolke.
Senkrecht schraffiert: $d_{yz}$-Elektron
Waagrecht schraffiert: $d_{xy}$-Elektron
Nicht schraffiert: $d_{xz}$-Elektron.

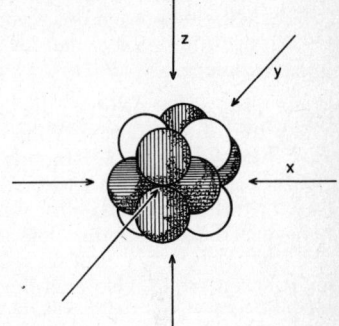

Abb. 74   Gerichtete (polarisierte) Ionenbindung.

Obwohl Ionenbindungen grundsätzlich nicht im Raum gerichtet sein sollten, läßt die besondere Form der Elektronenwahrscheinlichkeitsverteilung erkennen, daß die Liganden (z. B. $NH_3$, $H_2O$, $CN^-$) beim Chrom(III)-Ion sechs Einbuchtungen in der Elektronenwolke des Zentralions vorfinden, in die sie bei elektrostatischer Anziehung „einrasten".

Dazu soll als erstes Beispiel eine Chrom(III)-Salzlösung dienen, welche Chrom(III)-Hexahydrationen, $[Cr(H_2O)_6]^{3+}$, enthält. Mit Cyanid entsteht Hexacyano-chromat(III), $[Cr(CN)_6]^{3-}$ mit streng oktaedrischer Ligandenanordnung.

Die Bindung zwischen dem Zentral-Ion und den sechs Liganden ist streng gerichtet, was u. a. aus der Existenz verschiedener Isomeren (s. S. 228) deutlich wird.

Das Chrom(III)-Ion besitzt 3 d-Elektronen. Diese können sich im freien, nachbarlosen Ion in irgendeinem der fünf 3d-Orbitale aufhalten, weil eine völlige Entartung (Energiegleichheit) herrscht. Sobald sich jedoch sechs Liganden dem Zentral-Ion genähert haben — und diese Situation ist nach den Größenverhältnissen am wahrscheinlichsten — würden alle d-Elektronen, deren Wahrscheinlichkeitsverteilungen in die Ecken eines Oktaeders zeigen, eine Annäherung der (negativen) Liganden an das (positive) Zentral-Ion elektrostatisch behindern oder unmöglich machen.

Folglich weichen Elektronen in den Orbitalen $d_{z^2}$ und $d_{x^2-y^2}$ in die Orbitale $d_{xy}$, $d_{xz}$ und $d_{yz}$ aus, wo sie für die Annäherung der sechs Liganden weit weniger „hinderlich" sind. Anders formuliert: Im *oktaedrischen Ligandenfeld* sind die Orbitale $d_{z^2}$ und $d_{x^2-y^2}$ „degeneriert" gegenüber den drei anderen Orbitalen der d-Schale. Es gibt nunmehr (im Ligandenfeld) zwei energetisch verschiedene Arten von d-Elektronen:

a) diejenigen Elektronen, deren Wahrscheinlichkeitsverteilung in die Winkelhalbierenden des Koordinatensystems zeigen (= 3 Orbitale $d_{xy}$, $d_{xz}$ und $d_{yz}$, die man als $d_\varepsilon$-Teilschale bezeichnet (bzw. als $t_{2g}$-Teilschale).

b) die Gruppe der $d_\gamma$-Orbitale, (oder $e_g$-Teilschale) mit den Zuständen $d_{z^2}$ und $d_{x^2-y^2}$, deren Wahrscheinlichkeitsverteilung sich genau in Richtung der Koordinatenachsen ausdehnt.

Das zentrale Chrom(III)-Ion wird in seinem Grundzustand sicherlich seine drei Elektronen im tiefsten Zustand unterbringen, also in der $d_\varepsilon$-Teilschale (= $t_{2g}$), und diese Elektronen sind selbstverständlich unter sich „entartet", also energiegleich und besetzen je ein Orbital einzeln.

In Abb. 74 sind diese drei „untersten", mit je einem Elektron besetzten Orbitale schematisch so gezeichnet, als gäbe es zwischen ihnen keine Wechselwirkungen. Man erkennt, daß das entstehende Gebilde nicht streng kugelsymmetrisch ist, sondern mehr einem Kugelhaufen mit *sechs* Einbuchtungen gleicht. Liganden, die sich aus diesen sechs „Oktaeder-Richtungen" dem Zentral-Ion nähern, kommen dem Zentrum am nächsten und sind — elektrostatisch gesehen — am besten gebunden.

Die sechs Liganden können ihren einmal eingenommenen Platz nun auch nicht mehr beliebig wechseln, was der Fall wäre, wenn sie ein genau kugelsymmetrisches Zentral-Ion umgeben würden Hierzu wäre eine zusätzliche Energie erforderlich; folglich sind die (polarisierten) Ionenbindungen in $[Cr(CN)_6]^{3-}$ und $[CrCl_6]^{3-}$ im Raum gerichtet.

Im Vergleich zum klassischen Modell der Ionenbindung (Ionen = starr-elastische Kugeln, s. S. 80/81) berücksichtigt die „Ligandenfeld-

Theorie" zwar die besondere Struktur (quasi „Form") des Zentral-Atoms, betrachtet aber die Liganden vereinfachend als kugelsymmetrisch (s. S. 82). Trotzdem ist die Theorie sehr leistungsfähig, da sie in einfacher Weise die charakteristischen Eigenschaften der Übergangsmetall-Komplexe begründet und erklärt. Zu diesen Eigenschaften gehört die Existenz von isomeren Komplexen und Molekülen, die bei einer idealen Ionenbindung nicht denkbar wäre.

Wie bei den echt-kovalenten Verbindungen (z. B. Nickeltetracarbonyl), in denen die Liganden wegen der Atombindungen fest an ihren Platz gebunden sind, kann auch bei den „starken" Komplexen der Übergangsmetalle eine Art „Platzwechselverbot" gelten. Wäre dies nicht der Fall, so könnte sich beispielsweise *cis*-Dichloro-tetrammin-kobalt(III)-chlorid, $[Co (NH_3)_4 Cl_2]Cl$, mit Leichtigkeit in die isomere *trans*-Verbindung umwandeln, so daß von einer Isomerie nicht mehr die Rede wäre (Abb. 75).

Die große Festigkeit, mit der die Liganden in solchen „inerten" Übergangsmetallkomplexen gebunden zu sein scheinen, gehört zu ihren Kennzeichen. Während man mit Hilfe radioaktiver Isotope einen augenblicklichen Austausch der Chlorid-Ionen aus dem Chloroferrat(III) nach

$$(Fe\ Cl_4)^- + Cl^- \longrightarrow (Fe\ Cl_3Cl)^- + Cl^-$$
($Cl^-$ = radioaktives Chlorid)

nachweist, erfordert ein analoger Versuch beim Tris-oxalato-chromat(III), $[Cr(C_2O_4)_3]^{3-}$, der mit radioaktiv markiertem Oxalat ausgeführt wird, eine bemerkenswerte Zeit. Noch langsamer verläuft ein Ligandenaustausch bei Rhodium- und Iridiumkomplexen.

Erfahrungsgemäß können Ligandenaustausch-Reaktionen an den folgenden

| Zentralionen | | | innerhalb | |
|---|---|---|---|---|
| $Cu^{2+}$ | $Hg^{2+}$ | $Ca^{2+}$ | $10^{-9}$ | Sekunden |
| $Co^{2+}$ | $Mg^{2+}$ $Mn^{2+}$ | $Fe^{2+}$ | $10^{-6}$ | Sekunden |
| $Ni^{2+}$ | | | $10^{-3}$ | Sekunden |
| $Al^{3+}$ | $Be^{2+}$ | | | Sekunden |
| $Pd^{2+}$ | | | | Minuten |
| $Co^{3+}$ | $Cr^{3+}$ | $Pt^{2+}$ | | Stunden |
| $Rh^{3+}$ | | | | Tagen |
| $Ir^{3+}$ | | | Wochen bis Monaten ablaufen. | |

Die in Abb. 75 erläuterte *gerichtete* polarisierte Ionenbindung bei bestimmten Komplexen der Übergangsmetall-Ionen gehört zu den wichtigsten Kriterien durch die sich diese Ionen von denen mit $p^6$-Konfiguration ($A_1-A_3$) unterscheiden.

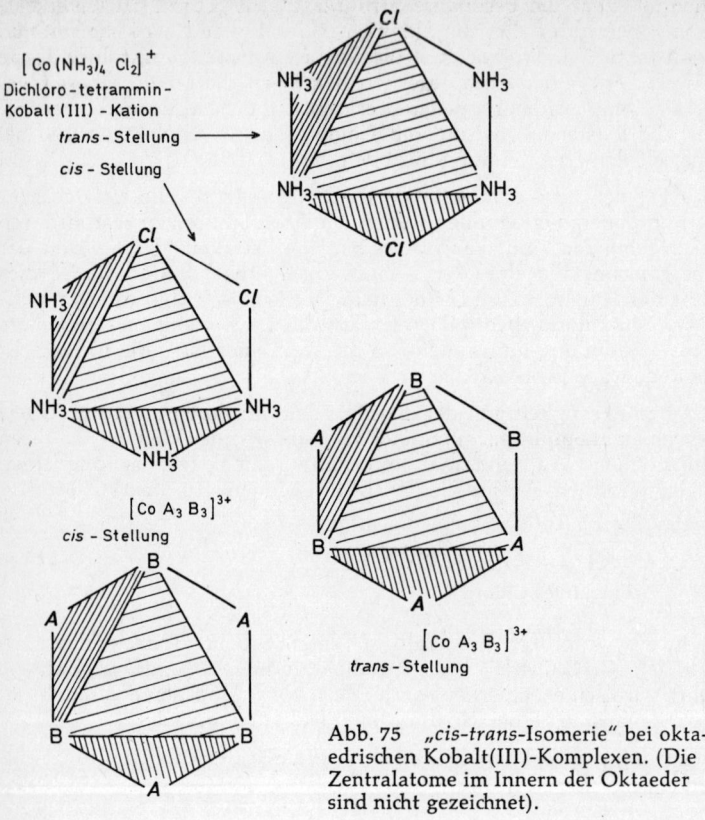

$[\mathrm{Co\,(NH_3)_4\ Cl_2}]^+$
Dichloro-tetrammin-
Kobalt (III) - Kation

*trans*- Stellung

*cis* - Stellung

$[\mathrm{Co\,A_3\,B_3}]^{3+}$

*cis* - Stellung

$[\mathrm{Co\,A_3\,B_3}]^{3+}$

*trans*- Stellung

Abb. 75   „*cis-trans*-Isomerie" bei oktaedrischen Kobalt(III)-Komplexen. (Die
Zentralatome im Innern der Oktaeder
sind nicht gezeichnet).

## S. 6.  Farben und d-d-Übergänge

Am Beispiel des Titan(III)-Ions kann recht einfach die Möglichkeit
eines Elektrons, Niveausprünge innerhalb der d-Teilschale auszuführen, erläutert werden. Dieses besitzt nur ein einziges d-Elektron.
Man darf annehmen, daß sich dieses Elektron in jedem der fünf Orbitale mit gleicher Wahrscheinlichkeit aufhält, solange das $Ti^{3+}$-Ion
keinen Nachbarn hat.

Die Situation ändert sich grundlegend, sobald das Titan-Ion in das
oktaedrische Feld von sechs Liganden, beispielsweise in die Nähe von

sechs Wassermolekülen gerät. Auf Grund der elektrostatischen Anziehung zwischen dem Zentral-Ion und den mit elektrischen Dipolen behafteten Wassermolekülen ($H_2O$ = gewinkelt, $\mu$ = 1,84 Debye) suchen die sechs Liganden sich aus den Richtungen $-x$, $+x$, $-y$, $+y$, $-z$ und $+z$ dem Zentral-Ion zu nähern. Die Folge davon ist, daß diejenigen d-Orbitale, deren Elektronenwahrscheinlichkeit in diesen Richtungen besonders ausgedehnt ist, quasi „degenerieren" das heißt,

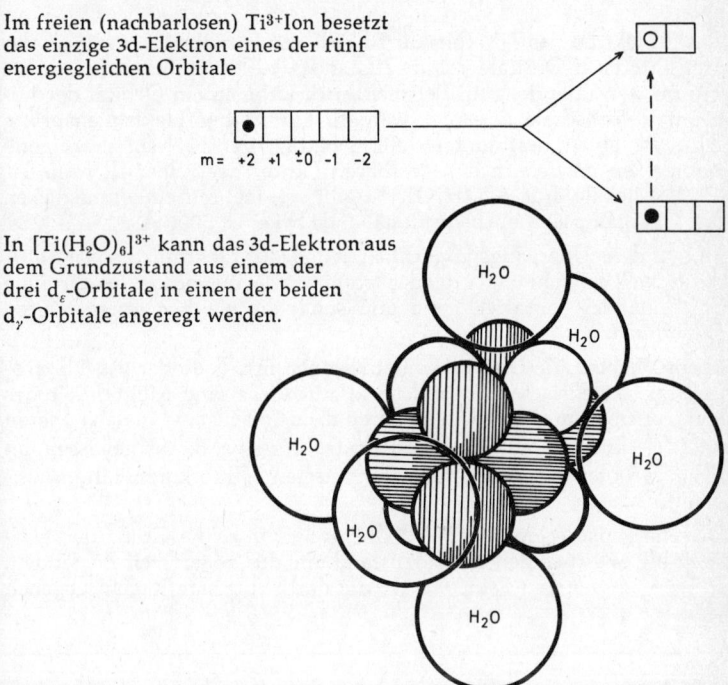

Im freien (nachbarlosen) $Ti^{3+}$Ion besetzt das einzige 3d-Elektron eines der fünf energiegleichen Orbitale

m = +2  +1  ±0  −1  −2

In $[Ti(H_2O)_6]^{3+}$ kann das 3d-Elektron aus dem Grundzustand aus einem der drei $d_\varepsilon$-Orbitale in einen der beiden $d_\gamma$-Orbitale angeregt werden.

Abb. 76  Modell einer elektrostatischen Anlagerung von sechs Liganden an ein Zentralion mit unvollständig besetzter d-Elektronenschale (stark schematisiert).

Während die Liganden vereinfacht als kugelsymmetrisch angenommen werden, ist die Struktur der Elektronenhülle des Zentralions durch drei $d_\varepsilon$-Orbitale beschrieben.

Es ergeben sich bei nicht besetzter (oder ggf. auch bei unvollständig besetzter) $d_\gamma$-Teilschale grundsätzlich *sechs* Einbuchtungen in der Elektronenwahrscheinlichkeits-Verteilung des Zentralions, so daß sich bei allen Zentralionen der Konfiguration $d^1$ bis $d^9$ ein oktaedrisches Ligandenfeld ausbilden kann.

daß sie energetisch ungünstiger werden als die drei ε-Orbitale, welche diese Richtungen aussparen.

Dadurch entsteht nun erst im oktaedrischen Ligandenfeld ein energetischer Unterschied zwischen den Orbitalen $d_{xy}$, $d_{yz}$ und $d_{xz}$ auf der einen, und den Orbitalen $d_{z^2}$ und $d_{x^2-y^2}$ auf der anderen Seite, wobei die letzteren Zustände für die Elektronen des Zentral-Ions unwahrscheinlicher geworden sind. Man kann daher von einer *„Aufspaltung"* sprechen, welche die d-Elektronenschale im Ligandenfeld erfährt (Abb. 76).

Das d-Elektron des $Ti^{3+}$-Ions dürfte sich also vornehmlich in einem der drei unteren d-Orbitale des $d_\varepsilon$-Zustandes aufhalten, kann jedoch bei Zufuhr von Energie, zum Beispiel durch Licht, in ein Orbital der höheren $d_\gamma$-Teilschale angeregt werden. Ein solcher Elektronensprung erfordert einen bestimmten Energiebetrag, der bei den „farbigen" Komplexen im Bereich des sichtbaren Lichtes liegt. Speziell beim Titan(III)-hexahydrat, $[Ti\,(H_2O)_6]^{3+}$, gibt es — bei nur *einem* möglichen d-d-Übergang — eine Absorptionsbande bei etwa 5000 Å.

Eine ardere Übergangsmöglichkeit hat das d-Elektron des $Ti^{3+}$-Ions nicht, weil sowohl die drei $d_\varepsilon$-Orbitale, wie die beiden $d_\gamma$-Orbitale untereinander „entartet" sind und somit die gleichen Energiestufen einnehmen.

Ebenso haben alle Übergangsmetall-Ionen mit 4, 6 oder 9 d-Elektronen im oktaedrischen Ligandenfeld nur diese eine Möglichkeit des Elektronensprungs aus dem niederen $d_\varepsilon$-($d_{t_{2g}}$-)Zustand in den höheren $d_\gamma$- ($d_{e_g}$-)Zustand, soweit nicht Feinstrukturen, z. B. aus gewissen, an sich „verbotenen" Übergängen hinzutreten („Interkombinationsbanden").

Die energetische Höhe der d-d-Übergänge, d. h. die Größe der Aufspaltung zwischen dem Grundzustand und den angeregten Zuständen, hängt von weiteren Faktoren ab, die durch folgende Regeln gegeben sind

---

1. Höherwertige Zentral-Ionen erzeugen eine vergleichsweise *größere* Aufspaltung

2. Im *oktaedrischen Ligandenfeld* kommt es, im Vergleich zum tetraedrischen Ligandenfeld, zu einer *größeren* Aufspaltung

3. Die Liganden des Zentral-Ions bewirken, entsprechend ihrer *Polarisierbarkeit* eine größere Aufspaltung (vgl. „Spektrochemische Reihe").

---

In diesem Sinne sind die in Abb. 77 und Abb. 78 skizzierten Aufspaltungsdiagramme zu verstehen, indem der energetische Abstand zwischen dem Grundzustand und dem höheren (angeregten) Elektronenzustand mit wachsender Ligandenfeldstärke ansteigt.

Im Gegensatz zu den einfachen Aufspaltungen der $^2$D- und $^5$D-Grundterme[1] sind bei Elektronenkonfigurationen mit dem Termsymbol F($^3$F und $^4$F) stets drei Spalt-Terme zu erwarten. Man erkennt, daß sich die Reihenfolge der Termsymbole („Mulliken-Symbole") umkehrt, wenn man von einem oktaedrischen zu einem tetraedrischen Ligandenfeld übergeht, oder wenn man eine $d^x$- oder $d^{5+x}$-Konfiguration mit einer $d^{10-x}$- oder $d^{5-x}$-Konfiguration vergleicht.

Daß in den gegebenen Aufspaltungsdiagrammen die $d^5$-Konfiguration nicht vorkommt, begründet sich mit der Unmöglichkeit von d-d-Übergängen in einer mit genau fünf Elektronen besetzten d-Schale, weil (jedenfalls im nicht allzu starken Ligandenfeld) diese fünf Elektronen eine „maximale Multiplizität" anstreben und folglich jeden der fünf Orbitale einzeln besetzen. Allerdings treten vielfach solche „verbotenen Übergänge" dennoch auf, wenn auch mit sehr geringer Intensität.

Mit Hilfe der Ligandenfeld-Theorie kann man also aus den sichtbaren Absorptionsspektren („Elektronenspektren") auf die geometrische Anordnung von Zentralatom und Liganden schließen und beispielsweise einen oktaedrischen von einem tetraedrischen Komplex *in Lösung* unterscheiden.

Zugleich begründet die Theorie, je nach der vorliegenden Elektrovalenz, eine gewisse chemische Verwandtschaft zwischen Metallen und ihren Ionen mit einer ganz bestimmten Elektronenkonfiguration.

So gehören — mit ähnlichen Aufspaltungsdiagrammen — die Übergangsmetall-Ionen der Konfiguration

|     | $d^1$ | $d^2$ | $d^3$ | $d^4$ |
|-----|-------|-------|-------|-------|
| und | $d^6$ | $d^7$ | $d^8$ | $d^9$ |

paarweise zusammen.

# S. 7. Elektronenkonfiguration und Farbe

Die selektive Absorption von Licht bestimmter Frequenzen, die man bei farbigen Stoffen beobachtet, ist eine Folge von Zustandsänderungen im *Elektronensystem* der chemischen Bindungen, (einzelne Atome oder Ionen haben niemals eine „Farbe").

Die Farben chemischer Verbindungen können von der Elektronenhülle des beteiligten Metall-Ions bestimmt werden. Bei den meisten

---

[1] („Dublett-D, Quintett-D, Triplett-F, Quartett-F")

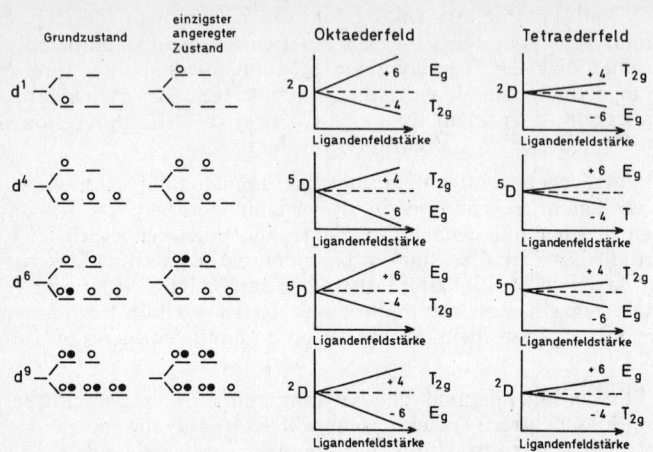

Abb. 77 Anregungsmöglichkeiten von Elektronen bei teilweise besetzter d-Teilschale.

Bei 1, 4, 6 oder 9 Elektronen in der d-Teilschale gibt es außer dem Grundzustand einen „angeregten" Zustand, indem bei oktaedrischer (tetraedrischer) Anordnung der 6 (4) Liganden die Orbitale $d_{z^2}$ und $d_{x^2-y^2}$ höher (tiefer) liegen als die Orbitale der Zustände $d_{xy}$, $d_{xz}$ und $d_{yz}$.

Dieser, energetisch meist ins sichtbare Spektralgebiet fallende Übergang ist für den Fall des oktaedrischen Ligandenfeldes im linken Teil der Abbildung skizziert. Daneben (Mitte) sieht man schematisch aus der Aufspaltung des Grundterms (z. B. $^2D$, $^5D$ spricht Dublett-D, Quintett-D, gültig für die Ligandenfeldstärke 0) wie der Übergang vom Grundzustand zum angeregten Zustand mit wachsender Ligandenfeldstärke zunimmt (sog. „Aufspaltung" des Grundterms in Spaltterme").

Die Steigung der Spaltterme ist durch die Werte $+4$, $-4$, $+6$ und $-6$ bezeichnet. Man erkennt, daß die Aufspaltung im tetraedrischen Feld kleiner ist als im oktaedrischen Feld, und daß die Steigungen für die gleiche Konfiguration beim Übergang zu einer anderen Koordination im umgekehrten Verhältnis stehen.

Daher ist das Termschema der $d^4$-Konfiguration ($Mn^{3+}$, $Cr^{2+}$) nicht nur identisch mit dem der $d^9$-Konfiguration ($Cu^{2+}$), sondern auch formal ähnlich den Spalttermen für die $d^6$- und $d^1$-Konfiguration der *korrespondierenden* Koordination, z. B.: $Cu^{2+}$ (Oktaederfeld) = $Mn^{3+}$ (Oktaederfeld); ähnlich $Fe^{2+}$ (Tetraederfeld).

---

Lanthanidensalzen ergeben sich z. B. die Farben einfach aus der Zahl der ungepaarten f-Elektronen, die nur ganz bestimmte „Sprünge" in andere f- oder d-Zustände machen dürfen. Ein Wechsel der Liganden

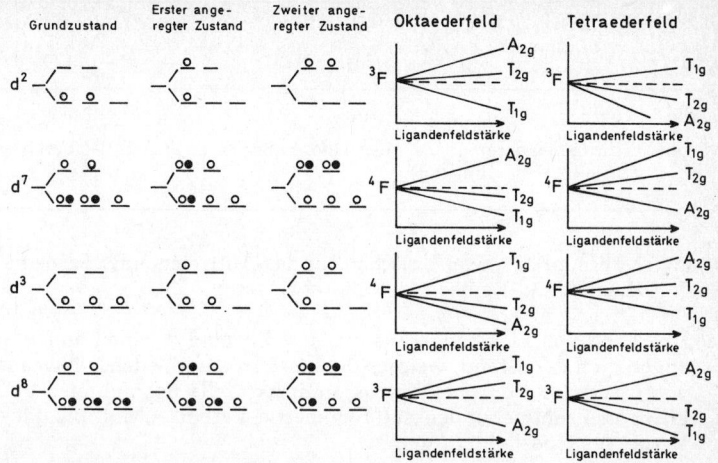

Abb. 78  Anregungsmöglichkeiten von Elektronen bei teilweise besetzter d-Teilschale.

Bei einer Besetzung mit 2, 3, 7 oder 8 Elektronen in der d-Schale ergeben sich außer dem Grundzustand zwei angeregte Zustände, die im linken Teil der Abbildung schematisch dargestellt sind.

Dementsprechend spaltet ein Grundterm (z. B. $^4F$, gültig für die Ligandenfeldstärke 0) mit ansteigender Ligandenfeldstärke systematisch auf, und die Spaltterme verlaufen beim oktaedrischen Feld „invers" zu Aufspaltung im Tetraederfeld. Ebenso ist das Termschema einer $d^2$- und einer $d^7$-Konfiguration invers zur $d^3$- und $d^8$-Konfiguration.

Die Größe der Aufspaltung hängt ab von der Ionenladung und der Konfiguration des Zentral-Ions, sowie vom Charakter der Liganden (s. spektrochemische Reihe, S. 236).

Zentral-Ionen mit der Konfiguration $d^5$ besetzen bei Liganden mit nicht sehr großer Feldstärke (z. B. $H_2O$) alle 5 Orbitale *einzeln* und dann sind d-d-Übergänge „verboten".

---

hat in solchen Fällen so gut wie keinen Einfluß auf die Farbe, weil die Liganden die Lage der Elektronenniveaus kaum beeinflussen können, (alle Praseodym(III)-Salze sind z. B. grün, ebenso die Uran(IV)-Verbindungen).

Ganz anders ist dies bei Übergängen von d-Elektronen in andere d-Zustände. Insbesondere bei den Verbindungen der Metalle der 3d-Reihe resultieren die Farben vielfach aus solchen d-d-Übergängen, und sie verändern sich empfindlich bei verändertem Ligandenfeld, z. B.:

| | $\xrightarrow{H_2O}$ | | $\xrightarrow{H_2O}$ | |
|---|---|---|---|---|
| $[CuCl_4]^{2-}$ | | $[Cu(H_2O)_2]Cl_2$ | | $[Cu(H_2O)_4]^{2+}$ |

| | | | |
|---|---|---|---|
| Farbe: | gelb | grün | hellblau |
| wegen: | charge transfer (Elektr.-Überführung) | d-d-Übergang | d-d-Übergang |

Grundsätzlich gibt es zwei Ursachen für das Auftreten einer Farbe bei Metallsalzen der 3d-Reihe:

1. Übergang von Elektronen aus einem d-Zustand in einen anderen, angeregten d-Zustand, welcher die Existenz verschiedener Niveaus voraussetzt und darüber hinaus an strukturelle Bedingungen und Elektronenzahl gebunden ist („Symmetrie-Verbot", „Multiplizitäts-Verbot", s. Spezialliteratur).

2. Überführung von Elektronen aus dem Bereich des „Donors" (z. B. des Anions) in den des Elektronen-Akzeptors (z. B. eines Metall-Ions), welcher mit einer entsprechenden Polarisation der Ionen verbunden ist („Elektronenüberführung" oder „charge transfer").

Farben infolge von d-d-Übergängen sind nur zu erwarten bei den Konfigurationen

$$d^1 \quad d^2 \quad d^3 \quad d^4 \quad d^6 \quad d^7 \quad d^8 \quad d^9,$$

weil bei einer leeren, einer vollen oder einer halbgefüllten d-Teilschale keinem Elektron der Sprung in ein anderes Niveau erlaubt ist. („Multiplizitäts-Verbot" auch „Spin-Verbot").

Wenn bei Salzen mit Metall-Ionen der Konfigurationen $d^0$, $d^5$ oder $d^{10}$ dennoch eine Farbe auftritt, so hat sie eine andere Ursache (Elektronenüberführung z. B. bei $Ce(SO_4)_2$, $K_2 CrO_4$, $FeCl_3$, $H[CuBr_2] \cdot 2$ ROR, u. a.).

Sogenannte „farblose Anionen" ($p^6$-Konfiguration) bilden *farblose* Salze mit Metall-Ionen der Konfiguration

| | | |
|---|---|---|
| $p^6 + s^0$ | z. B. KCl, | $CaCl_2$ |
| $p^6 + s^0 + d^0$ | z. B. $ScCl_3$, | $(TiO)SO_4$, $VO_3^-$ |
| $p^6 + s^0 + d^5$ | z. B. $MnC_2O_4$, | $(FeF_6)^{3+}$ |
| $p^6 + s^0 + d^{10}$ | : CuCl, | $ZnCl_2$ |
| $d^{10} + s^0 + p^0$ | : $GaCl_3$, | $Na_3AsO_4$ |
| $d^{10} + s^2 + p^0$ | : TlCl, | $PbCl_2$, $BiCl_3$ |

Umgekehrt darf nicht gefolgert werden, daß eine entsprechende Verbindung mit Zentral-Ionen *anderer Konfiguration* auf alle Fälle farbig sein müßte. Bei vielen Halogenokomplexen der 3d-Metalle liegt die aus d-d-Übergängen „erlaubtermaßen" resultierende Absorption im 1000-Nanometer-Bereich, also nicht mehr im Sichtbaren. Die gelbe Farbe einer Tetrachlorocuprat(II)-Lösung resultiert nicht aus dem an sich denkbaren d-d-Übergang, sondern aus einer Elektronenüberführung. Auch bei der gelben wäßrigen Lösung des Eisen(III)-Chlorids, worin das dreiwertige Eisen-Ion eine $d^5$-Konfiguration besitzt, liegt Elektronenüberführung und kein d-d-Übergang vor. Verändert man das Ligandenfeld durch Ersatz der Chlorid-Ionen durch Fluorid-Ionen nach

$$[FeCl_6]^{3-} + 6\ F^- \longrightarrow 6\ Cl^- + [FeF_6]^{6-}$$
$$\text{gelb} \qquad\qquad\qquad\qquad \text{farblos}$$

so verschiebt sich die Elektronenüberführung aus dem sichtbaren Spektralgebiet heraus. Hexafluoroferrat(III) ist farblos.

Eine Strahlung, welche der „Charge-transfer-Absorption" eines Stoffes entspricht oder diese energetisch übertrifft, zerstört die zugehörige chemische Bindung. Daher sind zum Beispiel Eisen(III)-Salze mit „schwachen" Liganden wegen der Elektronenüberführung

$$Fe^{2+} \underset{\text{Licht}}{\overset{\longrightarrow}{\longleftarrow}} [Fe^{3+} \cdot e^-]$$

in aller Regel lichtempfindlich, besonders bei ultravioletter Bestrahlung. Auch die in der Reihe $AgCl < AgBr < AgJ$ ansteigende Lichtempfindlichkeit der Silberhalogenide kann mit einer steigenden Polarisation und somit größeren Delokalisierung (quasi „Lockerung") der bindenden Elektronen erklärt werden. Silberfluorid (AgF) ist überhaupt nicht lichtempfindlich, ebensowenig wie Silbernitrat[4].

Lichtabsorptionsbanden, welche auf Elektronenüberführungen beruhen, sind in der Regel zehn- bis hundertmal intensiver als die Absorptionen der d-d-Übergänge. Oft fällt nur noch ein Teil solcher Banden ins sichtbare Gebiet und die Absorptionskurve im Spektrum steigt dann im blauen Bereich steil zur Ultraviolett-Grenze an (sog. „UV-Anstieg").

Bei den Eisen(III)-halogeniden verschiebt sich diese steile Spektralbande mit größerem, d. h. leichter polarisierbaren Halogen systematisch nach größeren Wellenlängen. Sie würde bei dem nicht existierenden Eisen(III)-jodid bereits weit im infraroten Gebiet liegen.

*Valenzgemischte* Verbindungen, in denen ein und dasselbe Metall-Ion in zwei verschiedenen Valenzstufen auftritt, zeigen erfahrungsgemäß

---

[4] Die Schwärzung am Flaschenhals der $AgNO_3$-Lösung ist eine Folge der Reduktion zu metallischem Silber durch Staubteilchen.

charakteristische Farben. Diese beruhen jedoch meistens auf Elektronenüberführungen wie z. B. in $Pb_3O_4$ (Blei(II)-orthoplumbat(IV), Mennige), im „valenzgemischten" Kupfer(I, II)-chlorid, das bisher nur in solvatisierter Form beobachtet wurde, und sogar im Berliner Blau ($Fe_4[\overset{+3}{Fe}(CN)_6]_3$ bzw. $K\overset{+3}{Fe}[\overset{+2}{Fe}(CN)_6]$, welches (unabhängig vom Herstellungsverfahren) stets Hexacyanoferrat(II)-Ionen enthält. Auch die rote Farbe des „*Chevreuls*chen Salzes", $\overset{+1}{Cu_2}\overset{+2}{Cu}(SO_3)_2 \cdot 2\ H_2O$, stammt nicht aus einem d-d-Übergang des darin enthaltenen Kupfer(II)-Ions.

Andererseits bestehen gesetzmäßige Zusammenhänge zwischen dem Charakter der verschiedenen Liganden eines Metall-Ions und der Farbe der daraus gebildeten binären oder komplexen Verbindungen. Je mehr die Liganden das „Ligandenfeld" verstärken, desto mehr verschieben sich die d-d-Übergänge im Spektrum nach kürzeren Wellenlängen. So bilden sich beim Versetzen einer wäßrigen Kupfer(II)-Salzlösung mit Ammoniak und anschließend mit Äthylendiamin („en") folgende Komplexe:

$$[Cu(H_2O)_4]^{2+} \xrightarrow{\ +\ 4NH_3\ } [Cu(NH_3)_4]^{2+} \xrightarrow{\ +\ 2\,„en"\ } [Cu(en)_2]^{2+}$$

| hellblau | tiefblau | violett |
|---|---|---|
| schwaches Ligandenfeld | stärkeres Ligandenfeld | noch stärkeres Ligandenfeld |

---

Man spricht von einer spektralen „Blauverschiebung", wenn

— das *Ligandenfeld verstärkt* wird durch den Einsatz von Liganden, welche in der spektrochemischen Reihe weiter *rechts* stehen,

— das *Ligandenfeld verstärkt* ist durch Verwendung kleinerer Metallionen, wodurch sich die *Ionen-Abstände verkleinern*,

— das Zentral-Ion eine *größere Ionenladung* trägt und damit eine größere Aufspaltung zwischen dem Grundzustand und den angeregten Zuständen vorliegt.

---

Das Beispiel der Verdrängung von Wassermolekülen durch Ammoniak und anschließend durch Äthylendiamin am Kupfer(II)-Ion zeigt, daß die Liganden in dieser Reihenfolge eine verstärkende Wirkung auf das Ligandenfeld ausüben. Dies wurde bereits 1932 von *Tsuchida* empirisch festgestellt und wird heute als „*Spektrochemische Reihe*" diskutiert. Darin verstärken die Liganden, von links nach rechts gelesen, zunehmend das Ligandenfeld.

**Spektrochemische Reihe**

$$J^- \quad Br^- \quad Cl^- \quad F^- \quad OH^- \quad ox^{2-} \quad H_2O \quad py \quad NH_3 \quad en \quad dipy \; NO_2^- \; CN^-$$

— Ligandenfeldstärke, entsprechend größerer Termaufspaltung →

„schwache" Liganden                                                    „starke Liganden"

← „Rotverschiebung" —                                        — „Blauverschiebung" →

| Abkürzungen: | py   | = Pyridin,          |
|--------------|------|---------------------|
|              | en   | = Äthylendiamin,    |
|              | dipy | = 2,2′-Dipyridyl,   |
|              | ox   | = Oxalat.           |

Die Farben von Übergangsmetall-Verbindungen zählen zumindest mittelbar zu den „periodischen Eigenschaften" dieser Metalle, obwohl sie nicht nur durch die jeweiligen Elektronenkonfiguration bestimmt werden, sondern unter anderem auch von der Geometrie des Ligandenfeldes (d. h. der „Koordination").

# S. 8.  Struktur und Koordination

Die Struktur der Salze bestimmt auch die Koordination der Atome und Ionen, also die Geometrie der Liganden, die ein Zentralatom umgeben. Oftmals ist jedoch diese Koordination mit einem Strukturtyp derart selbstverständlich verbunden, daß die beiden Begriffe nicht immer streng genug auseinander gehalten werden.

Die Aussage, Magnesiumoxid kristallisiere im Steinsalztyp, bedeutet, daß jedes Atom in MgO von sechs Nachbarn in oktaedrischer Anordnung umgeben ist. Dies gilt entsprechend für die tetraedrische Koordination in einer Zinkblende — oder in einer Quarzstruktur. Aus einer gegebenen Formel eines Komplexes darf jedoch ohne genaue Kenntnis der Struktur (d. h. der exakten Atom-Punktlage) nicht einfach auf die Koordination geschlossen werden. Im Tetracarbonyl und im Tetracyanokomplex hat zwar das Nickelatom gleichermaßen vier Nachbarn, doch befinden sich diese im ersten Fall in den Ecken eines Tetraeders, im zweiten Beispiel sind sie planar-quadratisch angeordnet (Abb. 79).

Ebenso dürfen die Indices an den Liganden eines Zentralatoms nicht ohne weiteres als „Koordinationszahlen" angesehen werden. In $(NaPO_3)$ sind alle Phosphoratome tetraedrisch von *vier* Sauerstoffatomen umgeben, und im Perowskit, $CaTiO_3$, liegt eine oktaedrische Sechser-Koordination vor.

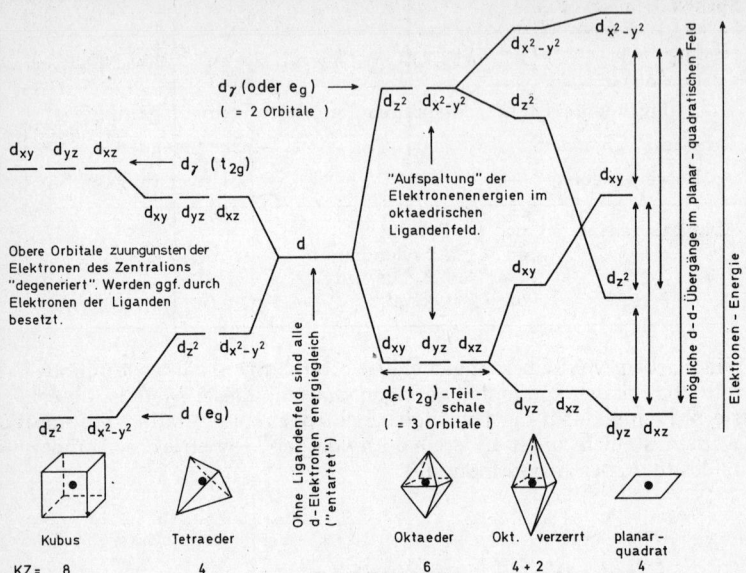

Abb. 79   Aufspaltung der Elektronen-Energien im Ligandenfeld.
Ein Elektron kann nur dann aus seinem tieferen (Grund-)Zustand in ein
höheres Niveau der Spalt-Terme gehoben werden, wenn sich dabei die
Multiplizität nicht ändert.

Die Verhältnisse würden sich weiter komplizieren, wenn man auch die
Geometrie der übernächsten Nachbarn, deren Abstand oft nicht sehr
viel größer ist, in den Begriff „Koordination" einbeziehen wollte. Daher soll hier einschränkend definiert werden:

Unter der „Koordinationszahl" ist diejenige Zahl von nächsten, unmittelbaren Nachbarteilchen zu verstehen, die ein Teilchen in Form eines möglichst einfachen, unverzerrten Polyeders bei gleichem Abstand umgibt.

Mit einer solchen Definition bleibt für das Kupfer(II)-Ion die „übliche"
Koordinationszahl 4 erhalten, (z. B. in CuCl$_2$) während man sonst auf
verzerrte Koordinationen Rücksicht nehmen müßte, wie sie in der
Struktur des festen, solvatfreien Kupfer(II)-chlorids oder im hydratisierten Kupfer(II)-Ion nachgewiesen sind. Das Cu(II)-Ion kann nämlich, neben seinen vier Nachbarn erster Ordnung in planar-quadratischer Form noch ein fünftes und ein sechstes Teilchen anlagern, so daß
man eigentlich eine geteilte Koordinationszahl, etwa [Cu(H$_2$O)$_{4+2}$]$^{2+}$,
schreiben müßte.

Auch aus der Farbe eines Komplexsalzes kann — ohne eine genaue spektroskopische Untersuchung — nicht immer sofort auf die richtige Koordination geschlossen werden. Jedenfalls ist die oft zitierte „Regel" kaum begründet, wonach die intensiv blauen Kobaltkomplexe eine tetraedrische, die rosenroten hingegen eine oktaedrische Ligandenanordnung haben sollen.

Schon das wasserfreie, blaue Kobalt(II)-chlorid hat mit seiner Schichtenstruktur von $CdCl_2$-Typ ein Oktaederfeld. Ähnliches gilt für die blauen Chlorocobaltate $NH_4(CoCl_3)$ und $KCoCl_3$), jedoch wiederum nicht für die tetraedrisch struierten Komplexe $K_2[CoCl_4]$ und $[N(CH_3)_4]_2(CoCl_4)$.

Aus dem Transmissionsspektrum einer farbigen Metallsalzlösung läßt sich gegebenenfalls auch entnehmen, ob eine ursprünglich oktaedrische Koordination einer „tetragonalen Verzerrung „unterliegt. Während die rein oktaedrische Struktur, z. B. bei einem Zentral-Ion mit $d^1$, $d^4$, $d^6$ oder $d^9$-Konfiguration (D-Terme) nur einen einzigen d-d-Übergang erwarten läßt und folglich nur *ein* Maximum in der Spektralkurve auftreten dürfte, verrät eine Sattelbildung in dieser Kurve, d. h. die Ausbildung eines zweiten Maximums, eine solche Verzerrung. Denn hier sind Grundzustand und angeregter Zustand der Elektronen im Ligandenfeld weiter aufgespalten (vgl. Abb. 79). Solange eine solche Verzerrung noch nicht zu einer rein planar-quadratischen Ligandenanordnung geführt hat, wäre statt der Koordinationszahl 6 eine Indizierung mit 4 + 2 richtiger.

Mit diesen Beispielen soll darauf hingewiesen sein, daß man die sog. „Koordinationszahl" in chemischen Substanzformeln keineswegs unkritisch als die echte Zahl nächster Nachbarn hinnehmen darf, als die sie, oberflächlich betrachtet, erscheint.

# S. 9. Die Ligandenfeld-Stabilisierungs-Energie (L. F. S. E.)

Eine weitere sehr charakteristische Eigenart der Übergangsmetalle gegenüber den Hauptgruppenelementen liegt darin, daß vielfach überraschend hohe Werte der Hydratationswärme oder der Gitterenergie der binären Verbindungen beobachtet werden.

Davon gibt Abb. 80 einen Eindruck, wobei die gestrichelte und zu einer Geraden idealisierte Verbindungslinie zwischen $CaCl_2$ und $ZnCl_2$ die „normalerweise" zu erwartende Gitterenergie der zweiwertigen Metallchloride wiedergibt.

In Wirklichkeit liegen die Gitterenergien, die zugleich ein Maß der Bindungsfestigkeit zwischen den Ionen darstellen könnten, bei den meisten Übergangsmetallchloriden weit höher. Nur Mangan(II)-chlo-

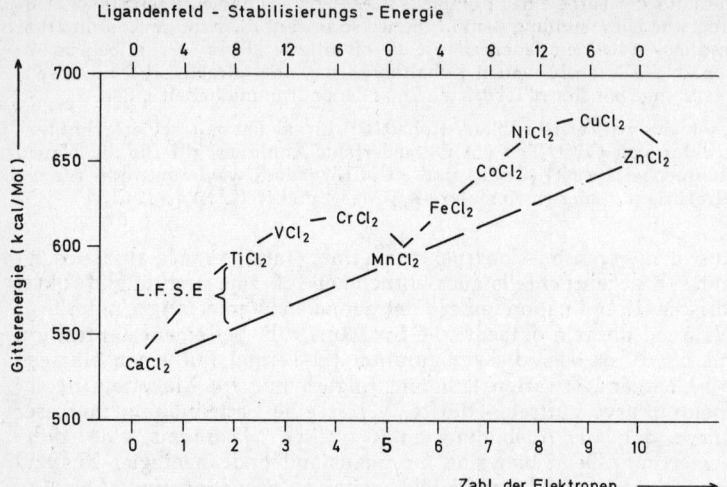

Abb. 80   Erhöhte Gitterenergien von Dichloriden der 3d-Übergangsmetalle infolge Ligandenfeld-Stabilisierungs-Energie (L. F. S. E.).
Die Verbindungslinie $CaCl_2$ — $MnCl_2$ — $ZnCl_2$ ist idealisiert als Gerade dargestellt; auf dieser liegt Mangan(II)-chlorid, weil für die $d^5$-Konfiguration L. F. S. E. = 0 ist.

rid macht davon eine Ausnahme, die auf die besonders hohe Symmetrie des $Mn^{2+}$-Ions mit seiner $d^5$-Konfiguration zurückzuführen ist.

Mit Hilfe eines Gedankenexperiments (s. Tab. 45), läßt sich dieser Effekt der zusätzlichen Stabilisierung veranschaulichen. Geht man davon aus, daß ein nachbarloses („freies") Übergangsmetall-Ion keine Energieunterschiede zwischen den einzelnen Orbitalen kennt, so ist zu erwarten, daß sich die Ladungen aller Elektronen gleichmäßig über die fünf Orbitale verteilen („homogene Population", Zeile 4 und 5 in Tab. 45). Eine Verteilung $d_\gamma = 20$, $d_\varepsilon = 30$ bedeutet, daß die fünf Elektronen die d-Orbitale völlig gleichförmig besetzen, also jedes Orbital ein Elektron enthält.

Im oktaedrischen, *schwachen* Ligandenfeld, wie es grundsätzlich in allen Halogenkomplexen und in den Hydraten vorliegt, ist das höher liegende $d_\gamma$-Niveau nun derart degeneriert, daß seine Besetzung erst beim vierten Elektron beginnt. Beim fünften d-Elektron ($d^5$-Konfiguration z. B. bei $Mn^{2+}$ oder $Fe^{3+}$) ergibt sich aus der Ladungsverteilung 20/30, daß die gleiche Anordnung vorliegt, die man auch beim nachbarlosen Ion annehmen müßte. Somit ergibt sich in diesem Fall keine zusätzliche Stabilisierung (L.F.S.E. = 0).

Tabelle 45 Erläuterung der Ligandenfeld-Stabilisierungsenergien (L.F.S.E.) aus einem Vergleich der „homogenen Population" beim nachbarlosen Ion mit der wirklichen Orbitalbesetzung bei schwachem und bei starkem Okt. Ligandenfeld

| | $d^1$ | $d^2$ | $d^3$ | $d^4$ | $d^5$ | $d^6$ | $d^7$ | $d^8$ | $d^9$ | $d^{10}$ |
|---|---|---|---|---|---|---|---|---|---|---|
| 1: Elektronenkonfiguration | | | | | | | | | | |
| 2: Beispiele | $Ti^{3+}$ | $V^{2+}$ | $Cr^{3+}$ | $Cr^{2+}$ | $Mn^{2+}$ | $Fe^{2+}$ | $Co^{2+}$ | $Ni^{2+}$ | $Cu^{2+}$ | $Zn^{2+}$ |
| 3: Zahl der d-Elektronen (in Zehntel) | 10 | 20 | 30 | 40 | 50 | 60 | 70 | 80 | 90 | 100 |
| **A: *Verteilung bei „homogener Population"*** | | | | | | | | | | |
| 4: Elektronen in $d_\gamma$ ($e_g$) | 4 | 8 | 12 | 16 | 20 | 24 | 28 | 32 | 36 | 40 |
| 5: Elektronen in $d_\varepsilon$ ($t_{2g}$) | 6 | 12 | 18 | 24 | 30 | 36 | 42 | 48 | 54 | 60 |
| **B: *Verteilung bei schwachem Ligandenfeld*** | | | | | | | | | | |
| 6: Elektronen in $d_\gamma$ ($e_g$) | 0 | 0 | 0 | 10 | 20 | 20 | 20 | 20 | 30 | 40 |
| 7: Elektronen in $d_\varepsilon$ ($t_{2g}$) | 10 | 20 | 30 | 30 | 30 | 40 | 50 | 60 | 60 | 60 |
| 8: Zeile 7 minus Zeile 5 = Ligandenfeld-Stabilisierungsenergie im schwachen Feld | 4 | 8 | 12 | 6 | 0 | 4 | 8 | 12 | 6 | 0 |
| **C: *Verteilung bei starkem Ligandenfeld*** | | | | | | | | | | |
| 9: Elektronen in $d_\gamma$ ($e_g$) | 0 | 0 | 0 | 0 | 0 | 0 | 10 | 20 | 30 | 40 |
| 10: Elektronen in $d_\varepsilon$ ($t_{2g}$) | 10 | 20 | 30 | 40 | 50 | 60 | 60 | 60 | 60 | 60 |
| 11: Zeile 10 minus Zeile 5 = Ligandenfeld-Stabilisierungsenergie im starken Feld | 4 | 8 | 12 | 16 | 20 | 24 | 18 | 12 | 6 | 0 |
| 12: Differenzen Zeile 11 minus Zeile 8 | 0 | 0 | 0 | 10 | 20 | 20 | 10 | 0 | 0 | 0 |

Die in Abb. 80 skizzierten Gitterenergien von zweiwertigen Übergangsmetallchloriden liegen nun bezeichnenderweise etwa um den Betrag der Ligandenfeldstabilisierungs-Energie über der zu einer Geraden idealisierten Verbindungslinie $CaCl_2$-$ZnCl_2$.

Tabelle 45 führt außerdem das Gedankenexperiment einer inhomogenen Elektronenverteilung weiter für ein besonders *starkes* Ligandenfeld (Zeile 9 und 10), wie es in vielen Cyano-Metallatkomplexen (z. B. $[Co(CN)_6]^{3-}$ $d^6$-Konfiguration) vorliegt. In diesem Fall liegen die beiden $d_y$-Orbitale im oktaedrischen Ligandenfeld offenbar so hoch, daß sie erst besetzt werden können, wenn das Zentralion mehr als sechs d-Elektronen besitzt, und die Ligandenfeld-Stabilisierungs-Energien erreichen besonders hohe Werte, auch im Falle einer $d^5$-Konfiguration (z. B. in $K_4[Mn(CN)_6]$ = farbig und paramagnetisch, $\mu = 1,73$ B.M.).

Die Differenz aus der Ligandenfeld-Stabilisierungsenergie im *schwachen* Ligandenfeld und der im starken Ligandenfeld, ist ein Maß für die zusätzliche Stabilisierung, die ein Übergangsmetall-Ion erfährt, wenn es z. B. in seiner hydratisierten Form (also im schwachen Ligandenfeld) besonders starken Liganden begegnet. Einer der stärksten Liganden ist

Tabelle 46   **Elektronenstruktur von Eisenkomplexen mit schwachen und starken Liganden**

| $[Fe(H_2O)_6]^{2+}$ | | $[Fe(CN)_6]^{4-}$ | |
|---|---|---|---|
| /___/ /___/ /___/ 4p | | /x x/ /x x/ /x x/ 4p | |
| /___/ 4s | | /x x/ 4s | |
| /O / /O / 3d$_y$ | | /x x/ /x x/ 3d$_y$ | |
| /O●/ /O / /O / 3d$_\varepsilon$ | | /O●/ /O●/ /O●/ 3d$_\varepsilon$ | |

| Schwaches Ligandenfeld paramagnetisch, $\mu = 4,9$ B.M. | Starkes Ligandenfeld diamagnetisch, $\mu = 0$ |
|---|---|
| Eisen-(II)-hydrat | Hexacyano-ferrat (II) |
| **Bezeichnung:** | |
| („Anlagerungskomplex") [1] „high spin complex" „outer orbital complex" | („Durchdringungskomplex") [1] „low spin complex" „inner orbital complex" |

[1] veraltete Bezeichnungen. /O●/ Orbital mit 3d-Elektronen des Zentralatoms. /x x/ Orbital mit Elektronenpaar des Liganden.

das Cyanid-Ion, das bei geeigneten Reaktionsbedingungen alle in der spektrochemischen Reihe (s. S. 237) voranstehenden Liganden verdrängt.

Aus Eisen(II) entsteht mit Cyanid im alkalischen Medium das „gelbe Blutlaugensalz", Kalium-Hexacyanoferrat(II). Kobalt(II) bildet das violette Hexacyanokobaltat(II), $[Co(CN)_6]^{4-}$, welches sich heftig, notfalls unter Reduktion des Wassers in der Lösung, zum Hexacyanokobaltat(III), $[Co(CN)_6]^{3-}$ (blaßgelb bis farblos), oxidiert.

Solche Vorgänge sind mit einer grundlegenden Umstrukturierung der d-Elektronen des Übergangsmetall-Ions verbunden. Man nimmt an, daß die „starken" Liganden als sehr gute Donoren von Elektronenpaaren das Metall-Ion veranlassen, die eigenen d-Elektronen in die tiefsten Niveaus zurückzuziehen. Dabei werden nun diese Orbitale auch doppelt besetzt, das heißt, es erfolgt eine „Aufpaarung". Statt der Besetzung $d^4_\varepsilon$, $d_\gamma^2$ bekommt z. B. das Eisen(II)-Ion nun eine volle $d_\varepsilon$-Teilschale, und die $d_\gamma$-Zustände werden den Elektronenpaaren der Liganden überlassen. Im Hexacyanoferrat(II) besetzen dann je zwei Elektronen der insgesamt 6 Cyanogruppen ($|C \equiv N|^-$) die Orbitale $3d_\gamma^4$, $4s^2$ und $4p^6$. Damit entsteht die gleiche Situation, die auch nach der Valenzstrukturmethode (valence bond) als $d^2sp^3$-Hybridisierung (s. S. 97) beschrieben ist.

# T. Die „Münzmetalle"

Aus der Elektronenkonfiguration $d^{10} s^1$ ergibt sich die gemeinsame Einwertigkeit der Metalle Kupfer, Silber und Gold. Darüberhinaus kann ein zweites und ein drittes Elektron valenzchemisch fungieren. Gold ist jedoch nur in der instabilen ersten und der stabilen dritten Oxidationsstufe bekannt. Beim diamagnetischen Silber(II)-oxid, „AgO", handelt es sich wahrscheinlich um das valenzgemischte Oxid $\overset{+1\,+3}{Ag\,Ag}\,O_2$. Echte Silber(II)-Verbindungen sind z.B. Dipyridino-Silber(II)-persulfat, $(Ag\,py_2)\,S_2O_8$ und Silber(II)-fluorid, $AgF_2$.

Das elektrochemische Potential im wäßrigen System weist beim Kupfer eine „Inversion" auf, indem es für die Bildung des zweiwertigen Ions niedriger liegt als für die Bildung einer Kupfer(I)-Verbindung.

$$Cu^\circ \longrightarrow Cu^{2+} + 2\,e^- \quad E_0 = + 0{,}35 \ \text{Volt}$$
$$Cu^\circ \longrightarrow Cu^+ \ \ + \ e^- \quad E_0 = + 0{,}522 \ \text{Volt}$$

Silber und Gold sind mit den Redoxpotentialen

$$Ag^\circ \longrightarrow Ag^+ + e^- \quad E_0 = + 0{,}80 \ \text{Volt}$$
$$Ag^\circ \longrightarrow Ag^{2+} + 2\,e^- \quad E_0 = + 1{,}99 \ \text{Volt}$$
$$Au^\circ \longrightarrow Au^{3+} + 3\,e^- \quad E_0 = + 1{,}42 \ \text{Volt}$$

weitaus edler als Kupfer und entsprechend korrosionsbeständig.

Wie wenig man oft aufgrund einer „chemischen Verwandtschafts-Regel" innerhalb einer Vertikalgruppe des Periodensystems („chemische Familie") einen Analogieschluß im Detail ziehen kann, zeigen z. B. die Fluoride der Münzmetalle; sie wären auch instabil gegenüber den höheren Oxidationsstufen $CuF_2$ und $AuF_3$ bzw. $[AuF_4]^-$. Silber bildet hingegen nicht nur das stabile und nicht lichtempfindliche AgF und ein Silber(II)-fluorid, $AgF_2$, sondern auch messinggelbe Kristallblättchen der Zusammensetzung $Ag_2F$, die durch Einbau von Silberatomen in ein AgF-Schichtengitter entstehen.

Auch das (ebenfalls nicht lichtempfindliche) Silber(I)-Nitrat ist als beständiges Salz (auch in wäßriger Lösung) bekannt. Jede Kupfer(I)- und Gold(I)-Verbindung würde in einem ionisierenden Lösungsmittel augenblicklich disproportionieren, z. B. nach

$$\overset{+1}{2\,Cu(CH_3COO)} \xrightarrow{\ H_2O\ } Cu^\circ + [Cu(H_2O)_4]^{2+} + 2\,CH_3COO^-,$$

es sei denn, die einwertige Stufe könnte durch ein besonders festes Resonanzgitter, wie z. B. CuCl, CuBr, CuJ, $Cu_2C_2$ stabilisiert werden. Während man die geringe Löslichkeit der Kupfer(I)-halogenide noch aufgrund ihrer Zinkblende-Strukturen verstehen kann, kristallisieren die Silberhalogenide, mit Ausnahme von α- und β-AgJ, im Steinsalzgitter, und ihre Wasserlöslichkeit ist trotzdem äußerst gering (Löslichkeitsprodukte AgCl: $10^{-9,6}$, AgBr: $10^{-12}$.

Die Sonderstellung des Silbers zeigt sich auch an anderen Beispielen, insbesondere an der besonders hohen Lichtempfindlichkeit seines Chlorids, Bromids und Jodids in der Reihenfolge fallender Bildungswärmen ($Q_{AgCl} = 30,59$, $Q_{AgBr} = 23,85$, $Q_{AgJ} = 14,93$ kcal/Mol).

Wenn man berücksichtigt, daß die farblosen AgCl-Kristalle nur einen relativ geringen Teil der Lichtenergie absorbieren und somit chemisch „verwerten" können, ist zu verstehen, daß Silberchlorid für rotes Licht von geringer Energie ($hv \cong 30$ kcal) nicht mehr empfindlich ist.

Der edle Charakter von Silber und Gold begrenzt die Zahl der verschiedenen chemischen Verbindungen dieser Metalle, auch der Komplexe, im Vergleich zu denen des Kupfers. Mit Cyanid werden stabile Cyanokomplexe gebildet. Kupfer bildet noch Carbonylkomplexe, aber kein binäres Metallcarbonyl mehr.

Die „Acetylide" $Cu_2C_2$, $Ag_2C_2$ entstehen zwar aus den wäßrigen Metallsalzlösungen mit Acetylen, sind darin jedoch infolge Polymerisation schwer löslich. Echte Carbide sind unbekannt.

Die Neigung der einwertigen Münzmetall-Ionen zur *linearen* Zweier-Koordination, z. B. in $[Ag(CN)_2]^-$ ist ein Merkmal, welches die $B_1$-Gruppe mit der $B_2$-Gruppe gemeinsam hat und das auf die gemeinsame $d^{10}$-Konfigurationen der Metall-Ionen zurückgeht.

Gemeinsam mit der $B_2$-Gruppe ist auch die Existenz von metallorganischen Verbindungen (z. B. „Phenylkupfer" $C_6H_5Cu$) in denen direkte Metall-Kohlenstoff-Bindungen vorliegen.

In der $B_1$-Gruppe kann man das erste *und* das letzte Mitglied der Familie mit einigen Argumenten als „Außenseiter" ansehen, d. h. die drei Münzmetalle divergieren in ihrem chemischen Charakter oft ganz erheblich.

Gold und Silber unterscheiden sich dabei nicht nur in ihren unterschiedlichen stabilen Wertigkeiten, obwohl dieser Unterschied die wichtigsten Konsequenzen hat. Silber hebt sich von seinen beiden Homologen ab durch das mehr ionische Verhalten seiner einwertigen (und stets stabilen) Verbindungen. Kupfer schließlich hat eine bei den anderen Metallen unbekannte ausgedehnte Komplexchemie mit dem *zwei*wertigen Metall-Ion als Zentral-Ion. Hier haben die zahlreichen Chelatkomplexe eine besondere Bedeutung. Während CuCl noch wegen seines stabilen Resonanzgitters vor der Oxidation bewahrt bleibt, reagiert und disproportioniert AuCl sofort mit Wasser. Eine echte zweiwertige Goldverbindung scheint es im Gegensatz zum Kupfer und Silber nicht zu geben. Auch ist die Existenz von Gold(I)-Oxid noch nicht ganz gesichert. Schließlich zeigt die Komplexchemie des dreiwertigen Goldes strukturchemisch eine größere Verwandtschaft zur Komplexchemie des Platins ($Pt^{2+} = d^8 = Au^{3+}$) als zu den Komplexen des zweiwertigen Kupfers oder des einwertigen Silbers.

Tabelle 47a　**Eigenschaften der Übergangsmetalle und Metametalle**

| Übergangsmetalle | Metametalle |
| --- | --- |
| 1　Hohe Schmelzpunkte (Maximum bei W = 3410°) | Tiefe Schmelzpunkte (Minimum bei Hg = −39°) |
| 2　Große Kristallsymmetrie. Kubisch-dichteste und hexagonal-dichteste Kugelpackung mit KZ = 12 dominiert | Geringere Kristallsymmetrie, hexagonale Struktur oftmals verzerrt |
| 3　Ausgezeichnete elektrische und thermische Leitfähigkeit in $B_1$ (Maximum bei Ag) Leiter I. Klasse; positiver Temp.-Koeff. des elektrischen Widerstandes | Geringere elektrische und thermische Leitfähigkeit, jedoch noch Leiter I. Klasse |
| 4　Metallische Wertigkeit in $A_6$ bis $B_0$ = 6, dann abfallend in $B_1$ = 5,54 | Stetiger Abfall der metallischen Wertigkeit von $B_2$ (4,54) − $B_3$ (3,54) − $B_4$ (2,54), jedoch gilt die Wertigkeit 4 für α-Sn |
| 5　Definierte intermetallische Phasen im allgemeinen nur mit B-Gruppenmetallen (z. B. NiAs-Phasen, Hume-Rothery-Phasen) | Definierte intermetallische Phasen mit Übergangsmetallen und extrem positiven A-Gruppenmetallen (Zintl-Phasen, Laves-Phasen) |
| 6　Reine Metalle paramagnetisch, mit Höchstwerten bei Mn und Pd („Antiferromagnetika?"); Fe-Co-Ni (sowie schwere Lanthaniden): ferromagnetisch | Reine Metalle diamagnetisch; Ausnahmen: β-Zinn (tetragonal) $\varkappa = + 4{,}5 \cdot 10^{-6}$ β-Thallium (hexagonal $\varkappa = + 44 \cdot 10^{-6}$ |

Tabelle 47b **Eigenschaften der Übergangsmetalle und Metametalle** (Fortsetzung)

| | Übergangsmetalle | Metametalle |
|---|---|---|
| 7 | Zahlreiche binäre Carbonylverbindungen und Carbonylkomplexe z. B. Hg [Co(CO)$_4$]$_2$ | Keine binären Carbonyle, allenfalls Carbonylkomplexe, z. B. [Cu(NH$_3$)$_2$CO]$^+$ |
| 8 | Zahlreiche $\pi$-Komplexe („Sandwichstrukturen") z. B. Dibenzolchrom[1] (C$_6$H$_6$)$_2$Cr | Keine $\pi$-Komplexe, da die d-Teilschale voll aufgefüllt ist |
| 9 | Einlagerungshydride und Elektronen-Donator-Akzeptor-Mechanismus begünstigen Funktion als Redoxkatalysatoren | Z. T. salzartige, definierte Hydride und Hydridkomplexe (unbekannt: HgH$_2$) |
| 10 | Verbindungen mit ungepaarten d-Elektronen: paramagnetisch | Wegen paarig besetzter Orbitale im allgemeinen nur diamagnetische Verbindungen |
| 11 | Nahezu vollständiges „Valenzspektrum" mit Maximum in A$_7$ (3d-Reihe) bzw. in B$_0$ (4d- und 5d-Reihe) | Wenige, diskrete Valenzen(„Paulischer Lückensatz") |
| 12 | Farbige Verbindungen infolge „d-d-Übergängen" oder Elektronenüberführung („charge transfer") | Farbige Verbindungen allenfalls infolge von Elektronenüberführung („Ionendeformation") |

[1] E. O. Fischer (1955)

# U. Die Metametalle

| | | |
|---|---|---|
| Zn | (Ga) | |
| Cd | In | (Sn) |
| Hg | Tl | Pb |

Wie bereits gezeigt, erfahren mehrere periodische Eigenschaften beim Übergang von der $B_1$- zur $B_2$-Gruppe eine abrupte Änderung. Am deutlichsten äußert sich dies in den Schmelzpunkten der Metalle (s. S. 120), ferner in ihrer elektrischen und thermischen Leitfähigkeit (vgl. S. 126—127) sowie ihren Metallstrukturen (vgl. S. 118).

Der „Übergang" in den Elektronenkonfigurationen zwischen der $A_2$-Gruppe und der $B_2$-Gruppe ist damit beendet, daß bei den Metallen *Zink, Cadmium* und *Quecksilber* die d-Teilschale voll gefüllt ist. Folglich gehören diese Metalle *im engeren Sinne* nicht mehr zu den „Übergangsmetallen", wohl aber zu den Elementen der „Nebengruppen", die einfach durch die Existenz von d- (oder f-) Elektronen definiert sind.

Mit dem Überschreiten der „Schmelzpunktsgrenze" entfällt für die Verbindungen zwar jeder Grund zu einer besonderen Ligandenfeld-Stabilisierung (s. S. 239); die polarisierende Wirkung der Metall-Ionen als auch ihre Polarisierbarkeit bleibt jedoch wirksam. Farbige Verbindungen mit $d^{10}$-Kationen zeigen eine besonders starke Polarisation, wie dies am Auftreten von Schichtengittern (s. S. 175) erkennbar wird, oder an anderen Eigenschaften, die denen der kovalenten Verbindungen ähneln.

Nach einem Vorschlag von W. Klemm[1] gehören die Metalle der $B_2$-Gruppe, zusammen mit ihren Nachbarn Indium, Thallium, β-Zinn und Blei zu den „Metametallen". Diese Gruppe ist im periodischen System nach links scharf abgegrenzt durch die „Schmelzpunktsgrenze" (s. Tab. 50.

Die Abgrenzung der Metametalle nach rechts zu den Halbmetallen ist bei weitem nicht so eindeutig. Wegen seiner besonders geringen Kristallsymmetrie muß Gallium, trotz seiner chemischen Verwandtschaft zu anderen Metametallen schon zu den Halbmetallen gerechnet werden. Dagegen ist Blei sicherlich kein Halbmetall wegen seiner hohen Koordinationszahl und seiner kubischen Struktur.

*Zinn* scheint direkt auf der Grenze zwischen Metametallen und Halbmetallen zu liegen: Die α-Modifikation („graues Zinn") hat Diamantstruktur und ähnelt damit den Homologen Germanium und Silicium. Das tetragonale β-Zinn zeigt eine elektrische Leitfähigkeit, die mit derjenigen von Indium oder Thallium vergleichbar ist und zählt daher als Metametall.

---

[1] Angew. Chemie 62, 133 (1950).

Das Schmelzverhalten der Metametalle ist insofern „normal", als sie sich am Schmelzpunkt stetig oder sprunghaft ausdehnen, aber keinesfalls eine Volumenverminderung erfahren, wie dies bei vielen Halbmetallen (Ga, Si, Ge, Bi) der Fall ist.

Die Metametalle der Gruppen $B_2$, $B_3$ und $B_4$ zeigen chemisch wenig Ähnlichkeiten mit den echten Metallen der entsprechenden A-Gruppen von formalen Übereinstimmungen abgesehen. Es bestehen jedoch oft signifikante Beziehungen zu den „Kopf-Elementen" der betreffenden chemischen Familie. Dies scheint besonders ausgeprägt in der $B_2$-Gruppe zu sein, weshalb die Metalle Beryllium und Magnesium im Periodensystem (z. B. Abb. 2) doppelt angeschrieben und im „Bedarfsfall" auch mit den Metametallen der Zinkgruppe diskutiert werden.

Die Metametalle im übrigen unterscheiden sich von den Übergangsmetallen durch ihren stets stärker hervortretenden Außenseitercharakter in der letzten Langperiode ($5d^{10}6p^n$). Schon beim Quecksilber besteht nur eine kleine Spanne im elektrochemischen Potential bei der Oxidation des Metalls zu Hg(I), was nur möglich ist zwischen $+ 0{,}80$ und $+ 0{,}85$ Volt.

In der Reihe *Thallium—Blei—Wismut* wird es zunehmend schwerer, die höhere Oxidationsstufe zu erreichen. Thallium(III)-Verbindungen sind schon starke Oxidationsmittel. Zinn(IV) bildet stets kovalente Bindungen. Zur Oxidation in die vierte Stufe werden die stärksten Oxidationsmittel wie z. B. Chlor benötigt. Bismutate(V) erweisen sich als überaus starke Oxidationsmittel von geringer Beständigkeit. Man kann dies vereinfachend mit dem „Außenseiter-Charakter" dieser Schwermetalle erklären oder das Modell vom „inerten Elektronenpaar" (s. S. 67) benutzen, worin die Metalle sich der valenzchemischen Beteiligung der beiden s-Elektronen kräftig widersetzen.

Die Metalle *Zink* und *Cadmium* unterscheiden sich von den eigentlichen Erdalkalien ($A_2$) durch ihre (verzerrt) hexagonale Struktur, stimmen jedoch gerade darin überein mit Beryllium und Magnesium. (s. S. 118). Darüber hinaus gibt es zahlreiche Ähnlichkeiten zwischen Verbindungen der Kopfgruppe Beryllium-Magnesium einerseits und den Mitgliedern der $B_2$-Gruppe andererseits, zum Unterschied von den eigentlichen Erdalkalien Calcium, Strontium, Barium und Radium (vgl. z. B. die gute Löslichkeit der Sulfate von Be, Mg, Zn, Cd, Hg im Gegensatz zur Schwerlöslichkeit der Erdalkalisulfate).

Es bestehen zahlreiche *Isomorphie-Beziehungen* zwischen Beryllium oder Magnesiumverbindungen und den entsprechenden Verbindungen der $B_2$-Gruppe ($\beta$-Be(OH)$_2$ mit $\varepsilon$-Zn(OH)$_2$; BeO mit ZnO; $Be_4O(OOCCH_3)_6$ mit $Zn_4O(OOCCH_3)_6$ usw.). Gemeinsam mit Beryllium und Magnesium bilden Zink, Cadmium und vor allem Quecksilber die metallorganischen Verbindungen vom Typ R-M-R und R-M-X (R = Alkyl, Aryl; X = Cl, Br, J).

In der Reihe Zn-Cd-Hg steigt meist der kovalente Charakter der chemischen Bindungen entsprechend der besseren Polarisierbarkeit der Metall-Ionen. Damit tritt vielfach der Salzcharakter einer Verbindung zurück und ihre Flüchtigkeit nimmt zu. So sind sogar Halogenide der $B_2$-Gruppe (z. B. $HgCl_2$ = „Sublimat") leicht flüchtig, im Gegensatz zu den Halogeniden der Erdalkalien.

Quecksilberhalogenide sind wesentlich stabiler als die Halogenide der beiden Homologen. Die entsprechenden Konstanten betragen

$$K_{(ZnCl_2)} = 1{,}0$$
$$K_{(CdCl_2)} = 10^3$$
$$K_{(HgCl_2)} = 10^{16}$$

Während Zinkhydroxid (ebenso wie $Be(OH)_2$) amphoter ist, ist Cadmiumhydroxid eine deutlich stärkere, das Oxid des Quecksilbers hingegen eine äußerst schwache Base ($K = 1{,}8 \cdot 10^{-22}$). Die elektrochemischen Potentiale der $B_2$-Metalle verraten mit $E_0(Zn) = -0{,}76$ V und $E_0$ (Cd) $= -0{,}40$ V einen weniger unedlen Charakter als die $A_2$-Metalle, und das Quecksilber ist mit $E_0 = +0{,}85$ (bzw. $+0{,}80$) V sogar ein Edelmetall.

Diese Beispiele zeigen den deutlichen Unterschied zwischen *Quecksilber* und seinen leichteren Homologen. Wenn der ganz ähnliche Außenseiter-Charakter der Horizontalen Au-Hg-Tl-Pb-Bi beim Gold noch nicht überzeugend genug sein sollte, ist er in der $B_2$-Gruppe nicht mehr zu übersehen. Das Quecksilber hat spezielle chemische Eigenschaften, die kein anderes Metall besitzt.

Wegen seiner besonders geringen Affinität zum Sauerstoff sind die metallorganischen Verbindungen des Quecksilbers im Gegensatz zu denen des Zinks und Cadmiums gegen Wasser und Luft beständig. Ferner kann Quecksilber *elektrochemisch-einwertige* Verbindungen wie $Hg_2(NO_3)_2$ bilden. Diese kommen durch eine Metall-Metall-Bindung zustande, die als sp-Hybrid eine *gestreckte* Bindung sein muß.

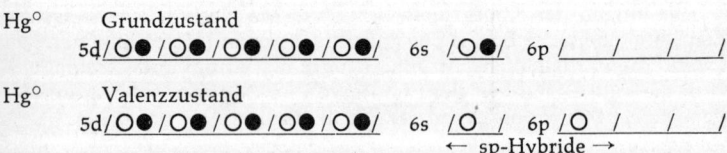

In den z. T. tetragonal kristallisierenden Quecksilber(I)-halogeniden ist die gestreckte Anordnung von X-Hg-Hg-X-Einheiten deutlich erkennbar. Die Länge einer solchen Einheit ist beim $Hg_2Cl_2$ (Kalomel) um 14, bei $Hg_2Br_2$ um 15 und bei $Hg_2J_2$ sogar um 18 Prozent kürzer als die Summe der theoretischen Ionenradien. Dies deutet auf eine erhebliche Polarisation und Deformation der Ionen, auch der Metall-Ionen[2].

Völlig ungewöhnlich verhält sich das Quecksilber in seinen Reaktionen mit Ammoniak. Es ist zum Unterschied von allen anderen Metallen in der Lage, kovalente Bindungen zum Stickstoffatom der Ammingruppen auszubilden. Das „schmelzbare Präzipitat", $Hg(NH_3)_2 Cl_2$, enthält isolierte, lineare $H_3N$-$Hg$-$NH_3$-Gruppen. Das „unschmelzbare Präzipitat", $HgNH_2Cl$ enthält polymere Ketten aus -$Hg$-$NH_2$-Einheiten. Quecksilber(I)-Imidobromid bildet eine Art Blattstruktur mit den Bestandteilen $[Hg_2(NH_2)] \infty$, $Br^-$, $[HgBr_3]^-$. Das Kation der „*Millonschen Base*" besteht aus einem Netzwerk von Quecksilber- und Stickstoffatomen, wobei die Hg-Atome die N-Atome tetraedrisch umgeben und fast zufällig die gleiche Anordnung wie in der kubischen Quarzstruktur des Cristobalits auftritt. So ist

$$(Hg_2N)\infty \dots n\,H_2O$$
$$\text{isomorph mit} \quad (O_2Si)\infty \dots n\,H_2O$$

Man muß dem Stickstoffatom in der Millonschen Base eine formale positive Ladung zusprechen, um die tetraedrische Ligandenstellung zu verstehen:

$N^{\oplus}$  1s $\underline{/O\bullet/}$  2s $\underline{/O\,/}$  2p $\underline{/O\,/O\,/O\,/}$
$\longleftarrow$ sp³-Hybride $\longrightarrow$

Das *Gallium* wird hier als „Metametall im chemischen Sinne" erörtert, obwohl es wegen seiner geringen Kristallsymmetrie und anderer Eigenschaften (z. B. der Schmelzanomalie) eigentlich zu den Halbmetallen gehört.

In der Reihe Gallium- Indium- Thallium nehmen die Bindungsstärken analoger Verbindungen deutlich ab, so daß die Bildungswärmen, beispielsweise der Chloride, von 57,8 ($GaCl_3$) über 49,2 ($InCl_3$) auf nur 36,5 kcal/Mol beim $TlCl_3$ abfallen (s. S. 114).

Formal übereinstimmend mit Bor und Aluminium besitzen die Halogenide, Hydride und Alkyl-Metall-Verbindungen als „Lewis-Säuren" die Fähigkeit, Neutralliganden oder Ionen zum Zwecke einer „koordinativen Sättigung" anzulagern (z. B. $MX_3 \cdot 2\,L$ oder $[MX_4]^-$). Analog zu den Aluminiumhalogeniden dimerisieren Indium- und Galliumhalogenide, wobei oftmals viergliedrige Ringe entstehen durch Verknüpfung der Zentralatome über Halogenid-Brücken. Ähnlich verhalten sich Alkyl-Metall-Verbindungen, z. B.

---

[2] Eine ähnliche Metall-Metallbindung wird außerdem noch in manchen scheinbar zweiwertigen Galliumverbindungen wie $S=Ga-Ga=S$ angenommen und tritt beim Cadmium allenfalls in einer Schmelze von $CdCl_2$ mit $Cd^\circ$ auf.

$$\begin{array}{ccc}
H_3C & CH_3 & CH_3 \\
 & \diagdown \diagup \cdots \diagdown \diagup & \\
 & Ga \qquad Ga & \\
 & \diagup \diagup \cdots \diagdown & \\
H_3C & CH_3 & CH_3
\end{array}$$

Galliumhydroxid ist noch deutlicher amphoter als $Al(OH)_3$; Indiumhydroxid ist dagegen stärker basisch. Indium(III)-oxid ist gelb, das oberhalb 100° bereits zerfallende Thallium(III)-Oxid braunschwarz. Da die dreiwertigen Zentral-Ionen in der $B_3$-Gruppe $d^{10}$, $p^0$-Konfiguration haben, können diese Farben nur aus Elektronenüberführungen stammen.

Zu den wichtigsten Kriterien der $B_3$-Gruppe gehört die vom Gallium zum Thallium *fallende Tendenz* zur dritten und entsprechend steigende Neigung zur ersten Valenzstufe. Einwertiges Galliumchlorid konnte noch nicht rein isoliert werden. In $Ga_2O$ und $Ga_2S$ treten nichtdaltonische Zusammensetzungen auf. Doch darf man echte Ga(I)-Ionen in jenen Schmelzen annehmen, die nach

$$2\,Ga^\circ + 4\,GaX_3 \longrightarrow 3\,\overset{+1}{Ga}\,[\overset{+3}{Ga}\,X_4]$$

entstehen. Auch die „Monohalogenide" InCl, InBr und InJ konnten hergestellt werden; zum Unterschied vom Thallium gibt es jedoch keine Indium(I)-Chemie im wäßrigen Medium.

Das letzte Mitglied der $B_3$-Gruppe, Thallium, neigt derart stark zur niederen Valenzstufe, daß $TlF_3$ bei 500°, $TlCl_3$ bei 40° und $TlBr_3$ bereits unterhalb 40° zu den entsprechenden einwertigen Halogeniden zerfallen. Ein Thallium(III)-jodid existiert nicht. Die Verbindung der Zusammensetzung $TlJ_3$ hat sich als ein Polyjodid des einwertigen Thalliums erwiesen und sollte $TlJ \cdot J_2$ geschrieben werden.

Thallium(I) kann in der Alaunstruktur $[\overset{+1}{A}(H_2O)_6]\,[\overset{+3}{M}(H_2O)_6]\,(SO_4)_2$ zwar ein Alkali-Ion A ersetzen, es kann jedoch nicht als Thalium(III) in das Kristallgitter eingebaut werden, im Gegensatz zu den leichteren Homologen, von denen man Indium- und Gallium-Alaune[3] kennt (M = $Al^{3+}$, $V^{3+}$, $Ti^{3+}$, $Mn^{3+}Cr^{3+}$, $Ga^{3+}$, $In^{3+}$).

Der Außenseiter-Charakter des Thalliums in der $B_3$-Gruppe äußert sich ferner in seiner Fähigkeit, Inselstrukturen zu bilden, z. B. $[Tl_2Cl_9]^{3-}$, welches strukturell dem $[W_2Cl_9]^{3-}$ analog ist.

---

[3] Somit kann auch ein angebliches Thallium(II)-sulfat nicht durch eine Alaunstruktur der Form $[\overset{+1}{Tl}(H_2O)_6]\,[\overset{+3}{Tl}\,(H_2O)_6]\,(SO_4)_2$ vorgetäuscht werden.

Einige Reaktionen des einwertigen Thalliums erinnern an die der Alkalimetalle, beispielsweise die hohe Fähigkeit des TlOH, Kohlendioxid zu binden. Das gelbe TlOH ist im übrigen recht gut wasserlöslich, aber doch eine schwächere Base als Kaliumhydroxid. Daß es sich schon bei 100° zum schwarzen Thallium(I)-oxid zersetzt, ist wieder typisch für ein Schwermetallhydroxid. Auch sind Thallium(I)-halogenide nicht mit denen der $A_1$-Gruppe, sondern allenfalls mit denen des Silbers zu vergleichen. Auf die ähnliche Farbfolge von TlCl — TlBr und TlJ mit den Blei- und Silberhalogeniden wurde bereits hingewiesen (s. S. 170). Das in Wasser schwerlösliche TlCl (vgl. AgCl) ist lichtempfindlich.

Farben, Schwerlöslichkeit und thermische Zersetzung der Thalliumverbindungen können als eine Folge des Schwermetallcharakters und insbesondere der Ionenpolarisation angesehen werden.

Abgesehen von ihrer oxidierenden Wirkung und thermischen Instabilität zeigen dagegen die dreiwertigen Thalliumsalze, die in wässriger Lösung echte Hexahydrate bilden können, eine formale Analogie zur Chemie des Aluminiums.

Insgesamt findet man jedoch mehr Unterschiedliches als Gemeinsames zwischen Thallium einerseits und den leichteren Homologen der $B_3$-Gruppe andererseits. Ähnlich wie das Quecksilber in der $B_2$-Gruppe ist in der $B_3$-Gruppe das Thallium das Metall der anomalen Eigenschaften.

Aus der vierten Gruppe ($B_4$) müssen β-*Zinn* und *Blei* in eine Besprechung der Metametalle einbezogen werden. Sie unterscheiden sich von den Halbmetallen Germanium und Silicium in wesentlichen physikalischen und chemischen Eigenschaften.

Auch in der $B_4$-Gruppe steht die von „oben nach unten" zunehmende Tendenz zur niederen Wertigkeit im Vordergrund. Zinn(II)-Salze wirken im wäßrigen System nur noch als mildes Reduktionsmittel. Im Gegegensatz zum $GeCl_2$ reagiert $SnCl_2$ mit Chlor nur langsam. $PbCl_2$ reagiert mit Chlor nur unter sehr energischen Bedingungen, während Blei(IV)-Chlorid leicht in $PbCl_2$ und $Cl_2$ zerfällt. Blei(IV)-bromid und -jodid sind unbekannt.

Auch in der vierten Gruppe kann von einer gewissen Cäsur zwischen dem letzten und dem vorletzten Homologen gesprochen werden. Blei fällt durch seine kubische Struktur aber auch durch die hochsymmetrischen Strukturen seiner Verbindungen auf (PbO, PbS usw. NaCl-Struktur, aber keineswegs ionogen).

Ein Analogon zur Mennige, $Pb_3O_4$, die man als „salzartiges" Blei(II)-orthoplumbat(IV) auffaßt, gibt es beim Zinn nicht. Die geringe Stabilität der Blei(IV)-Verbindungen, die als starke Oxidationsmittel verwendet werden, dokumentiert sich auch darin, daß man z. B. das Metallhydrid, $PbH_4$, nur in Spuren nachgewiesen hat.

Tabelle 48   **Charakteristische Unterschiede zwischen Metametallen und Halbmetallen**

| | Metametalle | Halbmetalle |
|---|---|---|
| 1 | Elektrische Leiter I. Klasse | Elektrische Leiter II. Klasse |
| 2 | Elektrische Leitfähigkeit vergleichbar mit der von Übergangsmetallen ($\sim 0,1$ [$\mu \Omega^{-1}$]) | Elektrische Leitfähigkeit sehr gering (meist $\sim 0,01$ [$\mu \Omega^{-1}$]) (Halbleiter) |
| 3 | Überwiegend noch duktil (z. T. sogar weich), silberweißer Metallglanz | Meist ausgesprochen spröde, z. T. auch hart, vielfach grauer Metallglanz |
| 4 | Besonders tiefe Schmelzpunkte, aber normales Schmelzverhalten | Vergleichsweise höhere Schmelzpunkte. Volumenanomalie am Schmelzpunkt bei Si, Ga, Ge, Bi |
| 5 | Mit Ausnahme von Thallium und Zinn nur e i n e Modifikation | Zahlreiche verschiedene Modifikationen an der Nichtmetallgrenze (z. B. Se, As, Sb) |
| 6 | Elektronegativität meist kleiner als 1,67 (korr. Paulingsche Skala [1961]) | Elektronegativität meist größer als 1,7 |
| 7 | Metametall-Oxide: **basisch** | Halbmetall-Oxide: **schwach sauer** |
| 8 | Salze mit polarisierter Ionenbindung (meist Schichtengitter), aber wenig flüchtig | Verbindungen mit Nichtmetallen noch weniger polar, und vielfach ausgesprochen flüchtig (z. B. AsCl₃, SbCl₃) |
| 9 | Niedere Koordinationszahlen z. B. 6+6 oder 4+8 statt 12 bei den echten Metallen; geringere Kristallsymmetrie (vgl. Schmelzpunkte) | N o c h geringere Kristallsymmetrie; Koordinationszahlen z. B. 4+12, 3+3, 2+4 usw., jedoch keine entsprechend tiefen Schmelzpunkte |

# V. Halbmetalle

|     | Si  |     |     |
|-----|-----|-----|-----|
| Ga  | Ge  | As  | Se  |
|     | α-Sn | Sb | Te  |
|     |     | Bi  | Po  |

Die in $B_3$ bis $B_7$ noch verbleibenden Metalle sind ausnahmslos Metalle von geringer Kristallsymmetrie und elektrischer Leitfähigkeit; einige werden auch technisch als Halbleiter verwendet.

Ihre große strukturelle Ähnlichkeit mit den Nichtmetallen (z. B. Diamantgitter bei Si, Ge, α-Sn; $As_4$- und $Se_8$-Moleküle) einerseits und ihre weitgehende Elektronendelokalisierung andererseits lassen sie als Übergangselemente zwischen den Metallen und den Nichtmetallen erscheinen.

Die Abgrenzung der Halbmetalle von den Nichtmetallen ist in auffälliger Weise gekennzeichnet durch das Auftreten verschiedener Modifikationen (Polymorphie, auch „Allotropie"). „Grenzelemente" wie Arsen und Selen treten in metallähnlichen und nichtmetallartigen Formen auf. Nach diesen Kriterien kann man leicht einen „Grenzstreifen" im periodischen System ziehen, der die Metalle von den Nichtmetallen trennt und etwa in der Diagnonalen Kohlenstoff-Phosphor-Selen verläuft.

Während die Diamantstruktur des Kohlenstoffs aufgrund der symmetrischen Koordination (kubisches Kristallsystem) und der strengen Lokalisierung der Elektronen in den Bindungen als die „nichtmetallische Form" betrachtet wird, stellt die Graphitstruktur mit ihrer teilweisen Elektronen-Delokalisierung bereits einen Übergang zu metallartigen Eigenschaften dar.

Ebenso hat das Resonanzgitter des schwarzen und violetten Phosphors das Charakteristikum einer gewissen Elektronen-Delokalisierung mit den Metallen gemeinsam während der aus $P_4$-Molekülen bestehende weiße Phosphor die *nichtmetallische* Form darstellt.

In der $B_6$-Gruppe ist *Selen* das Übergangsglied. Seine graue, halbmetallische Modifikation wird zur Herstellung von Gleichrichtern und Photozellen verwendet. Nach der *Ostwald*schen *Stufenregel* (vgl. hierzu jedoch S. 145) fällt das Element bei der Reduktion von Selen(IV)-Lösungen stets in einer seiner *roten,* in Schwefelkohlenstoff löslichen, Modifikationen aus, die sich — analog zum Schwefel — aus $Se_8$-Ringen aufbauen.

In der Gruppe der *Halogene* verrät allenfalls das Jod einen gewissen Metallcharakter im chemischen Verhalten, wie das z. B. bei Jod(I)-Salzen vom Typ $[J(py)_2]ClO_4$ der Fall ist. Eine echte, etwa halbleitende Metallmodifikation kennt das Jod jedoch nicht, obwohl man an seinen Kristallen erstmals eine „anomale Dispersion" festgestellt hat

(s. S. 188). Auch die blaue Einschlußverbindung des Jods mit Amylose („lösliche Stärke"), in denen Jod-Atomketten mit dem Einheitsabstand von 3,06 Å vorliegen, kann nur als *Modell* einer metallartigen Struktur, nicht hingegen als eine metallverwandte Modifikation betrachtet werden.

Tabelle 49   **Zur „Grenze" zwischen Metametallen und Halbmetallen**
$\Delta V$ = Volumenänderung in der Nähe oder am Schmelzpunkt.
Halbmetalle unmittelbar rechts der Grenzlinie zeigen eine
*Schmelzanomalie* ($\Delta V$ negativ)

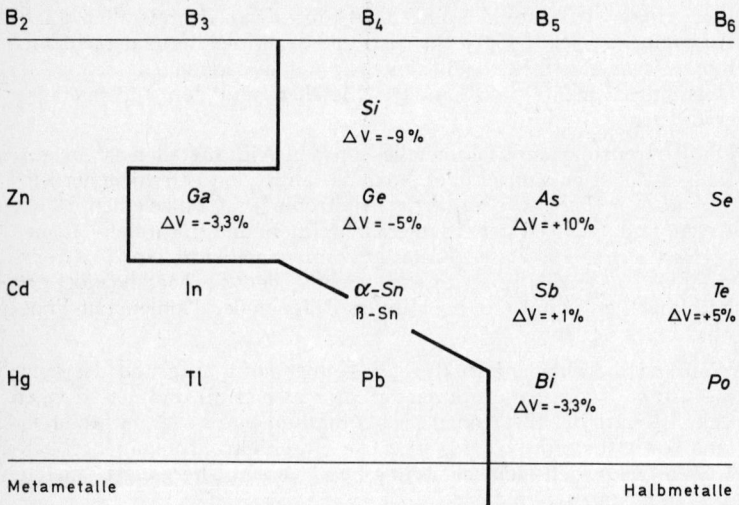

| $B_2$ | $B_3$ | $B_4$ | $B_5$ | $B_6$ |
|---|---|---|---|---|
| | | *Si* <br> $\Delta V = -9\%$ | | |
| Zn | *Ga* <br> $\Delta V = -3,3\%$ | *Ge* <br> $\Delta V = -5\%$ | *As* <br> $\Delta V = +10\%$ | *Se* |
| Cd | In | $\alpha$-*Sn* <br> $\beta$-Sn | *Sb* <br> $\Delta V = +1\%$ | *Te* <br> $\Delta V = +5\%$ |
| Hg | Tl | Pb | *Bi* <br> $\Delta V = -3,3\%$ | *Po* |

Metametalle                                                      Halbmetalle

Die *linke* Grenze der Halbmetalle zu den benachbarten Metametallen ist nicht so leicht zu ziehen. Wenn man berücksichtigt, daß Gallium wegen seiner physikalischen Eigenschaften zu den Halbmetallen gerechnet werden muß, verläuft die Grenzlinie zwischen β-Zinn (metametallische Form) und der Diamantstruktur des α-Zinns, und weiter zwischen Blei (Metametall) und Wismut (Halbmetall) (Tab. 49).

Diese Grenzlinie ist dadurch gekennzeichnet, daß die unmittelbar rechts davon stehenden Halbmetalle an ihren Schmelzpunkten eine deutliche *Anomalie* zeigen, indem eine mehr oder minder große *Volumenkontraktion* auftritt (vgl. $H_2O$). Auch die „atomaren elektrischen Leitfähigkeiten" (Produkt aus spez. Leitfähigkeit und Atomgewicht) erfahren in Schmelzpunktsnähe vielfach eine sprunghafte Änderung.

Die wichtigste Eigenschaft dieser Metalle an der Nichtmetallgrenze, die trotz niedriger Koordination und Kristallsymmetrie höhere Schmelzpunkte haben als die Metametalle, ist daneben wohl ihre Fähigkeit, als *Halbleiter* zu fungieren (vgl. Tab. 50).

Tabelle 50 **Koordinationszahlen und elektrische Leitfähigkeit** (in $\mu\Omega^{-1}$, vgl Abb. 45) **der Metametalle und der Halbmetalle**

| | | | | | |
|---|---|---|---|---|---|
| Be<br>6 + 6<br>*0,25* | B<br><br>$10^{-12}$ | C<br>Diamant: 4 + 12<br>Graphit: 3 + 6<br>*Graphit : 0,0007* | | | Nichtmetalle |
| Mg<br>6 + 6<br>*0,224* | Al<br>12<br>*0,382* | Si<br>4 + 12<br>*0,10* | P schwarz<br>2 + 1 + 2 | $S_8$ | |
| Cu<br>12<br>*0,593* | Zn<br>6 + 6<br>*0,167* | Ga<br>1 + 2 + 2 + 2<br>*0,058* | Ge<br>4 + 12<br>*0,022* | As<br>3 + 3<br>*0,029* | Se<br>2 + 4<br>*0,08* |
| Ag<br>12<br>*0,616* | Cd<br>6 + 6<br>*0,146* | In<br>4 + 8<br>*0,111* | α -Sn<br>4 + 12<br>β -Sn<br>4 + 2 + 4<br>*0,088* | Sb<br>3 + 3<br>*0,026* | Te<br>2 + 4<br>*0,06* |
| Au<br>12<br>*0,42* | Ha<br>6 + 6<br>*0,011* | Tl<br>α : 6 + 6<br>β : 8<br>*0,055* | Pb<br>12<br>*0,046* | Bi<br>3 + 3<br>*0,009* | Po<br>6 + 12<br>*0,02* |

$J_2$

# V. 1. Halbleiter

Halbleiter haben eine sehr geringe elektrische Leitfähigkeit und zeichnen sich dabei durch einen negativen Temperaturkoeffizienten des elektrischen Widerstands aus. Während sich bei allen echten Metallen (einschließlich der Metametalle )der elektrische Widerstand mit steigender Temperatur erhöht („Leiter I. Klasse": $R = R_0$ [1 +αT]). sinkt bei den Halbleitern, ähnlich wie bei den Elektrolyten, der elektrische Widerstand mit steigender Temperatur. Die Halbleiter sind daher „Leiter II. Klasse" ($R = R_0$ [1 −αT]). Dies deutet bereits auf eine Abhängigkeit der Elektronenleitung von der Kristallstruktur und von der thermischen Bewegung der Atome.

Elektrische Leiter I. Klasse verfügen stets über genügend Orbitale für ihre Valenzelektronen. Soweit das Valenzband bereits besetzt ist, besteht eine Überlappung mit dem energetisch folgenden Leitfähigkeitsband und somit eine völlige Delokalisierung der Elektronen.

Beim Nichtleiter (Isolator) sind jedoch Valenzband und Leitfähigkeitsband durch eine breite „verbotene Zone" getrennt. Außerdem ist das Valenzband voll gefüllt, d. h. die Elektronen sind an den Raum der Atome, die sie miteinander verbinden, gebunden; sie sind also mehr oder minder streng lokalisiert. Die zum Überspringen der verbotenen Zone nötige Energie steht nicht zur Verfügung.

Es kann nun der Sonderfall bestehen, daß eine Struktur eine besonders schmale „verbotene Zone" bewirkt. Dann könnte unter dem Einfluß zugeführter Energie (z. B. Licht) es einigen wenigen Elektronen gelingen, diese Zone zu überspringen. Daraus würde sich eine allerdings sehr geringe elektrische Leitfähigkeit ergeben.

Sehr viel wahrscheinlicher ist jedoch die Existenz einer an sich unüberwindbaren verbotenen Zone, die aber *nicht überall* in der Struktur des Halbleiters besteht. Dort, wo etwa ein fremdes Atom als „Verunreinigung" eingebaut ist, kann aus einem entsprechend verschobenen Leitfähigkeitsband eine Art „Brücke" für Metallelektronen existieren. Die Zahl dieser Brücken ist jedoch im Vergleich zur Gesamtzahl der Metallelektronen sehr klein. Es ergibt sich also auch nach diesem Modell eine nur geringe elektrische Leitfähigkeit.

Bei höherer Temperatur führen die Metallatome zunehmend stärkere Schwingungen aus, was zu einer Verschiebung der Valenz- und Leitfähigkeitsbänder auf der Energieskala führt. Dadurch wird die Wahrscheinlichkeit der im Valenzband lokalisierten Elektronen, gelegentlich in das Leitfähigkeitsband zu geraten, mit höherer Temperatur größer und entsprechend fällt der elektrische Widerstand (bei der viel größeren elektrischen Leitfähigkeit der echten Metalle wirkt die gleiche Temperaturbewegung störend auf die Elektronenübertragungen und bei höherer Temperatur ist der Widerstand größer).

Tatsächlich wäre die verbotene Zone im Germanium-Halbleiter praktisch unüberwindbar, sofern das Germanium kein einziges Fremdatom besäße. Die Anwesenheit von nur einem Fremdatom auf eine Million Germaniumatome genügt jedoch, den Effekt der Halbleitung auszulösen. *Zuviel* fremde Stoffe würden den Effekt wieder löschen.

Das fremde Atom im Germanium könnte beispielsweise ein *Arsenatom* sein, welches fünf Außenelektronen ins Spiel bringt. Dann ist das System durch Überschuß-Elektronen ein Halbleiter vom „n-Typ"[1] geworden („Überschuß-Halbleiter"). Umgekehrt würde ein *Thalliumatom* mit nur drei Elektronen ein Defizit an Elektronen erzeugen (Halbleiter vom „p-Typ" oder Elektronenmangel-Halbleiter).

Dies führt zwangsläufig zu einer Anwendung der Grimm-Sommerfeldschen Regel (vgl. S. 158), wonach sich eine Diamantstruktur wie die des Germaniums oder Siliciums aufbauen ließe aus gleichen Teilen von Atomen der $B_3$- und der $B_5$-Gruppe, also z. B. aus den Systemen AlSb, GaAs, InSb. Tatsächlich tritt bei diesen Verbindungen bei ausreichender Reinheit der Halbleitereffekt auf, so daß sie das kaum noch verfügbare Germanium ersetzen könnten.

---

[1] n-Typ: negativ; p-Typ: positiv.

echtes Metall

Valenzband (unten) und Leitfähigkeitsband (oben) können sich bei echten Metallen überlappen, so daß eine Elektronendelokalisierung auch dann möglich ist, wenn für n Orbitale im Valenzband mehr als 2n Elektronen vorhanden sind.

Der elektrische Widerstand nimmt mit höherer Temperatur ab.

Halbleiter

( Leiter II Kl.)

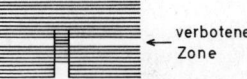

Zwischen dem voll besetzten Valenzband (unten) und den noch unbesetzten Orbitalen höherer angeregter Zustände besteht entweder eine schmale und ggf. überwindbare „verbotene Zone" oder es gibt infolge von Gitterfehlstellen vereinzelte „Brücken" über die verbotene Zone.

Der elektrische Widerstand nimmt mit höherer Temperatur zu.

Nichtmetall

(Isolator)

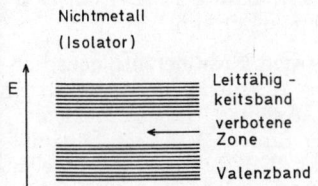

Valenzband und Leitfähigkeitsband sind bei streng lokalisierten Elektronen in den Atombindungen voll besetzt. Die verbotenen Zonen sind normalerweise nicht überwindbar, so daß keine Elektronen in höhere unbesetzte Orbitale gelangen können.

Abb. 81   „Bänder-Modell" für Metalle, Halbleiter und Nichtmetalle.

# V. 2. Zur Chemie der Halbmetalle

Die *Elektronegativität* der Halbmetalle liegt nach der Paulingschen Skala zwischen 1,8 (Si) und 2,4 (Se) und damit sowohl im Bereich der Elektronegativität von Metallen, wie auch von Nichtmetallen. Die chemischen Eigenschaften der Metalle *Bor* und *Silicium* sind praktisch die der reinen Nichtmetalle, so daß sie hier nicht ausführlich erörtert werden, ebenso wie die des Galliums, welches eine gewisse chemische Verwandtschaft zu den Metametallen zeigt.

In der vierten Gruppe sind *Silicium, Germanium* und *Zinn* zu kovalenten Bindungen vom sp³-Typ befähigt und bilden mit vierbindigen Zentralatomen zahlreiche metallorganische Verbindungen.

Die Neigung zur Kettenbildung liegt weit unter der des Kohlenstoffs; sie nimmt (bezogen auf die Energie der M-M-Bindung von 42 (Si-Si), über 40 (Ge-Ge) bis 37 (Sn-Sn) kcal/Mol ab (vgl. Kohlenstoff: C—C 83 kcal/Mol). Im Gegensatz zum Kohlenstoff bilden Silicium, Germanium und Zinn auch keine $p_\pi$-Mehrfachbindungen, ebenso wie nach der „Doppelbindungsregel" (S. 182) die Oxide Raumnetzstrukturen haben.

Diese Oxide variieren vom schwach sauren $SiO_2 \cdot aq$ über das weniger saure Germaniumdioxidhydrat zur amphoteren „Zinnsäure".

Von einer Reproduktion der umfangreichen Siliciumchemie (vgl. Silikate, Silicone usw.) beim Germanium und beim Zinn kann nicht die Rede sein. Dazu ist die Entwicklung des Metallcharakters vom halbleitenden Silicium zum Metametall β-Zinn zu deutlich.

In der $B_5$-Gruppe dominieren die chemischen Nichtmetall Eigenschaften etwa bis zum Antimon. Die Tendenz zur niederen Wertigkeit ist bis dahin noch nicht so stark ausgeprägt. Arsenat(III) (sog. „Arsenit") und Antimonat(III) lassen sich leicht zur fünften Valenzstufe oxidieren. Zur Darstellung von Bismutat(V), z. B. $K(BiO_3)$, sind hingegen stärkste Oxidationsmittel erforderlich. Entsprechend ist $K(BiO_3)$, ein sehr starkes Oxidationsmittel.

Die Entwicklung vom nichtmetallischen Phosphor zum halbmetallischen Antimon dokumentiert sich auch darin, daß die (einwertige) Antimonsäure einen Hydroxokomplex, $H[Sb(OH)_6]$, darstellt, im Gegensatz zur dreiwertigen Phosphorsäure, $H_3PO_4$. In der dritten Valenzstufe liegt mehr ein Oxidhydrat, $Sb_2O_3 \cdot aq$, als eine definierte „antimonige Säure" vor. Das scheinbare Antimon(IV)-oxid, $Sb_2O_4$, hat sich als valenzgemischtes Antimon(III)-antimonat(V) von der Formel $Sb(SbO_4)$ erwiesen (s. S. 66).

Die dreiwertigen Metall-Ionen, die in der $B_3$-Gruppe noch als definierte Hydrate vorliegen, neigen bereits zur Bildung von Oxo-Ionen, den sog. „basischen Metall-Ionen". In der $B_5$-Gruppe hat besonders die Gruppierung $(SbO)^+$ („Antimonyl-") und $(BiO)^+$ („Bismutyl-") Bedeutung. So führt die Säure-Base-Reaktion mit Wasser („Hydrolyse") der dreiwertigen Chloride bei $PCl_3$ sofort zur phosphorigen Säure, bei $AsCl_3$ zuerst zu einer Lösung, aus der bald $As_2O_3$ ausfällt, während $SbCl_3$ und $BiCl_3$ unter Bildung von SbOCl bzw. BiOCl hydrolysieren.

Tabelle 51  **Eigenschaften von Halbmetallen und Nichtmetallen**

| Halbmetalle | Nichtmetalle |
|---|---|
| Sehr geringe elektrische Leitfähigkeit, Leiter II. Klasse (negative Temperatur-Koeffizienten) | Absolute Isolatoren |
| Grauer Metallglanz, anomale Dispersion | Keine anomale Dispersion, charakteristische Farben |
| Einatomige Metallstrukturen von relativ geringer Symmetrie (Koordinationszahlen 3 und weniger ) | Mehratomige Moleküle (Ausnahme: Edelgase); Molekül-gitter |
| Spröde, relativ hart, spaltbar | Spröde Festkörper, jedoch extreme Härte bei Diamant |
| Ausnahmslos fest bei Raumtemperatur | Von 19 Nichtmetallen sind bei Raumtemperatur 11 gasför-mig; Brom ist flüssig |
| Volumenkontraktion in der Nähe der Schmelzpunkte von Ga, Ge, Si, Bi, Te | Keine Schmelzanomalie |
| Halbmetalloxide: schwach sauer | Nichtmetalloxide: stark sauer |
| Hohe Elektronegativität (etwa 1,7 bis 2,0) | Größte Elektronegativitätswerte des Systems ($>2,0$); |
| daher z. B. intermetallische Phasen mit Alkali- und Erd-alkalimetallen | mit Alkali- und Erdalkalimetallen: salzartige Verbindungen oder wasserlösliche Salze |

Der Außenseiter-Charakter des Wismuts äußert sich auch darin, daß die Bismutate(V) unbeständig sind und das Hydrid $BiH_3$, nur in Spuren nachgewiesen worden ist. Wismuthydroxid, $Bi(OH)_3 \cdot$ aq, ist eine zwar schwer lösliche, aber nicht amphotere Base, während die Oxide der leichteren Homologen mit Wasser sauer reagieren.

Aus der $B_6$-Gruppe sind noch die Halbmetalle *Selen* und *Tellur*, sowie evtl. *Polonium* zu diskutieren. Sie unterscheiden sich vom Schwefel durch die wachsende Neigung zur höheren Koordinationszahl 6, ihre Fähigkeit, anionische Komplexe wie $(SeBr_6)^{2-}$, $(TeBr_6)^{2-}$ und $(PoJ_6)^{2-}$ zu bilden, sowie die zunehmende Tendenz zur niederen Wertigkeit $+4$.

Selenige Säure ist bereits ein mäßig starkes Oxidationsmittel und wird von $H_2SO_3$ glatt zu rotem Selen reduziert. Die Selensäure ist sehr viel weniger beständig als Schwefelsäure. Bei der zweiwertigen, sehr schwachen Tellursäure, $Te(OH)_6$, (mit den Salzen $M[TeO(OH)_5]$ und $M_2[TeO_2(OH)_4]$) ist jede formale Übereinstimmung mit der Schwefelsäure verloren gegangen.

Während die beiden roten, in Schwefelkohlenstoff löslichen Formen des Selens denen des Schwefels analog sind, ist das *graue Selen* (mit ausgesprochener Photoleitfähigkeit) strukturell mit dem halbmetallischen Tellur verwandt. Es bildet mit Tellur eine *lückenlose Mischkristallreihe*.

In der Dampfform existieren *paramagnetische* $Se_2$- und $Te_2$-Moleküle in einer höheren Konzentration als beim Schwefeldampf.

Mit zunehmendem Metallcharakter, also in Richtung vom Selen zum Polonium, nimmt die thermische Beständigkeit der Wasserstoff-Verbindungen ab, ($TeH_2$ ist endotherm) und sinkt die Elektronegativität. Die Dioxide $TeO_2$ und $PoO_2$ haben daher schon fast ionische Koordinationsgitter.

# W. Nichtmetalle

Auf den „Außenseiter-Charakter" der Nichtmetalle der ersten Kurzperiode ist bereits hingewiesen worden. Innerhalb dieser Reihe kann man nun das Bor wieder als einen Sonderfall diskutieren.

Bor läßt sich weder strukturell noch nach seinen chemischen Eigenschaften mit irgendeinem anderen Nichtmetall vergleichen. Seine Verbindungen sind oft „Elektronenmangel-Verbindungen" in denen das Zentralatom nicht das Lewis-Oktett (vgl. S. 64) erreicht. Wegen der Elektronenlücke am Bor-Atom ergeben sich ausgeprägte „Lewis-Säuren". Ein Musterbeispiel dafür ist Bortrifluorid, welches bereitwillig die „Lewis-Base" $NH_3$ anlagert unter Bildung der Additionsverbindung $F_3B\text{-}NH_3$. Wegen der formalen Bildung aus einer „Lewis-Säure" (= Elektronenpaar-Akzeptor) und einer „Lewis-Base" (= Elektronenpaar-Donator) bezeichnet man dieses Addukt auch als „Lewis-Salz", obwohl von einer Ionenbindung darin nicht die Rede sein kann.

$$
\begin{array}{c}
\quad F \qquad\quad H \\
\quad | \qquad\quad\ | \\
F-B \ +\ \ N-H \ \rightleftharpoons \ F-B-N-H \\
\quad | \qquad\quad\ | \\
\quad F \qquad\quad H
\end{array}
$$

Der Kohlenstoff zeichnet sich gegenüber den anderen Mitgliedern der $B_4$-Gruppe durch seinen extrem kleinen Atomradius aus[1], der in erster Linie die große Härte des Diamants bedingt, welche die von Korund um das 140fache übersteigt[2].

Von der $B_5$-Gruppe an wird die in den Vertikalen ansteigende Acidität der Wasserstoffverbindungen deutlich. Während Ammoniak noch eine ausgeprägte Base ist, gilt dies weit weniger für die Phosphine; vom Arsenwasserstoff an tritt die Dissoziation der Protonen und damit der saure Charakter der Nichtmetall-Wasserstoffverbindungen immer mehr hervor.

Ebenso folgen in der $B_6$-Gruppe auf das „amphotere" Wasser[3] in der Reihenfolge wachsender Acidität die Chalkogenwasserstoffe $H_2S$, $H_2Se$ und $H_2Te$ (vgl. Tabelle 52). Auch bei den Halogenwasserstoffen steigt die Acidität vom Fluorwasserstoff zum Jodwasserstoff an, was im übrigen der Tatsache nicht widerspricht, daß alle Halogenwasserstoffe, mit Ausnahme von HF, im wässrigen Medium gleichstarke Säuren bilden.

---

[1] Atomradien [Å]: $C^° = 0,77$, $Si^° = 1,17$, $Ge^° = 1,22$

[2] bezogen auf die „relative Schleiffestigkeit" nach Rosival (Basis: Quarz = 100) Korund = 833, Diamant = 117 000: Werte in Vickers Härte [kg/mm²]: Korund = 2100, Diamant = 10 000.

[3] $H_2O$ ist sowohl eine überaus schwache Säure als auch eine überaus schwache Base (Amphoterie).

**Tabelle 52  pK$_s$-Werte als Maß der Acidität von Nichtmetall-Wasserstoffverbindungen**

| | | | |
|---|---|---|---|
| NH$_3$ | H$_2$O | HF | ↑ |
| 9,25 | 15,74 | 3,14 | |
| PH$_3$ | H$_2$S | HCl | |
| ∼0 | 6,9 | –3,0 | |
| AsH$_3$ | H$_2$Se | HBr | |
| | 3,77 | –6,0 | |
| SbH$_3$ | H$_2$Te | HJ | |
| | 2,64 | –8,0 | |

*Acidität* (vertikaler Pfeil nach unten links)  —— Acidität ——→  *thermische Stabilität* (vertikal rechts)

(sehr starke Säuren: pK$_s$ < 0; starke Säuren pK$_s$ 0 bis 4,5; schwache Säuren: 4,5 bis 9,0; sehr schwache Säuren: 9,0 bis 14,0)

Da die Atomabstände in den Molekülen der Wasserstoff-Verbindungen beim Übergang zu höheren Homologen (z. B. S → Se → Te oder Cl → Br → J) größer werden, nimmt auch in gleicher Reihenfolge die thermische Stabilität der entsprechenden Wasserstoffverbindungen ab. Analog verhalten sich die Alkalimetallhydride, deren thermische Stabilität in der Reihe Li → Na → K abnimmt (vgl. S. 193).

# W. 1.  Wasserstoffverbindungen und Assoziation

Am Beispiel der Nichtmetall-Wasserstoffverbindungen soll nun auf eine wichtige Erscheinung aufmerksam gemacht werden, welche ebenfalls als unterscheidendes Kriterium zwischen den Nichtmetallen der ersten Kurzperiode und ihren Homologen betrachtet werden darf.

Fluorwasserstoff, Wasser und Ammoniak fallen mit ihren hohen Siedepunkten auffällig aus der Reihe der übrigen Wasserstoffverbindungen heraus (vgl. Abb. 84), was auf einer *Assoziation* der Einzelmoleküle zu größeren Aggregaten durch „Wasserstoffbrücken" beruht. Damit soll aber nicht gesagt sein, daß sich dieser Effekt nur auf *H-Brücken* beschränkte.

Für den Spezialfall beim Wasser beschreibt Abb. 83 anschaulich, wie die Wasserstoffbrücke an den beiden freien Elektronenpaaren des Sauerstoffatoms angreifen kann.

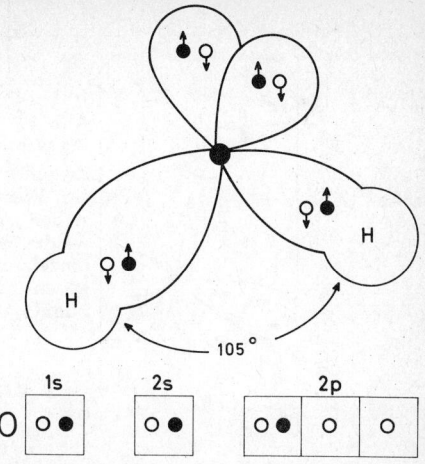

**Abb. 82** Valenzzustand eines „angeregten" und *formal* zweifach positiven Sauerstoffatoms, aus dem vier, in die Ecken eines Tetraeders gerichtete „Elektronenwolken" hervorgehen. Zwei davon sind allerdings die doppelt besetzten Orbitale 2s und 2p, welche über Wasserstoffbrücken noch van-der-Waalssche Bindungen zu Nachbarmolekülen ausbilden können.

Obwohl das Sauerstoffatom in seinem zweibindigen Valenzzustand zwei doppelt besetzte Orbitale ($2s^2$ und $2p^2$) besitzt, bekommen diese in der Bindung dennoch quasi die „Form" von $sp^3$-Hybriden, wie sie ähnlich beim vierbindigen Kohlenstoffatom vorliegen. Man kann sich dies leicht aus dem „Valenzzustand" eines formal zweifach positiven Sauerstoffatoms nach Abb. 82 ableiten. Trotz der vollen Besetzung dieser beiden Orbitale sind gewisse Wechselwirkungen mit benachbarten Wassermolekülen über Wasserstoffbrücken möglich; dies führt bei $\sim + 4°$ C zu einer Aggregation, in der das tetramere Assoziat $(H_2O)_4$ etwa die größte Häufigkeit hat.

Ähnlich besitzt das doppelt besetzte 2s-Orbital im *Ammoniakmolekül* die Form eines $sp^3$-Hybrids und ist in die Ecke eines Tetraeders gerichtet, dessen übrige drei Ecken von Wasserstoffatomen besetzt sind. Auch dieses, weit in den Raum hinausreichende Elektronenpaar bildet leicht mit dem Wasserstoffatom eines Nachbarmoleküls eine Brücke. Auf diese Weise entstehen Assoziate wie sie im flüssigen Ammoniak vorliegen (Siedepunkt $NH_3 = -33,4°$ C).

Die Wasserstoffverbindungen $NH_3$, $H_2O$ und HF gelten als stark „polare Lösungsmittel" und fallen durch ihre hohen Dielektrizitätskonstanten auf:

$$NH_3 = 22,4 \; (-33,4°); \; H_2O = 78,54 \; (25°); \; (HF)_x = 83,6 \; (0°).$$

Sie sind in hohem Maße befähigt, Salze und salzartige Ionenverbindungen zu lösen.

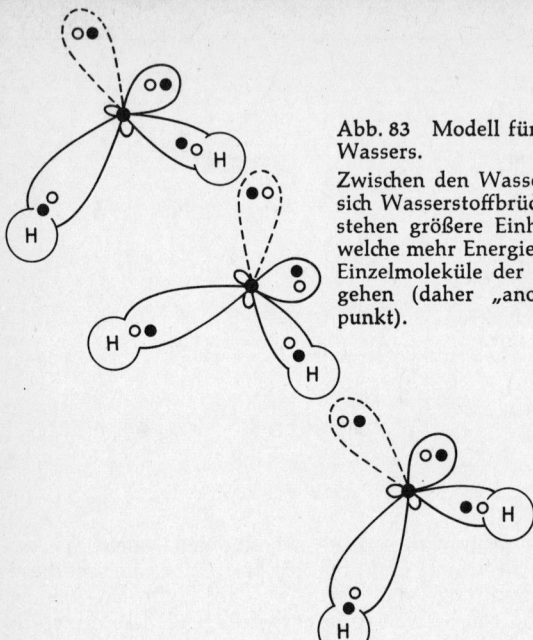

**Abb. 83**  Modell für die Assoziation des Wassers.

Zwischen den Wasser-Tetraedern bilden sich Wasserstoffbrücken aus und es entstehen größere Einheiten („Assoziate"), welche mehr Energie brauchen, um in die Einzelmoleküle der Dampfform überzugehen (daher „anomal" hoher Siedepunkt).

Wasserstruktur  schematisch :

# W. 2.  Die Halogene

Die $B_7$-Gruppe enthält im Gegensatz zu den voranstehenden chemischen Familien (vielleicht mit Ausnahme des noch wenig bekannten Astatins) nur Nichtmetalle, und hier ist — ähnlich wie bei den Alkali- und Erdalkalimetallen — eine ungebrochene Systematik der chemischen Eigenschaften möglich.

Die wesentlichste gemeinsame chemische Eigenschaft der Halogene entspringt ihrer $p^5$-Konfiguration. Sie haben nur *ein* Elektron aufzunehmen, um die „Edelgaskonfiguration" $p^6$ zu erreichen. Damit wer-

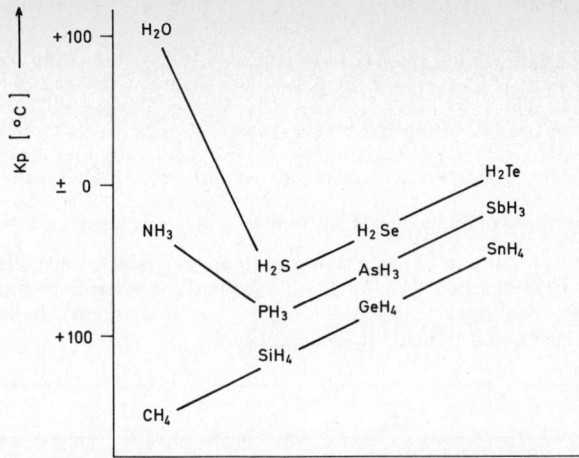

**Abb. 84**  Siedepunkte (Kp) der Wasserstoffverbindungen von $B_4$-, $B_5$- und $B_6$-Elementen (schematisiert).

Der Anstieg der Siedepunkte mit steigendem Gewicht des Nichtmetalls beruht auf den zunehmenden van-der-Waalsschen Kräften. Die „unerwartet" hohen Siedepunkte von $H_2O$ und $NH_3$ erklären sich dagegen aus der — durch Wasserstoffbrücken bedingten — *Assoziation* der Moleküle.

---

den die Halogenid- und Alkalimetall-Ionen isoster (isoelektronisch) zu dem jeweiligen Edelgasatom, welches sie im periodischen System zwischen sich einschließen, z. B.

$$\text{Radius} = \begin{array}{ccc} _9F^- & _{10}Ne^\circ & _{11}Na^+ \\ 1,36 & 1,31 & 0,95 \quad Å \end{array}$$

$$\text{Radius} = \begin{array}{ccc} _{17}Cl^- & _{18}Ar^\circ & _{19}K^+ \\ 1,81 & 1,74 & 1,33 \quad Å \end{array}$$

$$\text{Radius} = \begin{array}{ccc} _{35}Br^- & _{36}Kr^\circ & _{37}Rb^+ \\ 1,95 & 1,89 & 1,48 \end{array}$$

Solche Ionen werden damit jedoch keineswegs in ihrer Größe (Ionenradius) oder in anderen Eigenschaften (z. B. im Streufaktor für Röntgenstrahlen) völlig identisch, weil nicht nur die formale „Konfiguration" der Elektronenhülle, sondern ihre genaue Struktur dafür maßgebend ist.

Die Nähe der Konfiguration $p^5$ zu $p^6$ bedingt mit Einschränkungen die große Elektronenaffinität und Reaktivität der Halogene. Unter der „Elektronenaffinität" ist dabei diejenige Energie zu verstehen, die frei wird, wenn ein isoliertes (d. h. „gasförmiges") Halogen-Atom ein ebenso isoliertes Halogen-Ion bildet, indem es ein Elektron aufnimmt (s. S. 110).

Dies ist nur bei den Halogen-Atomen ein exergonischer (exothermer) Prozeß. Bei mehrwertigen Elementen würde mit der Aufnahme des ersten Elektrons ein negatives Ion entstehen, welches der Eingliederung eines weiteren Elektrons einen Widerstand entgegensetzt, so daß dann eine insgesamt negative Summe der Elektronenaffinitäten resultiert.

Im Gegensatz zu den Werten der „Elektronegativität", beispielsweise nach der Paulingschen Originalskala oder nach neueren Berechnungen gemäß der Paulingschen Methode (Ziffern in Klammern), liefern die *Elektronenaffinitäten* keine homologe Reihe:

|  | F | Cl | Br | J |
|---|---|---|---|---|
| Elektronegativität nach PAULING | 4,0 | 3,0 | 2,8 | 2,5 |
| Korr. (1961) (eV) | (4,1) | (2,83) | (2,74) | (2,21) |
| Elektronenaffinität in eV | 3,6 | 3,8 | 3,6 | 3,2 |

Das Fluor, dem man die größte Elektronegativität zuschreibt, ist nicht nur Außenseiter in seiner Gruppe, sondern überhaupt das Element mit den extremsten Eigenschaften im ganzen Periodensystem. Es gilt als *das* aktivste Nichtmetall, und es galt bisher als unabdingbar, daß Fluoratome stets die Oxidationszahl $-1$ in einer Fluorverbindungen haben müssen. So ist das angebliche „Difluoroxid", $F_2O$, sicherlich ein Sauerstoffdifluorid, entsprechend seinem chemischen Verhalten, worin es von $Cl_2O$ entscheidend abweicht.

$$\overset{+2-1}{O}\overset{}{F_2} + \overset{+1-2}{H_2O} \longrightarrow 2\,H^+ + 2\,F^- + O_2$$

$$\overset{+1-2}{Cl_2O} + H_2O \longrightarrow 2\,H^+ + 2\,\overset{+1}{Cl}O^-$$

Seitdem man jedoch Hinweise für die Existenz einer „unterfluorigen Säure", HFO, besitzt,[4] scheint dieses Dogma durchbrochen zu sein. Man darf Werte der Elektronegativität sowieso nicht als absolut ansehen, sondern muß konzidieren, daß die Elektronegativität eines Atoms nicht ganz unabhängig ist von seinen Verbindungspartnern.

Gegenüber Metallen verhält sich Fluor ausnahmslos als elektronegativster Verbindungspartner, und man sollte annehmen, daß es einem

---

[4] Studier und Appelman (1971).

Metallatom stets die größtmögliche Zahl an Valenzelektronen entreißen kann. Folglich sollten die höchsten Wertigkeitsstufen der Übergangsmetalle in den Fluor-Verbindungen auftreten. Dies ist auch in den Fluorokomplexen von Nickel und Kupfer, $K_2[NiF_6]$ und $K_3[CuF_6]$ der Fall. Dagegen kennt man kein Osmium-Oktafluorid, $OsF_8$, und Kobalt erreicht seine höchste Oxidationsstufe vielleicht nicht im anfang vermuteten Hexafluorokomplex, sondern in einem Oxokomplex[5] etwa $K_3$ $(CoO_4)$ (s. S. 73).

Trotzdem ist das Modell vom Zusammenhang zwischen Metallvalenz und Elektronegativität des Halogens recht anschaulich. Es läßt verstehen, daß die Übergangsmetallhalogenide in der Reihenfolge Fluorid < Chlorid < Bromid < Jodid zur tieferen Valenzstufe neigen, daß ferner die höheren Halogenide vielfach thermisch labil sind und sich zu einem Halogenid der niederen Stufe zersetzen. So kennt man z. B. beim Kupfer weder ein binäres Kupfer(I)-Fluorid, noch ein Kupfer(II)-Jodid.

Das senfgelbe Kupfer(II)-chlorid erfährt oberhalb 500° einen Abbau über eine schwarze, valenzgemischte Phase nach

$$2\ CuCl_2 \xrightarrow{\ 500°\ } 2\ CuCl + Cl_2,$$

und eine analoge Reaktion führt bei $\sim 310°$ zum Abbau des schwarzen Kupfer(II)-bromids.

Tabelle 53 gibt hierzu ein weiteres Beispiel an Hand der verschiedenen Vanadiumhalogenide, bei denen mit abnehmender Elektronegativität des Halogens die maximal erreichte Oxidationsstufe deutlich abfällt.

In der Reaktion von Metallhalogeniden mit einem freien Halogen wirkt das Halogen der höchsten Elektronegativität als Oxidationsmittel, z. B. $KJ + Cl_2 \rightarrow 2\ KCl + J_2$.

Eine ähnliche oxidierende Wirkung haben auch Polyhalogenide und Halogen-Halogenverbindungen, auf die hier aus valenztheoretischen und strukturchemischen Gründen hingewiesen werden soll. Halogenatome können sich unter Umständen an ein Halogenid-Ion als lockere Aggregate anlagern und damit „Polyhalogenide" bilden. Davon sind jedoch nur wenige in wäßriger Lösung beständig, wie zum Beispiel das Trijodid in $K^+[J_3]^-$. Die Einwirkung von $JF_5$ auf Kaliumjodid führt zum Polyhalogenid $K[JF_4]$, und die Reaktion von Cäsiumchlorid mit Fluor liefert $Cs[ClF_4]$. Im Polyhalogenid $[JCl_4]^-$ ist eine planar-quadratische Ligandenanordnung aufgefunden worden. Diese Polyhalogenide ähneln also formal einem Halogenometallat mit dem „positiveren" Halogenatom als Zentralatom. In „Interhalogenverbindungen" wie $ClF$, $BrF$ und $JCl$, kann man eine gewisse positive Polarität der

---

[5] Brendel und Klemm (1963).

Tabelle 53 **Farben und Zersetzungstemperaturen von Vanadiumhalogeniden**
Halogene mit geringerer Elektronegativität erreichen nur tiefere Valenzen

| Halogen | Elektronegativität[1] | +5 | +4 | +3 | +2 |
|---|---|---|---|---|---|
| F | 4,01 (4,0) 3,91 | $VF_5$ farblos Fp: $\sim 19°$ | $VF_4$ braun ←HF $\sim 325°$ | $VF_3$ grün ←HF 600° | $VF_2$ hellgrün ←HF 600° |
| Cl | 2,83 (3,0) 3,16 | — | $VCl_4$ rotbraun Kp: 154°   154°→ | $VCl_3$ violett   >450°→ | $VCl_2$ grün |
| Br | 2,74 (2,8) 2,96 | — | $VBr_4$ purpur   >23°→ | $VBr_3$ schwarz   >280°→ | $VBr_2$ braun |
| J | 2,21 (2,5) 2,66 | — | — | $VJ_3$ schwarz   <280°→ | $VJ_2$ rot |

[1] in der Reihenfolge: Neuere Werte nach der Pauling-Methode (1961) – Paulingsche Originalskala (1927) (in Klammern) – Werte nach ALLRED-ROCHOW (1958)

Halogene Chlor, Brom und Jod nachweisen, doch es ist umstritten, ob man hier schon von einer entsprechenden positiven Oxidationsstufe sprechen darf. Etwas deutlicher zeichnen sich echte Jod-Kationen wie $J^+$, $[J_3]^+$, $[J_5]^+$ z. B. in $[J(py)_2]NO_3$, ab. Die elektrolytische Leitfähigkeit des geschmolzenen Jods kann mit einer Dissoziation nach

$$3 J_2 \rightleftharpoons (J_3)^+ + (J_3)^-$$

gedeutet werden, während im gelben „Jodosylsulfat", $(JO_2)_2SO_4$, polymere gewinkelte Jod-Sauerstoff-Ketten (vgl. $[TiO]^{+2}$ S. 213).

vorliegen.

Die Eigenleitfähigkeit von $BrF_3$, die auf dem Gleichgewicht

$$2 BrF_3 \rightleftharpoons (BrF_2)^+ + (BrF_4)^-$$

beruht, deutet auf die Anwesenheit von komplexen positiven Halogenid-Ionen. Bromtrifluorid und andere Halogen-Halogenverbindungen verhalten sich wie Oxidationsmittel. Sie greifen Metalle und viele Nichtmetalle an unter Bildung der entsprechenden Halogenide.

Alle bisher bekannten Halogen-Halogenverbindungen setzen sich aus einer **geraden** Zahl von Halogenatomen zusammen, z. B.: BrF, BrCl, JCl, JBr (rot bis rotbraun), ClF (farblos), $JCl_3$, $ClF_3$, $BrF_3$ (Kp = 126°), $JF_5$ (Kp = 101°) und $JF_7$ (subl. bei 277°). Alle Außenelektronen der beteiligten Atome sind entweder aufgepaart in einer kovalenten Bindung oder sie bilden ein freies Elektronenpaar, so daß diese Stoffe **dia**magnetisch sind. Im Chlortrifluorid hat das Zentralatom ein „Dezett", im Jodpentafluorid ein „Duodezett", abweichend von der Oktettregel (vgl. S. 64).

„Chlortrifluorid"
(„Trifluoro-Chlor")
Fp: —76°
Kp: +12°

„Jodpentafluorid"
(„Pentafluoro-Jod")
Fp: + 10°
Kp: +101°

(Jeder Strich symbolisiert 2 Elektronen, a) in einer kovalenten Einfachbindung, b) in einem freien Elektronenpaar.)

# W. 3. Edelgase

|     |
|-----|
| He  |
| Ne  |
| Ar  |
| Kr  |
| Xe  |
| Rn  |

Nicht so sehr die chemischen als die physikalischen Eigenschaften der Edelgase scheinen eine fast lineare Funktion der Ordnungszahlen widerzuspiegeln.

Es handelt sich bei Raumtemperatur um farblose, einatomige und diamagnetische ideale Gase, die sich nur bei sehr tiefen Temperaturen verflüssigen und zum festen Zustand kondensieren lassen. Das Helium ist in diesem Punkt bereits ein Außenseiter, indem es nur unter Druck von etwa 25 Atmosphären in der Nähe des absoluten Nullpunktes zu einem *hexagonal* kristallisierten Stoff erstarrt. Die übrigen Edelgase sind im festen Zustand kubisch-flächenzentriert (= kubisch-dichteste Kugelpackung).

Die *Wärmeleitfähigkeit* der Edelgase liegt überwiegend in der Größenordnung der des *zweiatomigen* Wasserstoffs und um etwa eine Zehnerpotenz höher als die von Stickstoff, Sauerstoff oder Chlorgas.

Andererseits sind die *Verdampfungswärmen* der Edelgase besonders niedrig, was sich mit den geringen van-der-Waalsschen Kräften (London-Wechselwirkungen) zwischen den Atomen erklärt. Diese Kräfte, die letztlich die Lage des Siedepunktes bestimmen, sind proportional der Polarisierbarkeit $\alpha$

|              | He  | Ne   | Ar   | Kr   | Xe   |                          |
|--------------|-----|------|------|------|------|--------------------------|
| $\alpha =$   | 0,2 | 0,39 | 1,62 | 2,46 | 3,99 | $10^{-24}$ cm$^3$/Atom   |

weil im Prinzip die ganze äußere Elektronenhülle daran beteiligt ist, und sie erweist sich als quasi umgekehrt proportional zu den einzelnen Ionisations-Energien (Tab. 54).

Da Edelgase einatomig sind, kann ihre *spezifische Wärme* pro Mol bei konstantem Volumen („Molwärme" $C_v$) den Wert von 3 Kalorien nicht überschreiten[6], während die Molwärmen *zweiatomiger* Gasmoleküle infolge von Rotationen und evtl. auch von Oszillationen bei höherer Temperatur Werte von über fünf Kalorien erreichen können.

Das Atomvolumen des Heliums besitzt einen relativen Maximalwert von der Größe des Kryptonvolumens, während die Atomvolumina Neon (Minimum) praktisch linear zum Xenon hin ansteigen (vgl. Tab. 54).

---

[6] *Einatomige* Gase haben nur 3 (Translations-) „Freiheitsgrade", die mit je etwa 1 Kalorie an der Molwärme beteiligt sind.

Tabelle 54 **Physikalische Konstanten der Edelgase**

| | He | Ne | Ar | Kr | Xe | Rn | |
|---|---|---|---|---|---|---|---|
| Siedepunkt, Kp [°C] | −268,9 | −245,9 | −185,7 | −152,0 | −107,1 | −61,8 | |
| Erstarrungspunkt, Fp [°C] | −272,1 [1]) | −248,6 | −189,2 | −157,3 | −111,9 | −71,0 | |
| Verdampfungswärme, ΔHv [kcal/Mol] | 0,022 | 0,43 | 1,56 | 2,31 | 3,27 | 3,92 | ↑ |
| Therm. Leitfähigkeit, $\varkappa$ [cal/cm · Grad · sec] | 0,0003 | 0,0001 | 0,00004 | 0,00002 | 0,0001 | — | ↑ |
| Litergewicht [g/Liter] | 0,177 | 0,899 | 1,784 | 3,733 | 5,887 | 9,73 | |
| Dichte am Kp | 0,126 | 1,207 | 1,400 | 2,413 | 3,06 | 4,4 | ↑ |
| Atomvolumen [cm³/Mol] | 31,8 | 16,8 | 24,2 | 32,2 | 42,9 | — | |
| Atomradius [Å] | 0,93 | 1,31 | 1,74 | 1,89 | 2,09 | 2,14 | ↑ |
| 1. Ionisations-E. | 24,58 | 21,56 | 15,76 | **14,00** | **12,13** | **10,75** | (e.V.) |
| 2. Ionisations-E. | 54,40 | 41,07 | 27,62 | 26,4 | 21,1 | — | (e.V.) |
| 3. Ionisations-E. | — | 64,0 | 40,90 | 36,8 | 32,0 | — | (e.V.) |

[1]) bei 25 atü

Dies ist bei weitem nicht die einzige Absonderlichkeit des Heliums in der Edelgasfamilie. Das bei 4,18° Kelvin verflüssigte Helium („Helium I") geht beim weiteren Abkühlen bei 2,178° K in eine andersartige flüssige Phase, das sog. „Helium II", über (λ-Punkt). Diese neue Phase ist ein überraschend guter Wärmeleiter und erweist sich als „supraflüssig", indem sie in dünnen Schichten an den Gefäßwänden *aufwärts fließen* kann.

In Gasentladungsröhren lassen sich Edelgase zur Emission von Licht verschiedener Farben anregen. Die daraus entnommenen Spektren haben zur Entdeckung dieser, mit Ausnahme von Argon (s. S. 26), überaus seltenen Elemente geführt.

# W. 4. Edelgas-Chemie

Obwohl die Existenz echter Edelgasverbindungen, wie Xenonhexafluorid und sogar einer Xenonsäure schon 1933 vorausgesagt worden war und dies zwanzig Jahre später aus der Bildungswärme des mit „XeOF₄" isoelektronischen Jodpentafluorids theoretisch bestätigt wurde, wurden die ersten echten Edelgasverbindungen erst 1962 nachgewiesen.

Zuvor kannte man zwar die Einschlußverbindungen, beispielsweise die „Gashydrate" der ungefähren Zusammensetzung EG · 5,75 H₂O (EG = Ar, Kr, Xe), die unter Gasdruck kristallisierbar sind, oder die Clathrate der schweren Edelgase mit Hydrochinon, worin dieses (als sog. „β-Hydrochinon") Käfig-Hohlräume von ca. 4 Å Durchmesser bildet. Daher können die leichteren Edelgase (He, Atomdurchmesser = 1,86 u. Ne: $\phi$ = 2,62 Å) in solchen Clathraten *nicht* eingeschlossen werden.

Die erste echte Edelgasverbindung entstand bei der Untersuchung des Platinhexafluorids, welches sich mit Sauerstoff zu $(O_2)^+$ $[PtF_6]$ umsetzt. Die Entdecker dieser Reaktion[7] sagten sich, Plantinhexafluorid müsse, wenn es das Sauerstoffmolekül ionisieren kann (1. Ionisierungs-Energie = 13,61 eV) erst recht in der Lage sein, ein schweres Edelgas wie Xenon (1. Ionisierungs-Energie = 12,13 eV) zu einer Art Verbindung zu ionisieren. So fand man die rote Verbindung $Xe[PtF_6]$. Wenig später gelangen die Direktsynthesen von $XeF_4$ und $XeF_6$ aus Xenon und Fluor.

Während die teilweise Hydrolyse des Xenonhexafluorids zu $XeOF_4$ führt, erhält man durch vollständige Hydrolyse das „Xenontrioxid", $XeO_3$, und in alkalischer Lösung Salze einer „Xenonsäure".

---

[7] Bartlett u. Lohmann (1962).

Damit hat sich eine kleine Chemie der Xenonverbindungen entwickelt. Ähnliche Verbindungen wurden bereits hergestellt oder zumindest nachgewiesen beim Krypton und Radon. Die leichteren Edelgase kommen zur Verbindungsbildung mit Fluor wegen ihrer zu hohen Ionisations-Energie nicht mehr in Frage.

Ein Vergleich der ersten Ionisations-Energien einiger Edelgase mit denen von Halogenen, die definierte Fluoride bilden, läßt eine gewisse Verwandtschaft vermuten. Die erste Ionisations-Energie (in Elektronenvolt) beträgt für

| He | Ne | Ar | Kr | Xe | Rn |
|----|----|----|----|----|----|
| 24,58 | 21,56 | 15,76 | **14,00** | **12,13** | **10,75** |
|  |  |  | Cl | Br | J |
|  |  |  | **13,01** | **11,84** | **10,44** |

Da die Kristallstrukturen der festen *Xenonverbindungen* weitgehend bekannt sind, können sie mit denen von *Interhalogenverbindungen* verglichen werden. Tatsächlich ähneln sie sich vielfach strukturell, wie z. B.:

planar-quadratisch        tetragonal-pyramidal

Man sollte vielleicht auch beachten, daß die schweren Edelgase nicht nur den Halogenen Chlor, Brom und Jod in der Größe ihrer ersten Ionisationsenergie ähnlich sind, sondern auch in ihrer Polarisierbarkeit (S. 169). Die entsprechenden Werte in $10^{-24}$ cm$^3$ sind:

| He | Ne | Ar | Kr | Xe |  |
|----|----|----|----|----|----|
| 0,20 | 0,39 | 1,62 | 2,46 | 3,99 |  |
|  | F | Cl | Br | J |  |
|  | **1,04** | **3,66** | **4,77** | **7,10** |  |

Hier dürfte auch, qualitativ betrachtet, der Schlüssel zum Bindungstyp in den Xenon-Fluor-Verbindungen liegen. Das ungemein elektroaffine Fluoratom ist befähigt, aus der voluminösen und gut polarisierbaren Elektronenhülle des Xenonatoms Elektronen so weit auf gemeinsame „molekulare Orbitale" anzuheben, daß eine Art kovalenter Bindung entsteht. Es handelt sich im Vergleich zu den Interhalogen-Verbindungen nicht um einen grundsätzlichen, sondern um einen graduellen Unterschied.

Mit der Entdeckung der echten Edelgasverbindungen ist für viele Chemiker und Naturwissenschaftler ein lange Zeit dogmatisch gehegtes „Naturgesetz" zusammengebrochen. Das Modell von der „idealen Edelgaskonfiguration" und der Unantastbarkeit der Edelgasatome war in den Modellvorstellungen der Chemiker so fest verwurzelt, daß man die Suche nach Edelgasverbindungen mit der Konzeption eines „perpetuum mobile" gleichgestellt hätte.

Erst 64 Jahre nach der Entdeckung des Xenons und 76 Jahre nach der ersten Reingewinnung von Fluor hat man — mangels der richtigen Theorie — erkannt, daß das „edle" Gas Xenon nicht nobel genug ist, sich einer chemischen Verbindung mit dem angriffslustigsten aller Elemente, dem Fluor, zu verweigern.

Nach dieser, in der Geschichte der Chemie nicht gerade sehr ruhmreichen Lehre sei empfohlen, auch die in dieser Zusammenfassung von „periodischen Eigenschaften der chemischen Elemente" aufgezeigten Regeln und chemischen Modelle nicht allzu dogmatisch zu nehmen, sondern immer wieder und von Fall zu Fall kritisch zu überdenken.

Es ist in den Naturwissenschaften zwar, wie man sagt, „nichts praktischer als eine gute Theorie", aber es müßte dann die richtige sein.

# Anhang

Tabelle 55  **Atomgewichte der Elemente in den Gruppen A₀ bis A₃ (1961)** Basis: $^{12}_{6}\text{C} = 12{,}000$

| A₀ | A₁ | A₂ | | A₃ | | | | | |
|---|---|---|---|---|---|---|---|---|---|
| He 4,0026 | Li 6,939 | Be 9,0122 | | | | | | | |
| Ne 20,183 | Na 22,9898 | Mg 24,312 | | Al 26,9815 | | | | | |
| Ar 39,948 | K 39,102 | Ca 40,08 | | Sc 44,956 | | | | | |
| Kr 83,80 | Rb 85,47 | Sr 87,62 | | Y 88,905 | | | | | |
| Xe 131,30 | Cs 132,905 | Ba 137,34 | | La 138,91 | Ce 140,12 | Pr 140,907 | Nd 144,24 | Pm (147) | Sm 150,35 |
| | | | Eu 151,96 | Gd 157,25 | Tb 158,924 | Dy 162,50 | Ho 164,930 | Er 167,26 | Tm 168,934 |
| | | | Yb 173,4 | Lu 174,97 | | | | | |
| Rn (222) | Fr (223) | Ra (226) | | Ac (227) | Th 232,038 | Pa (231) | U 238,04 | Np (237) | Pu (242) |
| | | | Am (243) | Cm (247) | Bk (247) | Cf (251) | Es (254) | Fm (253) | Md (256) |
| | | | No (254) | Lr (257) | | | | | |

Tabelle 56   **Atomgewichte der Elemente in den Gruppen A₄ bis B₁ (1961)**
Basis: $^{12}_{6}C = 12,000$

| A₄ | A₅ | A₆ | A₇ | | B₀ | | B₁ |
|----|----|----|----|----|----|----|----|
| Ti | V | Cr | Mn | Fe | Co | Ni | Cu |
| 47,90 | 50,942 | 51,996 | 54,938 | 55,847 | 58,933 | 58,71 | 63,54 |
| Zr | Nb | Mo | Tc | Ru | Rh | Pd | Ag |
| 91,22 | 92,906 | 95,94 | (99) | 101,07 | 102,905 | 106,4 | 107,870 |
| Hf | Ta | W | Re | Os | Ir | Pt | Au |
| 178,49 | 180,948 | 183,85 | 186,2 | 190,2 | 192,2 | 195,09 | 196,967 |

Tabelle 57   **Atomgewichte der Elemente in den Gruppen B₂ bis A₀ (1961)**
Basis: $^{16}_{2}C = 12,000$

| B₂ | B₃ | B₄ | B₅ | B₆ | B₇ | A₀ |
|----|----|----|----|----|----|----|
| | | H | | | | He |
| | | 1,00797 | | | | 4,0026 |
| Be | B | C | N | O | F | Ne |
| 9,0122 | 10,811 | 12,0111 | 14,0067 | 15,9994 | 18,9984 | 20,183 |
| Mg | Al | Si | P | S | Cl | Ar |
| 24,312 | 26,9815 | 28,086 | 30,9738 | 32,064 | 35,453 | 39,948 |
| Zn | Ga | Ge | As | Se | Br | Kr |
| 65,37 | 69,72 | 72,59 | 74,922 | 78,96 | 79,909 | 83,80 |
| Cd | In | Sn | Sb | Te | J | Xe |
| 112,40 | 114,82 | 118,69 | 121,75 | 127,60 | 126,904 | 131,30 |
| Hg | Tl | Pb | Bi | Po | At | Rn |
| 200,59 | 204,37 | 207,19 | 208,980 | (210) | (210) | (222) |

**Tabelle 58  Häufigkeit (%) der Elemente auf der Erde (Lithosphäre, Hydrosphäre, Atmosphäre)**

Kernladungszahlen: Index links unten

Im allgemeinen sind die Elemente mit *gerader* Kernladungszahl häufiger als ihre beiden Nachbarn mit ungerader Kernladungszahl (HARKINSsche Regel)

Eingerahmte Symbole: Elemente mit einer „magischen" Kernladungszahl (2, 8, 20, 28, 50, 82)

**Fettdruck:** Häufigkeit > 0,1 %

| $A_0$ | $A_1$ | $A_2$ | | $A_3$ | | | | | |
|---|---|---|---|---|---|---|---|---|---|
| $_2$He $4{,}2\cdot10^{-7}$ *(eingerahmt)* | | | | | | | | | |
| $_{10}$Ne $5\cdot10^{-7}$ | $_3$Li $5\cdot10^{-3}$ | $_4$Be $5\cdot10^{-4}$ | | | | | | | |
| $_{18}$Ar $3{,}6\cdot10^{-4}$ | $_{11}$Na **2,64** | $_{12}$Mg **1,94** | | | | | | | |
| $_{36}$Kr $1{,}9\cdot10^{-8}$ | $_{19}$K **2,40** | $_{20}$Ca **3,39** *(eingerahmt)* | | $_{21}$Sc $6\cdot10^{-4}$ | | | | | |
| $_{54}$Xe $2{,}4\cdot10^{-9}$ | $_{37}$Rb $3{,}4\cdot10^{-3}$ | $_{38}$Sr $1{,}7\cdot10^{-2}$ | | $_{39}$Y $5\cdot10^{-3}$ | | | | | |
| $_{86}$Rn $4\cdot10^{-7}$ | $_{55}$Cs $7\cdot10^{-5}$ | $_{56}$Ba $4{,}7\cdot10^{-2}$ | | $_{57}$La $5\cdot10^{-4}$ | $_{58}$Ce $2{,}2\cdot10^{-3}$ | $_{59}$Pr $3{,}5\cdot10^{-4}$ | $_{60}$Nd $1{,}2\cdot10^{-3}$ | $_{61}$Pm — | $_{62}$SM $5\cdot10^{-4}$ |
| | | | $_{63}$Eu $1{,}4\cdot10^{-5}$ | $_{64}$Gd $5\cdot10^{-4}$ | $_{65}$Tb $7\cdot10^{-5}$ | $_{66}$Dy $5\cdot10^{-4}$ | $_{67}$Ho $7\cdot10^{-5}$ | $_{68}$Er $4\cdot10^{-4}$ | $_{69}$Tm $7\cdot10^{-5}$ |
| | | | $_{70}$Yb $5\cdot10^{-4}$ | $_{71}$Lu $1{,}0\cdot10^{4}$ | | | | | |
| | $_{87}$Fr — | $_{88}$Ra $7\cdot10^{-12}$ | | $_{89}$Ac | $_{90}$Th $2{,}5\cdot10^{-3}$ | $_{91}$Pa $2{,}6\cdot10^{-12}$ | $_{92}$U $2\cdot10^{-5}$ | $_{93}$Np | $_{94}$Pu |
| | | | $_{95}$Am | $_{96}$Cm | $_{97}$Bk | $_{98}$Cf | $_{99}$Es | $_{100}$Fm | $_{101}$Md |
| | | | $_{102}$No | $_{103}$Lr | | | | | |

Tabelle 59 **Häufigkeit (%) der Elemente auf der Erde (Lithosphäre, Hydrosphäre, Atmosphäre)** (Erläuterungen: vgl. Legende zu Tab. 58)

| $A_4$ | $A_5$ | $A_6$ | $A_7$ | $B_0$ | | | $B_1$ | $B_2$ |
|---|---|---|---|---|---|---|---|---|
| $_{22}$Ti **0,58** | $_{23}$V $1,6\cdot10^{-2}$ | $_{24}$Cr $3,3\cdot10^{-2}$ | $_{25}$Mn $8,5\cdot10^{-2}$ | $_{26}$Fe **4,7** | $_{27}$Co $1,8\cdot10^{-3}$ | $\boxed{_{28}\text{Ni}}$ $1,8\cdot10^{-2}$ | $_{29}$Cu $1\cdot10^{-2}$ | $_{30}$Zn $2\cdot10^{-2}$ |
| $_{40}$Zr $2,3\cdot10^{-2}$ | $_{41}$Nb $4\cdot10^{-5}$ | $_{42}$Mo $7,2\cdot10^{-4}$ | $_{43}$Tc — | $_{44}$Ru $5\cdot10^{-6}$ | $_{45}$Rh $1\cdot10^{-6}$ | $_{46}$Pd $5\cdot10^{-6}$ | $_{47}$Ag $4\cdot10^{-6}$ | $_{48}$Cd $1,1\cdot10^{-5}$ |
| $_{72}$Hf $2,5\cdot10^{-3}$ | $_{73}$Ta $1,2\cdot10^{-5}$ | $_{74}$W $5,5\cdot10^{-3}$ | $_{75}$Re $10^{-7}$ | $_{76}$Os $5\cdot10^{-6}$ | $_{77}$Ir $1\cdot10^{-6}$ | $_{78}$Pt $2\cdot10^{-5}$ | $_{79}$Au $5\cdot10^{-7}$ | $_{80}$Hg $2,7\cdot10^{-6}$ |

Tabelle 60 **Häufigkeit (%) der Elemente auf der Erde** (Lithosphäre, Hydrosphäre, Atmosphäre)
(Erläuterungen: vgl. Legende zu Tab. 58)

| $B_3$ | $B_4$ | $B_5$ | $B_6$ | $B_7$ | $A_0$ |
|---|---|---|---|---|---|
| | $_1$H **0,88** | | | | $_{10}$Ne $4,2 \cdot 10^{-7}$ |
| $_5$B $1,4 \cdot 10^{-3}$ | $_6$C $8,7 \cdot 10^{-2}$ | $_7$N $3 \cdot 10^{-2}$ | $\boxed{_8\text{O}}$ **49,5** | $_9$F $2,7 \cdot 10^{-2}$ | $_2$He $5 \cdot 10^{-7}$ |
| $_{13}$Al **7,51** | $_{14}$Si **25,75** | $_{15}$P **0,12** | $_{16}$S $4,8 \cdot 10^{-2}$ | $_{17}$Cl **0,19** | $_{18}$Ar $3,6 \cdot 10^{-4}$ |
| $_{31}$Ga $5 \cdot 10^{-4}$ | $_{32}$Ge $1 \cdot 10^{-4}$ | $_{33}$As $5,5 \cdot 10^{-4}$ | $_{34}$Se $8 \cdot 10^{-5}$ | $_{35}$Br $6 \cdot 10^{-4}$ | $_{36}$Kr $1,9 \cdot 10^{-8}$ |
| $_{49}$In $1 \cdot 10^{-5}$ | $\boxed{_{50}\text{Sn}}$ $6 \cdot 10^{-4}$ | $_{51}$Sb $2,3 \cdot 10^{-5}$ | $_{52}$Te $1 \cdot 10^{-6}$ | $_{53}$J $6 \cdot 10^{-6}$ | $_{54}$Xe $2,4 \cdot 10^{-9}$ |
| $_{81}$Tl $1 \cdot 10^{-5}$ | $\boxed{_{82}\text{Pb}}$ $2 \cdot 10^{-3}$ | $_{83}$Bi $3,4 \cdot 10^{-6}$ | $_{84}$Po | $_{85}$At | $_{86}$Rn $4 \cdot 10^{-17}$ |

Tabelle 61 **Dichte (spez. Gewicht) [g/cm$^3$] der Metalle in $A_1$ bis $A_3$**

| $A_1$ | $A_2$ | $A_3$ | | | | | |
|---|---|---|---|---|---|---|---|
| Li 0,53 | Be 1,85 | | | | | | |
| Na 0,97 | Mg 1,74 | Al 2,70 | | | | | |
| K 0.86 | Ca 1,55 | Sc 3,0 | | | | | |
| Rb 1,53 | Sr 2,60 | Y 4,47 | | | | | |
| Cs 1,90 | Ba 3,5 | La 6,17 | Ce 6,67 | Pr 6,77 | Nd 7,00 | Pm — | Sm 7,54 |
| | | Eu 5,26 | Gd 7,89 | Tb 8,27 | Dy 8,54 | Ho 8,80 | Er 9,05 | Tm 9,33 |
| | | Yb 6,98 | Lu 9,84 | | | | |
| Fr — | Ra 5,0 | Ac — | Th 11,7 | Pa 15,4 | U 19,07 | Np 19,5 | Pu — |
| | | Am 11,7 | Cm — | | | | |

Tabelle 62   **Dichte (spez. Gewicht) [g/cm³] der Übergangsmetalle A₄ bis B₂**

| A₄ | A₅ | A₆ | A₇ | B₀ | | | B₁ | B₂ |
|---|---|---|---|---|---|---|---|---|
| | | | | | | | | Be 1,85 |
| | | | | | | | | Mg 1,74 |
| Ti 4,51 | V 6,1 | Cr 7,19 | Mn 7,43 | Fe 7,86 | Co 8,9 | Ni 8,9 | Cu 8,96 | Zn 7,14 |
| Zr 6,49 | Nb 8,4 | Mo 10,2 | Tc 11,5 | Ru 12,2 | Rh 12,4 | Pd 12,0 | Ag 10,5 | Cd 8,65 |
| Hf 13,1 | Ta 16,6 | W 19,3 | Re 21,0 | Os 22,6 | Ir 22,5 | Pt 21,4 | Au 19,3 | Hg 13,6 |

Tabelle 63   **Dichte (spez. Gewicht) [g/cm³] der Elemente B₂ bis A₀**

(Gültig für Raumtemperatur bei Festkörpern und Brom. Die Dichte der bei Raumtemperatur gasförmigen Elemente gilt für den jeweiligen Siedepunkt.)

| B₂ | B₃ | B₄ | B₅ | B₆ | B₇ | A₀ |
|---|---|---|---|---|---|---|
| | | H 0,071 | | | | He 0,126 |
| Be 1.85 | B 2,34 | C 2,26 | N 0,81 | O 1,14 | F 1,11 | Ne 1,20 |
| Mg 1,74 | Al 2,70 | Si 2,33 | P 1,82 | S 2,07 | Cl 1,56 | Ar 1,40 |
| Zn 7,14 | Ga 5,91 | Ge 5,32 | As 5,72 | Se 4,79 | Br 3,12 | Kr 2,6 |
| Cd 8,65 | In 7,31 | Sn 7,30 | Sb 6,62 | Te 6,24 | J 4,94 | Xe 3,06 |
| Hg 13,6 | Tl 11,85 | Pb 11,4 | Bi 9,8 | Po 9,2 | At — | Rn — |

**Tabelle 64** **Zur Regel von Dulong-Petit: Molwärme Cv [cal/Mol · Grad] der Metalle in $A_1$ bis $A_3$**

Lithium und vor allem Beryllium als „Außenseiter"; die gegenüber der Regel zu kleine Molwärme erklärt sich aus nicht angeregten Schwingungen.

| $A_1$ | $A_2$ | | $A_3$ | | | | | |
|---|---|---|---|---|---|---|---|---|
| Li<br>5,48 | Be<br>4,05 | | | | | | | |
| Na<br>6,78 | Mg<br>6,07 | | | | | | | |
| K<br>6,92 | Ca<br>5,97 | | Sc<br>5,84 | | | | | |
| Rb<br>6,83 | Sr<br>6,54 | | Y<br>6,31 | | | | | |
| Cs<br>6,91 | Ba<br>9,33 ? | | La<br>6,25 | Ce<br>5,88 | Pr<br>6,76 | Nd<br>6,49 | Pm | Sm<br>6,31 |
| | | Eu<br>5,92 | Gd<br>6,45 | Tb<br>6,99 | Dy<br>6,66 | Ho<br>6,43 | Er<br>6,69 | Tm<br>6,41 |
| | | Yb<br>6,05 | Lu<br>6,47 | | | | | |
| | | Ac | Th<br>7,88 | Pa | U<br>6,66 | | | |

**Tabelle 65** **Zur Dulong-Petitschen Regel: Molwärme Cv (kcal/Mol · Grad) der Übergangsmetalle $A_4$ bis $B_2$**

(Der Wert von ungefähr 6 kcal/mol erklärt sich quasi daraus, daß jeder der drei Schwingungs-Freiheitsgrade eines Atoms im Gitter etwa 2 cal zur Molwärme beiträgt)

| $A_4$ | $A_5$ | $A_6$ | $A_7$ | $B_0$ | | | $B_1$ | $B_2$ |
|---|---|---|---|---|---|---|---|---|
| Ti<br>6,03 | V<br>6,11 | Cr<br>5,71 | Mn<br>6,31 | Fe<br>6,14 | Co<br>5,81 | Ni<br>6,10 | Cu<br>5,84 | Zn<br>5,98 |
| Zr<br>6,02 | Nb<br>6,03 | Mo<br>5,85 | Tc | Ru<br>5,76 | Rh<br>6,07 | Pd<br>6,27 | Ag<br>6,04 | Cd<br>6,18 |
| Hf<br>6,24 | Ta<br>6,51 | W<br>5,88 | Re<br>6,14 | Os<br>5,89 | Ir<br>5,95 | Pt<br>6,24 | Au<br>6,10 | Hg<br>6,61 |

Tabelle 66   **Zur Dulong-Petitschen Regel: Molwärme der Elemente in $B_3$ bis $B_7$, gültig für Raumtemperatur bei den Festkörpern, für Schmelztemperatur bei den gasförmigen Nichtmetallen und Brom**

| $B_3$ | $B_4$ | $B_5$ | $B_6$ | $B_7$ |
|---|---|---|---|---|
| B 3,34 | C 1,98 | N 5,45 | O 5,38 | F 3,41 |
| Al 5,80 | Si 4,54 | P 5,48 | S 5,61 | Cl 4,11 |
| Ga 5,50 | Ge 5,29 | As 6,14 | Se 6,63 | Br 5,59 |
| In 6,54 | Sn 6,40 | Sb 5,96 | Te 5,99 | J 6,59 |
| Tl 6,33 | Pb 6,42 | Bi 6,1 | | |

Tabelle 67   **Siedepunkte (Kp) [°C] der Elemente $A_0$ bis $A_3$**

| $A_0$ | $A_1$ | $A_2$ | $A_3$ | | | | | |
|---|---|---|---|---|---|---|---|---|
| He −268,9 | Li 1330 | Be 2770 | | | | | | |
| Ne −246 | Na 892 | Mg 1107 | Al 2450 | | | | | |
| Ar −185,8 | K 760 | Ca 1440 | Sc 2730 | | | | | |
| Kr −152 | Rb 688 | Sr 1380 | Y 2927 | | | | | |
| Xe −108 | Cs 690 | Ba 1640 | La 3470 | Ce 3468 | Pr 3127 | Nd 3027 | Pm — | Sm 1900 |
| | | | Eu 1439 | Gd 3000 | Tb 2800 | Dy 2600 | Ho 2600 | Er 2900 / Tm 1727 |
| | | | Yb 1427 | Lu 3327 | | | | |
| Rn −61,8 | Fr — | Ra — | — | Ac — | Th 3850 | Pa — | U 3818 | |

Tabelle 68 **Siedepunkte (Kp) [°C] der Übergangsmetalle $A_4$ bis $B_2$**

| $A_4$ | $A_5$ | $A_6$ | $A_7$ | | $B_0$ | | $B_1$ | $B_2$ |
|-------|-------|-------|-------|------|-------|------|-------|-------|
| Ti 3260 | V 3450 | Cr 2665 | Mn 2150 | Fe 3000 | Co 2900 | Ni 2730 | Cu 2595 | Zn 906 |
| Zr 3580 | Nb 3300 | Mo 5560 | Tc — | Ru 4900 | Rh 4500 | Pd 3980 | Ag 2210 | Cd 765 |
| Hf 5400 | Ta 5425 | W 5930 | Re 5900 | Os 5500 | Ir 5300 | Pt 4530 | Au 2970 | Hg 357 |

Tabelle 69 **Siedepunkte (Kp) [°C] der Elemente $B_2$ bis $A_0$**

| $B_2$ | $B_3$ | $B_4$ | $B_5$ | $B_6$ | $B_7$ | $A_0$ |
|-------|-------|-------|-------|-------|-------|-------|
| | | H −252,7 | | | | He −268,9 |
| Be 2770 | B — | C 4830 | N −195,8 | O −183 | F −188,2 | Ne −246 |
| Mg 1107 | Al 2450 | Si 2680 | P 280* | S 444,6 | Cl −34,7 | Ar −185,8 |
| Zn 906 | Ga 2237 | Ge 2830 | As 613 | Se 685 | Br 58,0 | Kr −152 |
| Cd 765 | In 2000 | Sn 2270 | Sb 1380 | Te 989,8 | J 183 | Xe −108,0 |
| Hg 357,5 | Tl 1457 | Pb 1725 | Bi 1560 | Po — | At — | Rn −61,8 |

* weißer Phosphor, $P_4$

Tabelle 70  **Erste Ionisationsenergien [eV] der A₁- bis A₃-Metalle**
(1 eV = 23,06 kcal)

| A₁ | A₂ | | A₃ | | | | | |
|---|---|---|---|---|---|---|---|---|
| Li 5,39 | Be 9,32 | | | | | | | |
| Na 5,14 | Mg 7,65 | | Al 5,98 | | | | | |
| K 4,34 | Ca 6,11 | | Sc 6,56 | | | | | |
| Rb 4,18 | Sr 5,69 | | Y 6,6 | | | | | |
| Cs 3,89 | Ba 5,21 | | La 5,61 | Ce 6,9 | Pr 5,8 | Nd 6,3 | Pm ? | Sm 5,6 |
| | | Eu 5,67 | Gd 6,16 | Tb 6,7 | Dy 6,8 | Ho ? | Er ? | Tm ? |
| | | Yb 6,2 | Lu 5,0 | | | | | |
| Fr ? | Ra 5,28 | | | | | | | |

Tabelle 71  **Erste Ionisationsenergien [eV] der Übergangsmetalle A₄ bis B₂**

| A₄ | A₅ | A₆ | A₇ | B₀ | | | B₁ | B₂ |
|---|---|---|---|---|---|---|---|---|
| | | | | | | | | Be 9,32 |
| | | | | | | | | Mg 7,64 |
| Ti 6,83 | V 6,74 | Cr 6,76 | Mn 7,43 | Fe 7,90 | Co 7,86 | Ni 7,63 | Cu 7,72 | Zn 9,39 |
| Zr 6,95 | Nb 6,77 | Mo 7,18 | Tc — | Ru 7,5 | Rh 7,7 | Pd 8,33 | Ag 7,57 | Cd 8,99 |
| Hf 5,5 | Ta 6,0 | W 7,98 | Re 7,87 | Os 8,7 | Ir 9,2 | Pt 8,96 | Au 9,22 | Hg 10,43 |

Tabelle 72 **Erste Ionisationsenergien [eV] der B-Gruppenelemente und Edelgase**

| $B_2$ | $B_3$ | $B_4$ | $B_5$ | $B_6$ | $B_7$ | $A_0$ |
|-------|-------|-------|-------|-------|-------|-------|
|       |       | H 13,6 |      |       |       | He 24,58 |
| Be 9,32 | B 8,30 | C 11,26 | N 14,54 | O 13,61 | F 17,42 | Ne 21,56 |
| Mg 7,64 | Al 5,98 | Si 8,15 | P 11,0 | S 10,36 | Cl 13,01 | Ar 15,76 |
| Zn 9,39 | Ga 6,0 | Ge 8,13 | As 10,0 | Se 9,75 | Br 11,84 | Kr 14,0 |
| Cd 8,99 | In 5,79 | Sn 7,33 | Sb 8,64 | Te 9,01 | J 10,44 | Xe 12,13 |
| Hg 10,43 | Tl 6,11 | Pb 7,42 | Bi 8,0 | Po ? | At ? | Rn 10,75 |

Tabelle 73    **Elektronegativitäten der Metalle A₁ bis A₃**

Fett: berechnet nach der Paulingschen Methode (1961)
darunter: Werte nach ALLRED-ROCHOW (1958), gültig für die Oxidationsstufen: $+1$ ($A_1$), $+2$ ($A_2$) und $+3$ ($A_3$)

| $A_1$ | $A_2$ | | $A_3$ | | | | | |
|---|---|---|---|---|---|---|---|---|
| H | | | | | | | | |
| **2,20** | | | | | | | | |
| Li | Be | | | | | | | |
| **0,97** | **1,47** | | | | | | | |
| 0,98 | 1,57 | | | | | | | |
| Na | Mg | | | | | | | |
| **1,01** | **1,23** | | | | | | | |
| 0,93 | 1,31 | | | | | | | |
| K | Ca | | Sc | | | | | |
| **0,91** | **1,04** | | **1,20** | | | | | |
| 0,82 | 1,00 | | 1,36 | | | | | |
| Rb | Sr | | Y | | | | | |
| **0,89** | **0,99** | | **1,11** | | | | | |
| 0,82 | 0,95 | | 1,22 | | | | | |
| Cs | Ba | | La | Ce | Pr | Nd | Pm | Sm |
| **0,86** | **0,97** | | **1,08** | **1,06** | **1,07** | **1,07** | **1,07** | **1,07** |
| 0,79 | 0,89 | | 1,10 | 1,12 | 1,13 | 1,14 | | 1,17 |
| | | Eu | Gd | Tb | Dy | Ho | Er | Tm |
| | | **1,01** | **1,11** | **1,10** | **1,10** | **1,10** | **1,11** | **1,11** |
| | | | 1,20 | | 1,22 | 1,23 | 1,24 | 1,25 |
| | | Yb | Lu | | | | | |
| | | **1,06** | **1,14** | | | | | |
| | | | 1,27 | | | | | |
| Fr | Ra | | Ac | Th | Pa | U | Np | Pu |
| **0,86** | **0,97** | | **1,00** | **1,11** | **1,14** | **1,22** | **1,22** | **1,22** |
| | | | | | | 1,38 | 1,36 | 1,28 |

Tabelle 74 **Elektronegativitäten der Übergangsmetalle $A_4$ bis $B_2$**
Fett: berechnet nach der Paulingschen Methode (1961)
darunter: Werte nach ALLRED-ROCHOW, gültig für die Oxidationsstufen $+4$
($A_4$) bzw. $+2$ (in den übrigen Gruppen)

| $A_4$ | $A_5$ | $A_6$ | $A_7$ | | $B_0$ | | $B_1$ | $B_2$ |
|---|---|---|---|---|---|---|---|---|
| Ti | V | Cr | Mn | Fe | Co | Ni | Cu | Zn |
| **1,32** | **1,45** | **1,56** | **1,60** | **1,64** | **1,70** | **1,75** | **1,75** | **1,66** |
| 1,54 | 1,63 | 1,66 | 1,55 | 1,83 | 1,88 | 1,91 | 1,90 | 1,65 |
| Zr | Nb | Mo | Tc | Ru | Rh | Pd | Ag | Cd |
| **1,22** | **1,23** | **1,30** | **1,36** | **1,42** | **1,45** | **1,35** | **1,42** | **1,46** |
| 1,33 | | 2,16 | | | 2,28 | 2,20 | 1,93 | 1,69 |
| Hf | Ta | W | Re | Os | Ir | Pt | Au | Hg |
| **1,23** | **1,33** | **1,40** | **1,46** | **1,52** | **1,55** | **1,44** | **1,42** | **1,44** |
| | | 2,36 | | | 2,20 | 2,28 | 2,54 | 2,00 |

Tabelle 75 **Elektronegativitäten der Elemente in den Gruppen $B_3$ bis $B_7$**
Fett: berechnet nach der Paulingschen Methode
darunter: Werte nach ALLRED-ROCHOW

| $B_3$ | $B_4$ | $B_5$ | $B_6$ | $B_7$ |
|---|---|---|---|---|
| B | C | N | O | F |
| **2,01** | **2,50** | **3,07** | **3,50** | **4,10** |
| 2,01 | 2,63 | 2,33 | 3,17 | 3,91 |
| Al | Si | P | S | Cl |
| **1,47** | **1,74** | **2,06** | **2,44** | **2,83** |
| 1,61 | 1,90 | 2,19 | 2,58 | 3,16 |
| Ga | Ge | As | Se | Br |
| **1,82** | **2,02** | **2,20** | **2,48** | **2,74** |
| 1,81 | 2,01 | 2,18 | 2,55 | 2,96 |
| In | Sn | Sb | Te | J |
| **1,49** | **1,72** | **1,82** | **2,01** | **2,21** |
| 1,78 | 1,96 | 2,05 | | 2,66 |
| Tl | Pb | Bi | Po | At |
| **1,44** | **1,55** | **1,67** | **1,76** | **1,96** |
| 2,04 | 2,33 | 2,02 | | |

Tabelle 76   **Ionenradien [A] von Metall-Ionen nach** AHRENS **(1952)**
In Klammern: Werte nach SEABORG (1963)

| $A_1$ | $A_2$ | | $A_3$ | | | | | |
|-------|-------|---|-------|---|---|---|---|---|
| $Li^+$ 0,68 | $Be^{2+}$ 0,35 | | | | | | | |
| $Na^+$ 0,97 | $Mg^{2+}$ 0,66 | | | | | | | |
| $K^+$ 1,33 | $Ca^{2+}$ 0,99 | | $Sc^{3+}$ 0,81 | | | | | |
| $Rb^+$ 1,47 | $Sr^{2+}$ 1,12 | | $Y^{3+}$ 0,92 | | | | | |
| $Cs^+$ 1,67 | $Ba^{2+}$ 1,34 | | $La^{3+}$ 1,14 | $Ce^{3+}$ 1,07 | $Pr^{3+}$ 1,06 | $Nd^{3+}$ 1,04 | $Pm^{3+}$ 1,06 | $Sm^{3+}$ 1,00 |
| | | $Eu^{3+}$ 0,98 | $Gd^{3+}$ 0,97 | $Tb^{3+}$ 0,93 | $Dy^{3+}$ 0,92 | $Ho^{3+}$ 0,91 | $Er^{3+}$ 0,89 | $Tm^{3+}$ 0,87 |
| | | $Yb^{3+}$ 0,86 | $Lu^{3+}$ 0,85 | | | | | |
| $Fr^+$ 1,80 | $Ra^{2+}$ 1,43 | | $Ac^{3+}$ 1,11 | Th (1,08) | Pa (1,05) | U (1,03) | Np (1,01) | Pu (1,00) |
| 1,76* | 1,37* | $Am^{3+}$ (0,99) | $Cm^{3+}$ (0,98) | $Bk^{3+}$ | $Cd^{3+}$ | $Es^{3+}$ | $Fm^{3+}$ | $Md^{3+}$ |

* neuere Werte

Tabelle 77  **Ionenradien [Å] von „dreiwertigen" Metall-Ionen nach** AHRENS.
In Klammern: Werte aus anderen Quellen

| $A_4$ | $A_5$ | $A_6$ | $A_7$ | $B_0$ | | | $B_1$ | $B_2$ |
|---|---|---|---|---|---|---|---|---|
| Ti 0,76 | V 0,74 | Cr 0,63 | Mn 0,66 | Fe 0,64 | Co 0,63 | Ni (0,62) | Cu | |
| Zr | Nb | Mo | Tc | Ru (0,69) | Rh 0,68 | Pd | Ag | |
| Hf | Ta | W | Re | Os | Ir | Pt | Au 0,85 | |

Tabelle 78  **Ionenradien [Å] von „zweiwertigen" Metall-Ionen nach** AHRENS
**(bzw. anderen Quellen) insbesondere für Ionen im oktaedrischen Ligandenfeld**

| $A_2$ | $A_3$ | $A_4$ | $A_5$ | $A_6$ | $A_7$ | $B_0$ | | | $B_1$ | $B_2$ |
|---|---|---|---|---|---|---|---|---|---|---|
| Be 0,35 | | | | | | | | | | |
| Mg 0,66 | | | | | | | | | | |
| Ca 0,99 | | Ti (0,90) | V 0,88 | Cr (0,83) | Mn 0,80 | Fe 0,74 | Co 0,72 | Ni 0,69 | Cu 0,72 | Zn 0,74 |
| Sr 1,12 | | | | | | | Rh 0,68 | Pd 0,80 | Ag 0,89 | Cd 0,97 |
| Ba 1,34 | | | | | | | | Pt 0,80 | | Hg 1,10 |
| | Eu (1,12) | | | | | | | | | |
| | Yb (1,13) | | | | | | | | | |
| Ra 1,43 1,37* | | | | | | | | | | |

* neuer Wert

Tabelle 79    Scheinbare Ionenradien [Å] der übrigen positiven Ionen nach AHRENS

| $A_4$ | $A_5$ | $A_6$ | $A_7$ | $B_0$ | | | $B_1$ | $B_3$ | $B_4$ | $B_5$ | $B_6$ | $B_7$ |
|---|---|---|---|---|---|---|---|---|---|---|---|---|
| | | | | | | | | $Al^{3+}$ 0,51 | $Si^{4+}$ 0,42 | | | |
| $Ti^{4+}$ 0,68 | $V^{5+}$ 0,59 | $Cr^{6+}$ 0,52 | $Mn^{7+}$ 0,46 | | | | $Cu^{+}$ 0,96 | $Ga^{3+}$ 0,62 | $Ge^{4+}$ 0,52 | $As^{5+}$ 0,46 | $Se^{6+}$ 0,42 | $Br^{5+}$ 0,47 |
| | | | $Mn^{4+}$ 0,60 | | | | | | $Ge^{2+}$ 0,73 | $As^{3+}$ 0,58 | $Se^{4+}$ 0,50 | |
| $Zr^{4+}$ 0,79 | $Nb^{5+}$ 0,69 | $Mo^{6+}$ 0,62 | $Tc^{7+}$ 0,56 | $Ru^{4+}$ 0,67 | | $Pd^{4+}$ 0,65 | $Ag^{+}$ 1,26 | $In^{3+}$ 0,81 | $Sn^{4+}$ 0,71 | $Sb^{5+}$ 0,62 | $Te^{6+}$ 0,56 | $J^{7+}$ 0,50 |
| | | | | | | | | | $Sn^{2+}$ 0,93 | $Sb^{3+}$ 0,76 | $Te^{4+}$ 0,70 | $J^{5+}$ 0,62 |
| $Hf^{4+}$ 0,78 | $Ta^{5+}$ 0,68 | $W^{6+}$ 0,62 | $Re^{7+}$ 0,56 | $Os^{4+}$ 0,69 | $Ir^{4+}$ 0,68 | $Pt^{4+}$ 0,65 | $Au^{3+}$ 0,85 | $Tl^{3+}$ 0,95 | $Pb^{4+}$ 0,84 | $Bi^{5+}$ 0,74 | | |
| | | | | | | | $Au^{+}$ 1,37 | $Tl^{+}$ 1,47 | $Pb^{2+}$ 1,20 | $Bi^{3+}$ 0,96 | | |

Tabelle 80   „Kovalente" Atomradien [Å] der Gruppen A₀ bis A₃

| A₀ | A₁ | A₂ | | A₃ | | | | | |
|---|---|---|---|---|---|---|---|---|---|
| He 0,93 | Li 1,34 | Be 0,90 | | | | | | | |
| Ne 1,31 | Na 1,54 | Mg 1,30 | | | | | | | |
| Ar 1,74 | K 1,96 | Ca 1,74 | | Sc 1,44 | | | | | |
| Kr 1,89 | Rb 2,11 | Sr 1,92 | | Y 1,62 | | | | | |
| Xe 2,09 | Cs 2,25 | Ba 1,98 | | La 1,69 | Ce 1,65 | Pr 1,65 | Nd 1,64 | Pm — | Sm 1,66 |
| | | | Eu 1,85 | Gd 1,61 | Tb 1,59 | Dy 1,59 | Ho 1,58 | Er 1,57 | Tm 1,56 |
| | | | Yb 1,70 | Lu 1,56 | | | | | |
| Rn 2,14 | Fr — | Ra — | | Ac — | Th 1,65 | Pa — | U 1,42 | Np — | Pu — |

Tabelle 81   „Kovalente" Atomradien [Å] der Nebengruppen A₄ bis B₂

| A₄ | A₅ | A₆ | A₇ | B₀ | | | B₁ | B₂ |
|---|---|---|---|---|---|---|---|---|
| Ti 1,36 | V 1,22 | Cr — | Mn 1,17 | Fe 1,17 | Co 1,16 | Ni 1,15 | Cu 1,38 | Zn 1,31 |
| Zr 1,48 | Nb 1,34 | Mo 1,30 | Tc 1,27 | Ru 1,25 | Rh 1,25 | Pd 1,28 | Ag 1,53 | Cd 1,48 |
| Hf 1,44 | Ta 1,34 | W 1,30 | Re 1,28 | Os 1,26 | Ir 1,27 | Pt 1,30 | Au 1,50 | Hg 1,49 |

Tabelle 82  „Kovalente" Atomradien [Å] der Hauptgruppenelemente $B_3$ bis $A_0$

| $B_3$ | $B_4$ | $B_5$ | $B_6$ | $B_7$ | $A_0$ |
|---|---|---|---|---|---|
| | H 0,37 | | | | He 0,93 |
| B 0,82 | C 0,77 | N 0,75 | O 0,73 | F 0,72 | Ne 1,31 |
| Al 1,18 | Si 1,11 | P 1,06 | S 1,02 | Cl 0,99 | Ar 1,74 |
| Ga 1,26 | Ge 1,22 | As 1,19 | Se 1,16 | Br 1,14 | Kr 1,89 |
| In 1,44 | Sn 1,41 | Sb 1,38 | Te 1,35 | J 1,33 | Xe 2,09 |
| Tl 1,48 | Pb 1,47 | Bi 1,46 | Po 1,53 | At | Rn 2,14 |

Tabelle 83  Metallische Atomradien [Å] der Gruppen $A_1$ bis $A_3$ (gültig für die Koordinationszahl 12)

| $A_0$ | $A_1$ | $A_2$ | $A_3$ | | | | | |
|---|---|---|---|---|---|---|---|---|
| He — | Li 1,55 | Be 1,12 | | | | | | |
| Ne — | Na 1,90 | Mg 1,60 | | | | | | |
| Ar — | K 2,35 | Ca 1,97 | Sc 1,62 | | | | | |
| Kr — | Rb 2,48 | Sr 2,15 | Y 1,80 | | | | | |
| Xe — | Cs 2,67 | Ba 2,22 | La 1,87 | Ce 1,81 | Pr 1,82 | Nd 1,82 | Pm — | Sm 1,66 |
| | | Eu 2,04 | Ga 1,79 | Tb 1,77 | Dy 1,77 | Ho 1,76 | Er 1,75 | Tm 1,74 |
| | | Yb 1,92 | Lu 1,74 | | | | | |
| Rn — | Fr — | Ra — | Ac — | Th — | Pa — | U — | Np — | Pu — |

Tabelle 84 **Metallische Atomradien [Å] der Übergangsmetalle A₄ bis B₂ (gültig für die Koordinationszahl 12)**

| A₄ | A₅ | A₆ | A₇ | | B₀ | | B₁ | B₂ |
|---|---|---|---|---|---|---|---|---|
| Ti | V | Cr | Mn | Fe | Co | Ni | Cu | Zn |
| 1,47 | 1,34 | 1,27 | 1,26 | 1,26 | 1,25 | 1,24 | 1,28 | 1,38 |
| Zr | Nb | Mo | Tc | Ru | Rh | Pd | Ag | Cd |
| 1,60 | 1,46 | 1,39 | 1,36 | 1,34 | 1,34 | 1,37 | 1,44 | 1,54 |
| Hf | Ta | W | Re | Os | Ir | Pt | Au | Hg |
| 1,58 | 1,46 | 1,39 | 1,37 | 1,35 | 1,36 | 1,38 | 1,44 | 1,57 |

Tabelle 85 **Atomradien [Å] der Elemente B₃ bis B₆ in Å (gültig für die Koordinationszahl 12)**

| B₃ | B₄ | B₅ | B₆ | B₇ |
|---|---|---|---|---|
| B | C | N | O | F |
| 0,98 | 0,904 | 0,92 | — | — |
| Al | Si | P | S | Cl |
| 1,43 | 1,32 | 1,28 | 1,27 | — |
| Ga | Ge | As | Se | Br |
| 1,41 | 1,37 | 1,39 | 1,40 | — |
| In | Sn | Sb | Te | J |
| 1,66 | 1,62 | 1,59 | 1,60 | — |
| Tl | Pb | Bi | Po | At |
| 1,71 | 1,75 | 1,70 | 1,76 | — |

Tabelle 86 **Atomvolumina der Metalle $A_0$ bis $A_3$ [cm³/Grammatom]**

| $A_0$ | $A_1$ | $A_2$ | | $A_3$ | | | | | |
|-------|-------|-------|-------|-------|-------|-------|-------|-------|-------|
| He 31,8 | Li 13,1 | Be 5,0 | | | | | | | |
| Ne 16,8 | Na 23,7 | Mg 14,0 | | | | | | | |
| Ar 24,2 | K 45,3 | Ca 29,9 | | Sc 15,0 | | | | | |
| Kr 32,2 | Rb 55,9 | Sr 33,7 | | Y 19,8 | | | | | |
| Xe 42,9 | Cs 70,0 | Ba 39,0 | | La 22,5 | Ce 21,0 | Pr 20,8 | Nd 20,6 | Pm — | Sm 19,9 |
| | | | Eu 28,9 | Gd 19,9 | Tb 19,2 | Dy 19,0 | Ho 18,7 | Er 18,4 | Tm 18,1 |
| | | | Yb 24,8 | Lu 17,8 | | | | | |
| Rn — | Fr — | Ra 45,0 | | Ac — | Th 19,9 | Pa 15,0 | U 12,5 | Np 21,1 | Pu — |

Tabelle 87 **Atomvolumina der Übergangsmetalle $A_4$ bis $B_2$ [cm³/Grammatom]**

| $A_4$ | $A_5$ | $A_6$ | $A_7$ | | $B_0$ | | $B_1$ | $B_2$ |
|-------|-------|-------|-------|-------|-------|-------|-------|-------|
| Ti 10,6 | V 8,35 | Cr 7,23 | Mn 7,39 | Fe 7,1 | Co 6,7 | Ni 6,6 | Cu 7,1 | Zn 9,2 |
| Zr 14,1 | Nb 10,8 | Mo 9,4 | Tc — | Ru 8,3 | Rh 8,3 | Pd 8,9 | Ag 10,3 | Cd 13,1 |
| Hf 13,6 | Ta 10,9 | W 9,53 | Re 8,85 | Os 8,43 | Ir 8,54 | Pt 9,10 | Au 10,2 | Hg 14,8 |

Tabelle 88  **Atomvolumina der Elemente $B_3$ bis $A_0$ [cm³/Grammatom bzw. Mol]**

| $B_3$ | $B_4$ | $B_5$ | $B_6$ | $B_7$ | $A_0$ |
|-------|-------|-------|-------|-------|-------|
|       | H     |       |       |       | He    |
|       | 14,1  |       |       |       | 31,8  |
| B     | C     | N     | O     | F     | Ne    |
| 4,6   | 5,3   | 17,3  | 14,0  | 17,1  | 16,8  |
| Al    | Si    | P     | S     | Cl    | Ar    |
| 10,0  | 12,1  | 17,0  | 15,5  | 18,7  | 24,2  |
| Ga    | Ge    | As    | Se    | Br    | Kr    |
| 11,8  | 13,6  | 13,1  | 16,5  | 23,5  | 32,2  |
| In    | Sn    | Sb    | Te    | J     | Xe    |
| 15,7  | 16,3  | 18,4  | 20,5  | 25,7  | 42,9  |
| Tl    | Pb    | Bi    | Po    | At    | Rn    |
| 17,2  | 18,3  | 21,3  | 22,7  | —     | —     |

# Zur Ableitung der Grundterme von Atomen und Ionen

Die vollständige Beschreibung enthält

Multiplizität

_____

2S+1

Termsymbol

Wert von J

_____

Benötigt werden die **Quantenzahlen:**

S = Gesamtspinimpulsmoment = Summe der einzelnen Spinmomente der vorhandenen **ungepaarten** Elektronen. Das Moment ist pro ungepaartes Elektron: $1/2$ (Zahl der ungepaarten Elektronen = n, also S = $n/_2$).

L = Gesamtdrehimpulsmoment oder „resultierendes Orbitaldrehimpulsmoment" aus Kopplung der einzelnen Orbitaldrehimpulse der beteiligten ungepaarten Elektronen mit m = 0

z. B.: 1 ungepaartes s-Elektron: L = 0 wegen Kugelsymmetrie, oder wegen m = 0

1 oder 2 ungepaarte p-Elektronen, etwa in

A    s/O●/    p/O  /O  /   /    L = 1, weil das
     m =  0      +1   0  −1     zweite Elektron mit
                                m = 0 keinen Bei-
                                trag zu L liefert.

B    s/O●/    p/O  /O  /O /    L = 0, weil keines
     m =  0      +1   0  −1     der ungepaarten
                                Elektronen einen
                                Beitrag liefert.

C    s/O●/    d/O /   /   /   /   /    L = 2, weil der Zu-
     m =  0      +2  +1   0  −1  −2     stand mit max.
                                       L-Wert begünstigt
                                       ist (Hundsche
                                       Regel).

D   s²d●  f/O  /O /   /   /   /   /   /    L = 5
    m =   +3  +2  +1   0  −1  −2  −3

Schließlich ergibt sich der Wert von J

---

— bei *nicht* halbbesetzter Teilschale aus $J = (L - S)$

— bei halbbesetzter oder *mehr* als halbbesetzter Teilschale aus $J = (L + S)$

Das Termsymbol selbst richtet sich nach der Quantenzahl L

| $L =$ | 0 | 1 | 2 | 3 | 4 | 5 | 6 | |
|---|---|---|---|---|---|---|---|---|
| | S- | P- | D- | F- | G- | H- | I- | Term |

---

Halbbesetzte und vollbesetzte p-, d- oder f-Teilschalen, sowie ungepaarte Elektronen in s-Zuständen liefern wegen $m = 0$ stets S-Terme (Tab. 89).

Nach dem gleichen Schema können ·der Termsymbole auch zur Beschreibung von *Ionen* benutzt werden (Beispiele hierzu in Tab. 90).

Tabelle 89   **Zur Ableitung der Grundterme von Hauptgruppen-Atomen**

| | $A_1$ | $A_2$ | $B_3$ | $B_4$ | $B_5$ | $B_6$ | $B_7$ | $A_0$ |
|---|---|---|---|---|---|---|---|---|
| entscheidende Konfiguration | $s^1$ | $s^2$ | $p^1$ | $p^2$ | $p^3$ | $p^4$ | $p^5$ | $p^6$ |
| Beispiel | $K^\circ$ | $Ca^\circ$ | $Ga^\circ$ | $Ge^\circ$ | $As^\circ$ | $Se^\circ$ | $Br^\circ$ | Kr |
| Zahl ungepaarte Elektronen | 1 | 0 | 1 | 2 | 3 | 2 | 1 | 0 |
| Multiplizität $2S+1$ | 2 | 1 | 2 | 3 | 4 | 3 | 2 | 1 |
| Quantenzahl L | 0 | 0 | 1 | 1 | 0 | 1 | 1 | 0 |
| Quantenzahl S | 1/2 | 0 | 1/2 | 1 | 3/2 | 1 | 1/2 | 0 |
| $J = (L - S)$ | 1/2 | 0 | 1/2 | 0 | — | | | |
| $J = (L + S)$ | | | | | 3/2 | 2 | 3/2 | 0 |
| Termsymbol | $^2S_{1/2}$ | $^1S_0$ | $^2P_{1/2}$ | $^3P_0$ | $^4S_{3/2}$ | $^3P_2$ | $^2P_{3/2}$ | $^1S_0$ |

Tabelle 90  **Zur Ableitung der Termsymbole für Übergangsmetall-Ionen der Konfiguration d$^1$ bis d$^{10}$**

| | A$_3$ | A$_4$ | A$_5$ | A$_6$ | A$_7$ | | B$_0$ | | B$_1$ | B$_2$ |
|---|---|---|---|---|---|---|---|---|---|---|
| Entscheidende Konfiguration | d$^1$ | d$^2$ | d$^3$ | d$^4$ | d$^5$ | d$^6$ | d$^7$ | d$^8$ | d$^9$ | d$^{10}$ |
| Beispiel | Ti$^{3+}$ | V$^{3+}$ | Cr$^{3+}$ | Mn$^{3+}$ | Fe$^{3+}$ Mn$^{2+}$ | Fe$^{2+}$ | Co$^{2+}$ | Ni$^{2+}$ | Cu$^{2+}$ | Cu$^+$ Zn$^{2+}$ |
| Zahl ungepaarte Elektronen | 1 | 2 | 3 | 4 | 5 | 4 | 3 | 2 | 1 | 0 |
| Multiplizität 2S+1 | 2 | 3 | 4 | 5 | 6 | 5 | 4 | 3 | 2 | 1 |
| Quantenzahl L | 2 | 3 | 3 | 2 | 0 | 2 | 3 | 3 | 2 | 0 |
| Quantenzahl S | 1/2 | 1 | 3/2 | 2 | 5/2 | 2 | 3/2 | 1 | 1/2 | 0 |
| Quantenzahl J $J = (L-S)$ | 3/2 | 2 | 3/2 | 0 | | | | | | |
| $J = (L+S)$ | | | | | 5/2 | 4 | 9/2 | 4 | 5/2 | 0 |
| Termsymbol | $^2D_{3/2}$ | $^3F_2$ | $^4F_{3/2}$ | $^5D_0$ | $^6S_{5/2}$ | $^5D_4$ | $^4F_{9/2}$ | $^3F_4$ | $^2D_{5/2}$ | $^1S_0$ |

# Berechnung von paramagnetischen Momenten

Ionen der Nebengruppenmetalle (A$_3$ bis B$_1$), zeigen ein temperaturabhängiges paramagnetisches Moment, sofern sie über ungepaarte Elektronen verfügen; sie unterscheiden sich darin grundlegend von den Ionen der Hauptgruppen-Elemente, welche, von extremen Ausnahmen abgesehen (z. B. O$_2$) nur paarweise besetzte Orbitale haben.

An der paramagnetischen Eigenschaft sind die ungepaarten Elektronen beteiligt

a) durch das aus ihren kreisförmigen Bewegungen (vgl. Bohrsches Atommodell) resultierende **Bahnmoment**

b) durch ihre eigenen **Spinmomente** infolge der Eigenrotation.

Bei nicht zu schweren Ionen ergibt sich aus diesen beiden Faktoren nach der „L-S-Kopplung" ein „Gesamtdrehimpulsmoment", welches mit der Quantenzahl J beschrieben wird. Diese Größe erlaubt es, bei

Kenntnis des „Landé-Faktors" g, das paramagnetische Moment eines Ions zu berechnen. Es gilt:

$$\mu = g \cdot \sqrt{J(J + 1)}$$

und der benötigte Landé-Faktor kann entnommen werden aus

$$g = 1 + \frac{J(J + 1) + S(S + 1) - L(L + 1)}{2J(J + 1)}$$

Der Landé-Faktor wird sofort zu g = 2, wenn J = S und damit L = O ist, d. h., wenn die Umlaufbewegungen der ungepaarten Elektronen auf den Elektronenbahnen (Bohrsches Atommodell) keinen Einfluß mehr auf das paramagnetische Verhalten des Ions haben.

Anders betrachtet, setzen alle Werte von L = O voraus, daß sich die Bahnimpulsvektoren im äußeren Magnetfeld einstellen können, wie in einem Ion, welches dem kugelsymmetrischen Idealbild entspricht. Kommt es hingegen zu gerichteten Bindungen infolge einer nicht kugelförmigen Symmetrie des Zentralions, so werden die Orbitale an einer solchen freien Einstellung zum äußeren Magnetfeld gehindert („verriegelt"). Damit verliert die Quantenzahl L ihren eigentlichen Sinn. Die Elektronenbahnen können zum paramagnetischen Moment nichts beitragen (L = O).

Mit L = O ist natürlich auch J = S und der Landé-Faktor geht über in die Größe 2 wegen

$$g = 1 + \frac{J(J + 1) + S(S + 1)}{J(J + 1) + J(J + 1)}.$$

Mit g = 2 ergibt sich für das paramagnetische Moment (in Bohrschen Magnetonen):

$$\mu = 2 \sqrt{S(S + 1)}$$

oder, wegen S = n/2 (n = Zahl der ungepaarten Elektronen)

$$\mu = 2 \sqrt{n/2 (n/2 + 1)}$$

Umgeformt ergibt dies die sogenannte **„van-Vlecksche" Formel** oder **„Nur-Spin-Formel"**

$$\mu = \sqrt{n(n + 2)}$$

welche das paramagnetische Verhalten vieler Ionen innerhalb der 3d-Reihe gut beschreibt.

Wenn auch die „Nur-Spin-Formel" in guter Übereinstimmung mit den gemessenen paramagnetischen Momenten bei Verbindungen der 3d-Reihe ist, (im Gegensatz zu Übergangsmetallverbindungen der 4d-

**Tabelle 91**  Berechnete und experimentell bestimmte paramagnetische Momente von Übergangsmetall-Ionen der 3d-Reihe
(Größere Abweichungen erst bei Ionen mit mehr als 5d-Elektronen)

| | $A_3$ | $A_4$ | $A_5$ | $A_6$ | $A_7$ | $B_0$ | $B_1$ | $B_2$ |
|---|---|---|---|---|---|---|---|---|
| Dreiwertiges Ion | $Sc^{3+}$ | $Ti^{3+}$ | $V^{3+}$ | $Cr^{3+}$ | $Mn^{3+}$ | $Fe^{3+}$ | | |
| Zahl ungepaarte Elektronen | 0 | 1 | 2 | 3 | 4 | 5 | | |
| $\mu_{eff}$ nach Nur-Spin-Formel (B. M.) | 0 | 1,73 | 2,84 | 3,87 | 4,90 | 5,92 | | |
| $\mu_{eff}$ exper. | 0 | 1,75 | 2,76 | 3,86 | 4,80 | 5,96 | | |
| Abweichungen | 0 | +0,02 | −0,08 | −0,01 | −0,10 | +0,04 | | |
| Zweiwertige Ionen | | | $Mn^{2+}$ | $Fe^{2+}$ | $Co^{2+}$ | $Ni^{2+}$ | $Cu^{2+}$ | $Zn^{2+}$ |
| Zahl ungepaarte Elektronen | | | 5 | 4 | 3 | 2 | 1 | 0 |
| $\mu_{eff}$ nach Nur-Spin-Formel (B. M.) | | | 5,92 | 4,90 | 3,87 | 2,84 | 1,73 | |
| $\mu_{eff}$ exper. | | | 5,96 | 5,0–5,5 | 4,4–5,2 | 2,9–3,4 | 1,8–2,2 | |
| Abweichungen | | | +0,04 | bis +0,6 | bis +1,3 | bis +0,56 | bis +0,47 | 0 |

Reihe und insbesondere der Lanthaniden!), beobachtet man dennoch signifikante Abweichungen

a) wenn die Zahl der ungepaarten Elektronen durch den Einfluß eines entsprechend „starken" Liganden (vgl. S. 236) verringert ist („Low spin complexes", z. B. $K_4 [Fe(CN)_6]$, $[Co(NH_3)_6]Cl_3$).

b) wenn die Zahl der wirklich ungepaarten Elektronen sich durch Dimerisierung von paramagnetischen Komplexen erniedrigt (z. B. $Cr_2 (CH_3 COO)_4 \cdot 2 CH_3 COOH$, $Cu_2 (CH_3 COO)_4 \cdot 2 H_2O$).

Gegenüber der „Nur-Spin-Formel" werden auch innerhalb der 3d-Reihe etwas höhere paramagnetische Momente gemessen, wenn die d-Teilschale mehr als halbgefüllt ist, also etwa bei Hydraten von Kobalt-, Nickel- und Kupfersalzen (Tabelle 91).

Die Lanthaniden(III)-Salze liefern ein Paradebeispiel für die Ungültig keit der „Nur-Spin-Formel "in diesem Bereich. Das Gadolinium(III)-Ion (S-Term) zeigt zwar mit $\mu_{eff} = 8{,}0$ ziemlich gut den Wert, den man auch nach der Nur-Spin-Formel errechnen würde ($Gd^{3+} = 7$ ungepaarte Elektronen) aber $Dy^{3+}$ und $Ho^{+3}$ liefern paramagnetische Werte von mehr als 10 Bohrschen Magnetonen, obwohl sie nur über 5 bzw. 4 ungepaarte Elektronen verfügen. Die bei den Lanthaniden(III)-Salzen gemessenen paramagnetischen Momente stehen jedoch in ziemlich guter Übereinstimmung mit einer Berechnung nach der L-S-Kopplung (Tabelle 92).

Tabelle 92    **Berechnete und gefundene paramagnetische Momente bei dreiwertigen Lanthaniden-Ionen**

Eine gute Übereinstimmung liegt nur vor bei Berechnung nach LS-Kopplung,
während die Nur-Spin-Formel versagt.

| Ion | $f^n$ | n | Term | g | $\mu_{eff}$ ber. (B. M.) (Nur-Spin-F.) | $\mu_{eff}$ ber. (B. M.) (LS-Koppl.) | $\mu_{eff}$ gef. (B. M.) |
|-----|-------|---|------|---|------|------|------|
| $La^{3+}$ | 0 | 0 | $^1S_0$ | 1 | 0 | 0 | 0 |
| $Ce^{3+}$ | 1 | 1 | $^2F_{5/2}$ | 6/7 | 1,73 | 2,54 | 2,5 |
| $Pr^{3+}$ | 2 | 2 | $^3H_4$ | 4/5 | 2,84 | 3,58 | 3,5 |
| $Nd^{3+}$ | 3 | 3 | $^4I_{9/2}$ | 8/11 | 3,86 | 3,62 | 3,6 |
| $Pm^{3+}$ | 4 | 4 | $^5I_4$ | 3/5 | 4,8 | 2,68 | ? |
| $Sm^{3+}$ | 5 | 5 | $^6H_{5/2}$ | 2/7 | 5,92 | 0,84 | 1,5 [1]) |
| $Eu^{3+}$ | 6 | 6 | $^7F_0$ | 1 | 6,93 | 0 | 3,4 [1]) |
| $Gd^{3+}$ | 7 | 7 | $^8S_{7/2}$ | 2 | 7,94 | 7,94 | 8,0 |
| $Tb^{3+}$ | 8 | 6 | $^7F_6$ | 3/2 | 6,93 | 9,72 | 9,3 |
| $Dy^{3+}$ | 9 | 5 | $^6H_{15/2}$ | 4/3 | 5,92 | 10,63 | 10,6 |
| $Ho^{3+}$ | 10 | 4 | $^5I_8$ | 5/4 | 4,8 | 10,6 | 10,4 |
| $Er^{3+}$ | 11 | 3 | $^4I_{15/2}$ | 6/5 | 3,86 | 9,59 | 9,5 |
| $Tm^{3+}$ | 12 | 2 | $^3H_6$ | 7/6 | 2,84 | 7,57 | 7,4 |
| $Yb^{3+}$ | 13 | 1 | $^2F_{7/2}$ | 8/7 | 1,73 | 4,54 | 4,5 |
| $Lu^{3+}$ | 14 | 0 | $^1S_0$ | 1 | 0 | 0 | 0 |

[1]) Bei $Sm^{3+}$ und $Eu^{3+}$ existieren *angeregte* Elektronenzustände, die bei Raumtemperatur bereits teilweise besetzt sind und die *größere* magnetische Momente als die Grundzustände haben. Die hier angeführte Berechnung ist
also von unzutreffenden Voraussetzungen ausgegangen.

# Register

## Z